カラー徹底図解

基本からわかる
シーケンス制御

電磁リレーによるシーケンス制御について
わかりやすく解説

石橋正基 ……… 監修
東京都立産業技術高等専門学校

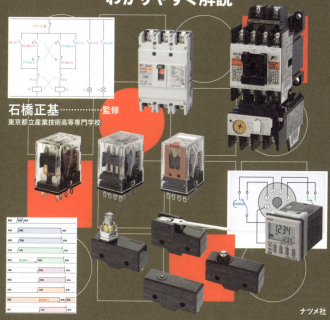

ナツメ社

JN204594

はじめに

　世の中は自動制御された機械や装置であふれています。身近な洗濯機やエアコンといった家電製品はもちろん、街に出ればエレベータや自動ドア、交通信号機などが自動制御されています。産業用機械や生産ラインにも自動制御は欠かせないものです。人々の暮らしは自動制御によって支えられているといっても過言ではありません。自動制御にはさまざまな手法がありますが、その基礎になっているのがシーケンス制御です。

　本書は、これからシーケンス制御を学ぼうとする人を対象とした入門書です。シーケンス制御のなかでも、電磁リレーによるリレーシーケンス制御について解説しています。近年のシーケンス制御は、専用のコンピュータであるといえるPLC（プログラマブルロジックコントローラ）による制御が主流になっていますが、さまざまな長所をもつ電磁リレーによる制御も各所で採用されています。また、PLCはリレーシーケンス制御回路をプログラム上で再現することで制御を実現しているため、リレーシーケンス制御が基礎にあると考えることができます。PLC制御を習得したいと考えている人も、いきなりPLCのプログラムの学習を始めるより、まずはリレーシーケンス制御を学んだほうが、スムーズにプログラムが理解できるようになります。

　実際に使われているシーケンス制御の回路図を初めて見ると、とても複雑そうで、特に電気が苦手な人はそれだけで習得をあきらめてしまうかもしれません。確かに制御内容が高度になるほど、回路は複雑になっていきますが、それぞれの要素はON/OFFの2つの状態しかとりません。さまざまなスイッチが組み合わされたり、単純で基本的な回路が積み重ねられたりすることで複雑な制御が実現されています。だからこそ、シーケンス制御は基礎から学んでいくことが重要です。

　本書は、実際の制御機器を一度も見たことがないような人でも理解できるように、基礎中の基礎から説明しています。さまざまな制御回路については、どのように動作するか順を追って解説しています。多少でも知識のある人や習得の早い人にとっては、少し冗長でくどい構成ととれる部分があるかもしれません。しかし、さまざまな回路の動作を繰り返し学んでいくことで、シーケンス制御の基本が身についていきます。すでに知識のある人も、確認のつもりで読んでいただけると幸いです。最後に、本書の読者が、ものづくりなどの現場で活躍されることを願っております。

石橋正基

[CONTENTS] 目次

Chapter 01 シーケンス制御の基礎知識

- Section 01：自動制御 10
- Section 02：シーケンス制御 12
- Section 03：電気の基礎知識 14
- Section 04：接点の種類 20
- Section 05：手動操作自動復帰形接点 22
- Section 06：押しボタンスイッチの基本回路 24
- Section 07：電磁操作自動復帰形接点 28
- Section 08：電磁リレーの基本回路 30
- Section 09：電磁リレーの役割 38

Chapter 02 シーケンス制御の構成機器

- Section 01：シーケンス制御の構成機器 42
- Section 02：電気用図記号 44
- Section 03：押しボタンスイッチ 46
- Section 04：切換スイッチ 48
- Section 05：マイクロスイッチとリミットスイッチ 52
- Section 06：光電スイッチと近接スイッチ 54
- Section 07：その他の検出用装置 56
- Section 08：電磁リレー 58
- Section 09：電磁接触器と電磁開閉器 60

Section 10：タイマ 62
Section 11：カウンタ 64
Section 12：配線用遮断器とヒューズ 66
Section 13：電源用装置 68
Section 14：表示・警報用装置 70
Section 15：駆動装置 72

Chapter 03 シーケンス図とタイムチャート

Section 01：シーケンス図 78
Section 02：文字記号 86
Section 03：参照方式 96
Section 04：タイムチャート 100
Section 05：動作表 104

Chapter 04 基本接点回路と論理回路

Section 01：基本接点回路 108
Section 02：論理回路 112
Section 03：AND回路 114
Section 04：OR回路 116
Section 05：NOT回路 118
Section 06：NAND回路 120
Section 07：NOR回路 122
Section 08：禁止回路 124
Section 09：不一致回路 126
Section 10：一致回路 130

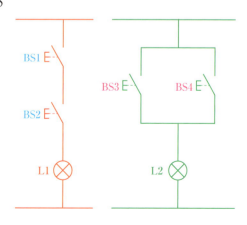

写真提供：NKKスイッチズ株式会社／オムロン株式会社／富士電機機器制御株式会社

[CONTENTS] 目次

Chapter 05 自己保持回路

Section 01：自己保持回路 136
Section 02：復帰優先形自己保持回路 138
Section 03：動作優先形自己保持回路 144
Section 04：自己保持回路の多ステップ化 148
Section 05：自己保持回路の接点の増設 154
Section 06：論理回路で操作する自己保持回路 156
Section 07：寸動回路 160

Chapter 06 優先回路

Section 01：優先回路 164
Section 02：インタロック回路 168
Section 03：新入力優先回路 176
Section 04：順序動作回路 182
Section 05：順序停止回路 186
Section 06：電源側優先回路 192

Chapter 07 タイマ回路

Section 01：タイマの基本動作 196
Section 02：一定時間後動作回路 200
Section 03：一定時間動作回路 204

Section 04：遅延動作一定時間後復帰回路 208
Section 05：繰り返し動作回路 210
Section 06：タイマ順序動作回路 218
Section 07：タイマによるステップのつなぎ回路 222

Chapter 08 電動機制御回路

Section 01：電動機制御の主回路と制御回路 230
Section 02：三相誘導電動機の始動制御回路 232
Section 03：三相誘導電動機の正逆転制御回路 238
Section 04：三相誘導電動機の減電圧始動制御回路 244
Section 05：単相誘導電動機の始動制御回路 254

Chapter 09 シーケンス制御の応用回路

Section 01：オルタネイト回路 260
Section 02：早押しクイズ回答機回路 266
Section 03：カウンタ回路 268
Section 04：給水制御回路 270
Section 05：電動機のタイマ交互運転回路 276
Section 06：研削盤の制御回路 282
Section 07：荷役リフトの制御回路 288
Section 08：非常停止回路 294

COLUMN　半導体のスイッチング作用 76
　　　　　フールプルーフとフェイルセーフ 106
　　　　　論理回路のまとめ 134

写真提供：IDEC株式会社／オムロン株式会社／株式会社 日立産機システム／富士電機機器制御株式会社

7

動作の流れについて

　最初にこの説明を読んでもわかりにくいかもしれませんが、シーケンス制御では押しボタンスイッチを操作すると、赤い表示灯が点灯し、同時に緑色の表示灯が消灯するといった具合に、ある1つの要素の変化が、複数の要素を変化させることがあり、それぞれの変化の結果として、次の変化が起こるといったように、複数の流れが並行して進んでいくことがあります。こうした同時に並行に進行する現象を、文章だけで表現することには限界があります。そのため、本書では複雑な動作をする制御回路については、文章や図による説明を補助するものとして、下の図のような動作の流れを示すチャートを併用しています。

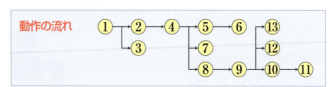

　図の例の場合、①の操作を行うことによって、②と③の変化が起こり、②の変化の結果として④が起こり、その結果として⑤と⑦と⑧の変化が起こるといった具合に制御回路内の動きが進行していきます。ただし、このチャートは正確に時間的な変化を示しているわけではありません。⑤と⑦と⑧はほぼ同時に変化が始まりますが、⑥と⑨は必ずしも同じタイミングで変化が始まるとは限りません。また、⑤と⑦と⑧の上下の位置関係に意味はありません。文章による説明の流れに沿って番号を決めています。⑩の上に⑫と⑬が表記してあるのは、スペースを節約するためであり、この位置関係にも意味はありません。同じ行に並んでいても③と⑦と⑫に関連があるわけではありません。同様に⑥と⑬にも関連があるわけではありません。実際に動作を説明する文章を読みながら、動作の流れのチャートを見れば、制御回路の動作がわかりやすくなります。

Chapter
01

シーケンス制御の
基礎知識

Section 01：自動制御 ・・・・・・・・・・・・・ 10
Section 02：シーケンス制御 ・・・・・・・・・ 12
Section 03：電気の基礎知識 ・・・・・・・・・ 14
Section 04：接点の種類 ・・・・・・・・・・・ 20
Section 05：手動操作自動復帰形接点 ・・・・・ 22
Section 06：押しボタンスイッチの基本回路・・・ 24
Section 07：電磁操作自動復帰形接点 ・・・・・ 28
Section 08：電磁リレーの基本回路 ・・・・・・ 30
Section 09：電磁リレーの役割 ・・・・・・・・ 38

Chapter 01 | Section 01

自動制御

[シーケンス制御は自動制御の一種]

制御とは、JISの定義によれば「ある目的に適合するように、制御対象に所要の操作を加えること」だ。たとえば、壁に備えられた照明器具のスイッチを人間が押して点灯させることは制御だといえる。こうした人間が直接操作する制御を**手動制御**という。

いっぽう、同じ照明器具であっても、暗くなると点灯する門灯や、人が近づくと点灯する防犯灯は、最初に設定しておけば、指定した条件が整うと自動的に点灯する。こうした制御を**自動制御**という。また、洗濯機のように洗い→すすぎ→脱水といった一連の作業を順番に進められる自動制御もあれば、エアコンのように設定した室温を保ってくれる自動制御もある。現在では、家庭内の電化製品はもちろん、オフィス機器や自動販売機、交通信号機など、さまざまな機械が自動制御されている。工場の生産ラインなど産業用の機械も自動制御が数多い。自動制御は人間の生活にも産業にも欠かせないものになっている。

自動制御には、さまざまな種類があるが、おもに使われているのが**シーケンス制御**と**フィードバック制御**だ。本書で取り上げるのはシーケンス制御だが、フィードバック制御についても概要は知っておく必要がある。

▶シーケンス制御とフィードバック制御 ・・・・・・・・・・

シーケンス制御とは、JISの定義では「あらかじめ定められた順序、または論理にしたがって制御の各段階を逐次進めていく制御」とされている。洗濯機が一連の作業を順番に進めていくような制御や、交通信号機のランプが一定時間で切り換わっていくような制御がシーケンス制御だ。一定の工程を順番に自動的に行ってくれるので、シーケンス制御は操作や運転の自動化や省力化に貢献する。

いっぽう、**フィードバック制御**とは、JISの定義では「フィードバックによって制御量を目標値と比較し、それらを一致させるように操作量を生成する制御」とされている。たとえば、エアコンは室温を設定温度に近づけるために室温を測定し、その測定値をフィードバックとして目標値である設定温度と比較して、モータなどの制御量を決める。こうした制御がフィードバック制御だ。実際には、目標値と測定値との差が大きい場合にはモータの制御量を大きくし、

◆シーケンス制御の実例（洗濯機） 〈図01-01〉

開始 → 注水 → 洗濯 → 排水 → 脱水 → 注水 → すすぎ → 排水 → 脱水 → 終了

シーケンス制御されている洗濯機では上記のように定められた工程が順番に行われていく。工程に応じて給水弁や排水弁の開閉、モータの動作や停止が行われる。各工程の開始と終了は、水量の測定やモータの動作時間によって決まる。こうした水量やモータの動作時間は、洗濯コース（普通／優しく／強く）などを選択することで設定されるが、自動化が進んだ洗濯機では、最初に洗濯物の量を測定し、その結果によって水量やモータの動作時間が決定される。

差が小さくなると制御量を小さくするといった制御が行われる。結果として、フィードバック制御は制御内容の質を向上させることができる。また、フィードバック制御は多くの場合、シーケンス制御と組み合わせて使われる。自動化がシーケンス制御によって行われ、制御の質を向上させたい部分にフィードバック制御が採用される。

ただし、現在ではシーケンス制御にフィードバック的な要素が含まれることもある。たとえば、電気こたつは温度によって動作するスイッチによって、設定温度になるとヒータを停止し、設定温度より低くなるとヒータを動作させるという制御が行われる。これも一種のフィードバックを利用した制御といえるが、一般的にはシーケンス制御に分類される。最近では、シーケンス制御を行う機器が進化して、かなり複雑な制御までシーケンス制御によって行えるようになっている。そのため、本来の定義によってシーケンス制御とフィードバック制御を区別するのが難しくなっている。本来の定義からは外れるが、現在のシーケンス制御はスイッチの組み合わせによって実現される制御だと考えればわかりやすい。

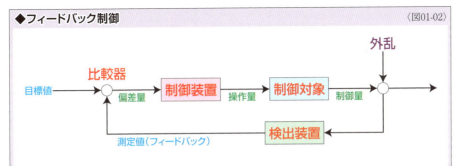

◆フィードバック制御 〈図01-02〉

フィードバック制御では、当初に設定された目標値と、フィードバックである測定値が比較器で比較され、両者の差である偏差量が制御装置に伝えられ、制御対象を操作する操作量が決定され、制御対象が制御量だけ動作する。エアコンであれば、目標値が設定温度であり、測定値がセンサによって測定された室温だ。外乱とは制御量を外部から変動させる要素のことで、エアコンであれば外気温や室内の人数の変化などが外乱に相当する。

Chapter 01 | Section 02
シーケンス制御

［スイッチで行われる制御がシーケンス制御］

　シーケンス制御の実際のシステムは、〈図02-01〉のように**命令用装置**、**制御用装置**、**検出用装置**、**制御対象**、**電源用装置**、**表示・警報用装置**によって構成される。制御対象とは、制御しようとする機械を駆動する装置であり、モータなどが用いられる。

　命令用装置は、操作者が制御システムに始動や停止などの命令を与える装置であり、押しボタンスイッチなど各種の**命令用スイッチ**が用いられる。検出用装置は、制御対象の動作状態を検出する装置であり、位置を検出するリミットスイッチや温度を検出する温度スイッチといった**検出用スイッチ**が用いられる。これら命令用装置と検出用装置のスイッチからの信号を受けて、制御用装置が制御対象に直接的に働きかけて動作させる。制御用装置がシーケンス制御の中枢であり、この部分も**スイッチ**の組み合わせで構成されている。

　電源用装置は、制御システムや制御対象を動作させる電力を供給する装置であり、表示・警報用装置は、制御対象の状態や異常を操作者に知らせる装置だ。

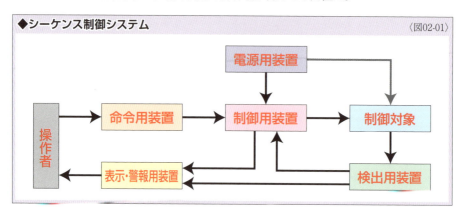

◆シーケンス制御システム　〈図02-01〉

▶シーケンス制御の種類

　シーケンス制御システムではさまざまなスイッチが使われているが、中枢ともいえる制御用装置に使われるスイッチの種類によってシーケンス制御を分類することができる。一般的には**有接点式**、**無接点式**、**プログラム式**の3種類に分類される。

▶有接点式シーケンス制御

接点とは機械的に動作して電気回路を開閉する**スイッチ**のことで、**機械式接点**ともいう。押しボタンスイッチなど命令用スイッチも機械式接点を備えている。**有接点式シーケンス制御**の**制御用装置**では、こうした機械式接点を備えた**電磁リレー**で制御回路が構成される。電気の分野におけるリレーとは、電気信号によって動作させることができるスイッチのことで、電磁リレーでは**電磁石**を利用して接点の開閉を行う。電磁リレーは**メカニカルリレー**や**有接点リレー**ともいい、単に**リレー**ということも多い。そのため、有接点式シーケンス制御は、**有接点リレーシーケンス制御**や、単に**リレーシーケンス制御**ともいう。電子機器の進化や低価格化によって、シーケンス制御はプログラム式が主流になっているが、電気的ノイズに強く、高い電圧や大きな電流を取り扱うことができるため、現在でも有接点式は多くの場所で使われている。本書では、このリレーシーケンス制御を説明する。

▶無接点式シーケンス制御

無接点式シーケンス制御の**制御用装置**では、**トランジスタ**などの**半導体素子**の**スイッチング作用**を利用して制御回路を構成している。機械的な接点を使用しないため、無接点式といわれる。こうした電子回路によるリレーは、**半導体リレー**や**無接点リレー**ともいうため、無接点式シーケンス制御は、**半導体リレーシーケンス制御**や**無接点リレーシーケンス制御**ともいう。ただし、単にリレーシーケンス制御といった場合には、有接点式を示していることがほとんどだ。無接点式は、有接点式より動作速度が速く、小形化できるなど数多くのメリットがあるが、プログラム式の発達とともに、あまり使われなくなっている。

▶プログラム式シーケンス制御

プログラム式シーケンス制御は、**マイクロコンピュータ式シーケンス制御**ともいい、コンピュータのプログラムによって制御回路が構成されている。リレーシーケンス制御の回路がプログラムで再現されているといえる。家電製品のような量産品の場合は、プログラムを含めてマイクロコンピュータが1個のICに収められている。工場の生産ラインのような場合は、**プログラマブルコントローラ**または**プログラマブルロジックコントローラ**と呼ばれる専用のマイクロコンピュータが使用される。このコンピュータは**PLC**と略されることが多い（以前は**PC**とも略されたが、パソコンの略号と同じであるため使われなくなった）。また、最初に普及した製品名から**シーケンサ**と呼ばれることもある。プログラムを書き換えることで制御内容を容易に変更することができるうえ、無接点式同様のメリットを備える。

13

Chapter 01 | Section 03
電気の基礎知識

[電気に詳しくなくてもシーケンス制御は理解できる]

　シーケンス制御は電気によって制御が行われているが、リレーシーケンス制御は初歩的な電気の知識があれば理解できる。もちろん、実際に制御に使う装置を選んだりシステムを構築するのであれば、必要な電気の知識のレベルが高くなるし、システムを設置したり修理したりするのであれば資格が必要になるが、シーケンス制御の回路を考えたり、回路を読み解いたりするのであれば、中学校の理科で習うレベルの電気の知識で十分に理解できる。

▶電気回路とオームの法則

　電気とは**エネルギー**の形態の1つだ。**電気エネルギー**を利用するためには、**電流**が流れる経路が必要だ。こうした経路を**電気回路**や単に**回路**という。回路とは、その文字通り「回っている路」なので、輪のように閉じたループになっている必要がある。回路は**電源**と**負荷**で構成される。負荷とは、実際に仕事をする部分のことで、電気エネルギーを他の形態のエネルギーに変換する装置だといえる。電球であれば電気エネルギーを**光エネルギー**に変換し、モータであれば電気エネルギーを**運動エネルギー**に変換する。

　たとえば、乾電池と電球を〈図03-01〉のように接続した場合、乾電池が電源であり、電球が負荷だ。この回路を電流が流れることで、電球が点灯する。電流は乾電池の**プラス極**から**マイナス極**に向かって流れる。このように電気が流れる現象を電流というが、電流と

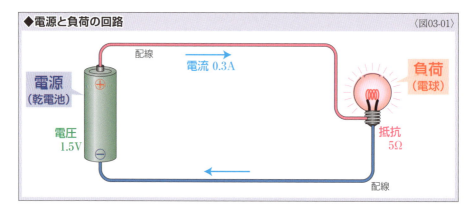

◆電源と負荷の回路　〈図03-01〉

いう用語は一定時間に流れている量を示す際にも使われる。

正確な表現ではないが、電流を流そうとする力（電流を押し出す力）の強さを**電圧**と考えれ

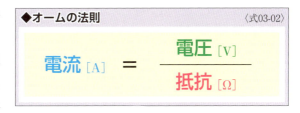

ばわかりやすい。電圧は電源によって決まるもので、単位には[V]が使われる。よく知られているように一般的な乾電池の電圧は1.5Vだ。いっぽう、回路を流れる電流の大きさは、電源の電圧と負荷の**電気抵抗**で決まる。電気抵抗は単に**抵抗**ということも多く、電流の流れにくさを示す。抵抗が大きいほど、つまり電流が流れにくいほど電流が小さくなる。逆に抵抗が小さいほど電流が大きくなる。電流の単位には[A]、抵抗の単位には[Ω]が使われる。

この電圧、電流、抵抗の関係を示したものが**オームの法則**だ。〈式03-02〉のように表わすことができる。シーケンス制御の回路を考える際に、オームの法則を利用した計算が必要になることはないが、一応は覚えておきたい電気に関する基本的な法則だ。

▶手動制御とスイッチ

左ページの〈図03-01〉のように接続すれば、電球を点灯させるという目的を達することができるが、点灯や消灯に手間がかかってしまう。しかし、〈図03-03〉のように回路の途中に**制御用装置**として**スイッチ**を配置すれば、**手動制御**が行えるようになり、点灯と消灯を容易に操作できるようになる。こうしたスイッチには**機械式接点**が用いられるのが一般的だ。スイッチがOFFの状態では**接点**が開いていて回路が成立していないので、電球が点灯しない。このように接点が開いている状態を**開路**という。スイッチをONにすると、接点が閉じて回路が成立するので電球が点灯する。このように接点が閉じている状態を**閉路**という。

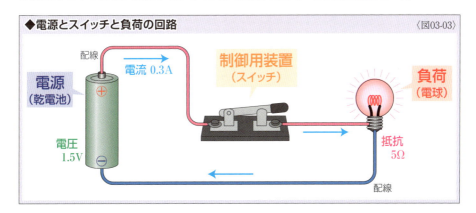

▶回路図と図記号

前ページの〈図03-03〉のような図を**実体配線図**というが、複雑な回路になると、いちいち実体を描くのは面倒だ。そのため、電気回路の内容を示す際には、構成する要素を記号化した**電気回路図**が一般的に使われている。単に**回路図**ということも多い。使用する記号は、**電気用図記号**としてJISで定められている。電気用図記号は、**回路図記号**や単に**図記号**、また**シンボル**ともいう。〈図03-03〉を回路図にすると〈図03-04〉のようになる。

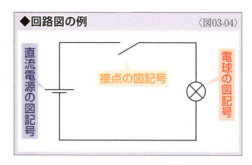

◆回路図の例　〈図03-04〉

ただし、回路図は実際の回路の配線の状態を反映しているわけではなく、要素の位置を示したものでもない。実際の配線と回路図では、接続箇所が異なっていたりする。たとえば、〈図03-05〉の回路を、回路図Aのように描けば、かなり実際の回路に近いが、それでも実際の配線では電池のプラス極に2本の配線が接続されているが、回路図ではプラス極に接続されている線は1本であり、途中で枝分かれしている。回路図Bのように描いたとしても、回路図としては同じものだ。回路図の線は**接続線**というが、実際の配線と回路図の接続線は別のものだと考えたほうがいい。接続線は、回路を構成する要素の電気的なつながり方を説明しているだけのものだ。

また、リレーシーケンス制御では、制御の動作や機能を中心にして回路を示した**シーケンス図**という図が用いられる。シーケンス図では各要素の相互の関連が示されているので、制御の動作を順番を追って把握しやすい。

◆実際の配線と回路図の関係　〈図03-05〉

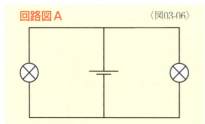

回路図A　〈図03-06〉

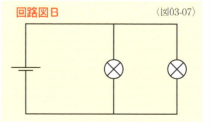

回路図B　〈図03-07〉

▶直流と交流

　電流には**直流**と**交流**がある。直流とは、流れる方向と電圧が一定の電圧・電流のことで、代表的な直流の電源が電池だ。

　交流とは、流れる方向と電圧が周期的に変化する電圧・電流のことで、狭義の交流は横軸を時間、縦軸を電圧にすると**サインカーブ**（**正弦曲線**）を描く。サインカーブの山と谷のセットを**サイクル**といい、1サイクルに要する時間を**周期**という。1秒間のサイクルの回数を**周波数**といい、単位には[Hz]が使われる。家庭などに供給されている**商用電源**が代表的な交流だ。100Vか200Vが一般的で、50Hzの地域と60Hzの地域がある。

　同じ電圧と周波数の3組の交流を周期が1/3ずつずれた状態でまとまったものが**三相交流**だ。そもそも三相交流は別々に作られた3組の交流をまとめたわけではなく、三相交流発電機で作られる。家庭に供給されている交流は、三相交流の各相がばらばらにされたもので、**単相交流**という。三相交流は単相交流より効率よく送電できるというメリットがあるうえ、発電機の回転によって作られた電気なので、モータを回転させることに適している。そのため、大出力が求められる工場などへは、三相交流が供給されることが多い。

　シーケンス制御回路の電源は直流の場合と交流の場合がある。交流には単相交流を使用する。実際に使用する装置には、直流専用や交流専用のものがあるので電源に合わせて選ぶ必要があるが、制御の回路自体は、直流でも交流でもかわりはないので、あまり意識する必要はない。

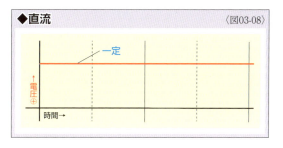
◆直流　〈図03-08〉

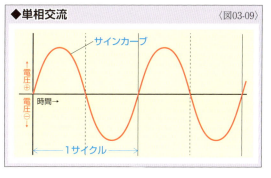
◆単相交流　〈図03-09〉

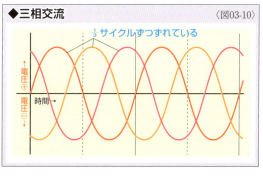
◆三相交流　〈図03-10〉

▶直列接続と並列接続

　電気回路を構成する要素のつなぎ方の基本になるのは、**直列接続**と**並列接続**だ。単に**直列**、**並列**ということも多い。

　直列接続は数珠つなぎに要素を接続していくつなぎ方で、電流は1本の流れになる。負荷を直列接続すると、それぞれの要素が電圧を分けあうことになる。

　電気回路を構成する各要素には、製造者が保証する出力の限度や製造者が指定する電圧、電流などの値が示されている。これらを総称して**定格**という。定格は安全に連続して使用できる上限といえるが、定格の値を下回っても、正常に動作しないものや、動作しても本来の能力を発揮できないものもある。たとえば、〈図03-11〉のように定格1.5Vの電球1個を1.5Vの電源につなぐと、目的の明るさで点灯する。しかし、〈図03-12〉のように同じ電球2個を直列接続して、1.5Vの電源につなぐと、暗くしか点灯しない。この時、それぞれの電球は0.75Vずつを分け合っている。オームの法則を使えば、どうして0.75Vずつを分けあうのかを説明できるが、シーケンス制御回路を考えるうえでは、そこまで深く知る必要はない。

　並列接続は要素を並べて接続するつなぎ方で、回路には分岐と合流ができる。負荷を並列接続すると、それぞれの要素には同じ電圧がかかり、電流を分けあう。たとえば、〈図

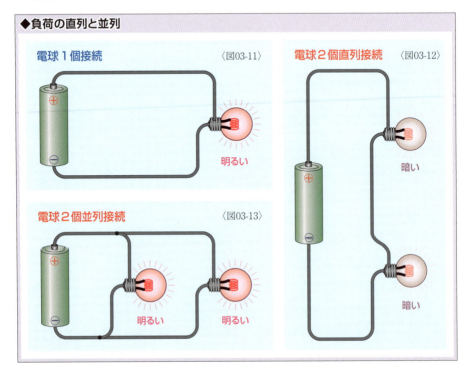

◆負荷の直列と並列

電球1個接続　〈図03-11〉　明るい

電球2個直列接続　〈図03-12〉　暗い　暗い

電球2個並列接続　〈図03-13〉　明るい　明るい

03-13〉のように定格1.5Vの豆電球2個を並列接続して、1.5Vの電源につなぐと、それぞれの電球に1.5Vの電圧がかかるので、どちらの電球も目的の明るさで点灯する。

シーケンス制御の回路では、定格の電圧が得られなくなるため、複数の負荷を直列に接続することは基本的にない。負荷は必ず並列接続される。いっぽう、**接点**は直列接続しても並列接続しても問題ない。詳しくはChapter04で説明するが、シーケンス制御では接点の接続方法のさまざまな組み合わせに重要な意味がある。

▶電磁石

リレーシーケンス制御で使われる電磁リレーは、**電磁石**を応用した装置だ。〈図03-14〉のように**コイル**に電流を流すと電磁石になることを知っている人は多いだろう。コイルに**鉄心**を入れると、さらに**磁力**を強くすることができる。

磁石にはN極とS極があり、異なる極同士には**吸引力**が働き、同じ極同士には**反発力**が働く。また、どちらの極も鉄を吸引する。電磁石では、コイルの巻き方と電流が流れる方向で極が決まるが、リレーシーケンス制御を考えるうえでは極を意識する必要はない。重要なのは、電磁石は鉄を吸引できるということだ。こうした鉄を吸引する力で、電磁リレーは接点を動作させている。コイルに電流を流して電磁石にすることを**励磁**という。また、電磁石の電流を停止して磁力をなくすことを**消磁**という。

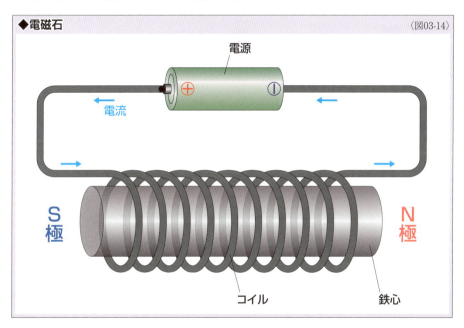

◆電磁石 〈図03-14〉

Chapter 01 | Section 04

接点の種類

［さまざまな接点がシーケンス制御に使われる］

　シーケンス制御は、命令用装置、制御用装置、検出用装置のスイッチが組み合わされることで、自動制御が実現されている。有接点式シーケンス制御であるリレーシーケンス制御では、その中枢である制御用装置に、接点を備えた電磁リレーが使用される。また、命令用装置に用いられる命令用スイッチや、検出用装置に用いられる検出用スイッチも、それぞれが接点を備えている。接点は正式には開閉接点といい、メーク接点、ブレーク接点、切換接点の3種類に大別できる。

▶メーク接点、ブレーク接点、切換接点 ・・・・・・・・・・・

　接点の状態は動作と復帰という用語で表現する。スイッチが操作された時の接点の状態を動作といい、動作以前の状態に戻すことを復帰という。

　メーク接点は、復帰状態では開路であり、動作すると閉路する接点だ。つまり、スイッ

◆接点の種類			〈表04-01〉
名称	メーク接点	ブレーク接点	切換接点
その他の呼称	a接点 常開接点 NO接点	b接点 常閉接点 NC接点	c接点 トランスファ接点
非動作状態 （復帰状態）	開路	閉路	メーク接点部：開路 ブレーク接点部：閉路
動作状態	閉路	開路	メーク接点部：閉路 ブレーク接点部：開路
図記号	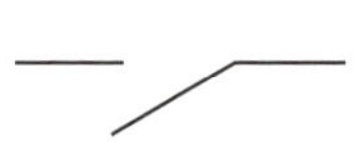 〈図04-02〉	 〈図04-03〉	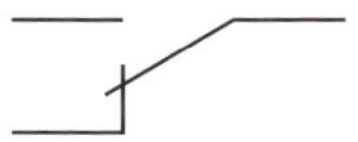 〈図04-04〉

チを操作していない状態では接点がOFFであり、操作するとONになる。ONの状態を作る（make）ことになるため、メーク接点という。ドイツ語の働く（arbeit）を略して**a接点**ともいわれる。通常は開路している接点であるため**常開接点**ともいい、英語で表現するとnormally openになるため、その頭文字をとって**NO接点**ともいう。

ブレーク接点は、復帰状態では閉路であり、動作すると開路する接点だ。つまり、スイッチを操作していない状態では接点がONであり、操作するとOFFになる。ONの状態を壊す（break）ことになるため、ブレーク接点といい、略して**b接点**という。通常は閉路しているため**常閉接点**ともいい、その英語であるnormally closedから**NC接点**ともいう。

切換接点は、メーク接点とブレーク接点を組み合わせた接点だ。電流が流れる経路を切り換える（change-over）ことができるため、略して**c接点**という。**トランスファ接点**ともいう。また、メーク接点とブレーク接点を同時に操作することができる接点と考えることもできる。

▶スイッチの極と投

メーク接点やブレーク接点のように、1つの接点を備えたスイッチは**単投形スイッチ**といい、切換接点のように2つの接点を備えたスイッチは**双投形スイッチ**という。英語では、スイッチをONにする操作を「throw」で表現することがあるため、「**投**」という用語が使われる。

また、スイッチには複数の接点を備えていて、1度の操作で複数の回路を同時に制御できるものもある。スイッチが制御できる回路の数は「**極**」という用語で表現される。制御できる回路の数が1の場合は**1極形スイッチ**または**単極形スイッチ**といい、2回路の場合は**2極形スイッチ**または**双極形スイッチ**という。3回路以上の場合は、**3極形スイッチ**や**4極形スイッチ**といったように数字で表現される。図記号では、連動を意味する破線によって複数の接点が接続される。こうした極の数を**極数**という。

極と投の双方を示したい場合は、**1極単投形スイッチ**（**単極単投形スイッチ**）、**1極双投形スイッチ**（**単極双投形スイッチ**）、**2極単投形スイッチ**（**双極単投形スイッチ**）、**2極双投形スイッチ**（**双極双投形スイッチ**）といったように表現する。

◆極と投によるスイッチの表現　〈図04-05〉

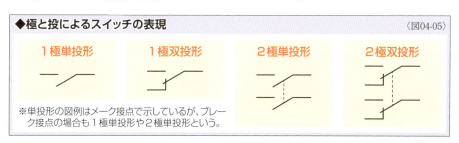

※単投形の図例はメーク接点で示しているが、ブレーク接点の場合も1極単投形や2極単投形という。

Chapter 01 | Section 05

手動操作自動復帰形接点

［命令用スイッチに多用されている接点］

　シーケンス制御の命令用装置としてもっとも使われているのが、**手動操作自動復帰形接点**を備えたスイッチだ。その名の通り、手動で操作している間だけ接点が動作し、操作をやめると自動的に接点が復帰する。手動操作自動復帰形接点を備えた代表的なスイッチが**押しボタンスイッチ**だ。実際にはさまざまな構造の押しボタンスイッチがあるが、ここでは、わかりやすい構造のものを例にして接点の動作を説明する。

▶押しボタンスイッチの構造 ・・・・・・・・・・・・・・・・・・・

　押しボタンスイッチは、**操作機構部**と**接点機構部**で構成されている。**メーク接点の押しボタンスイッチ**は、〈図05-01〉のような構造になっている。操作機構部は、**コンタクトブロック**ともいい、実際に指で操作する**ボタン**と、その動きを接点機構部に伝える**ボタン軸**、これらを支持する**ボタン台**で構成されている。ボタン軸に備えられた**復帰ばね**とボタン台によって、ボタンの位置が保持されている。接点機構部は、ケース内に位置を動かすことができない2個1組の**固定接点**と、移動することができる**可動接点**が収められている。両側の固定接点は、それぞれ配線を接続する**端子**につながれている。可動接点はボタン軸につながっていて、接点機構部の復帰ばねによって固定接点とは離れた位置に保持されている。

　ボタンを操作していない**復帰**状態では、2つの固定接点が離れているので、端子間を電流が流れない**開路**の状態になっている。ボタンを押すと、可動接点が移動して固定接点に接触する。これにより2つの固定接点が可動接点でつながれるため、端子間を電流が流れることができる**閉路**の状態になる。これが**動作**状態であり、復帰ばねは圧縮されている。ボタンから指を離すと、復帰ばねの力で可動接点が元の位置に戻るため、開路の状態になる。

　ブレーク接点の押しボタンスイッチの場合も、操作機構部の構造は共通で、〈図05-02〉のように接点機構部の固定接点の位置が異なる。可動接点は復帰ばねの力で固定接点に押しつけられているため、ボタンを操作していない復帰状態では、閉路の状態になっている。ボタンを押すと、可動接点が固定接点から離れるため、開路の状態になる。

　切換接点の押しボタンスイッチの場合は、〈図05-03〉のように、接点機構部にメーク接

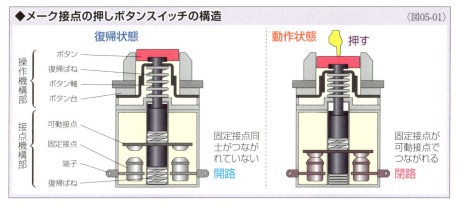

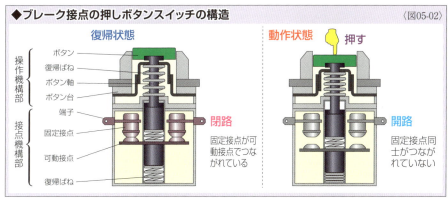

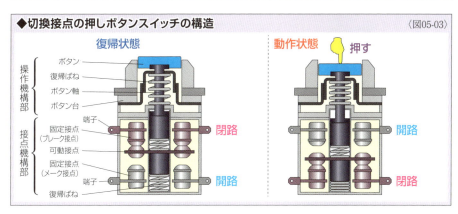

点用の固定接点とブレーク接点用の固定接点がある。ボタンを操作していない復帰状態では、可動接点がブレーク接点用の固定接点に押しつけられていて、メーク接点用の固定接点とは離れているため、メーク接点が開路、ブレーク接点が閉路の状態になっている。ボタンを押すと、可動接点が移動し、メーク接点が閉路、ブレーク接点が開路の状態になる。

Chapter 01 Section 06
押しボタンスイッチの基本回路

［命令を与える3種の接点の基本的な作用］

　実際のシーケンス制御回路において、**メーク接点**、**ブレーク接点**、**切換接点**という3種類の**接点**が、どのように作用するかは、回路がシンプルであるほどわかりやすい。ここでは、電源、負荷、接点というもっともシンプルな構成の制御回路で、接点の作用を説明する。電源には直流電源である電池、負荷にはシーケンス制御で使われる表示灯（電球）を使用し、**手動操作自動復帰形接点**を備えた**押しボタンスイッチ**で制御している。

　接点には各種機能を備えたものや操作方法が異なるものがある。シーケンス制御では数多くの接点が使用されるため、回路図などではその違いを明確にしておいたほうが都合がいい。そのため、接点の**図記号**に操作方法などを示す記号を加えることが多い。各種の記号はChapter02で説明するが（P44参照）、たとえば押しボタンスイッチの場合は「押し操作」を表わす「⊔」の記号を加える。記号同士をつなぐ破線は、両者が連動していることを意味している。

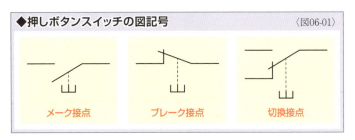

◆押しボタンスイッチの図記号　〈図06-01〉

メーク接点　　ブレーク接点　　切換接点

▶接点のON信号とOFF信号

　シーケンス制御はスイッチの組み合わせによって制御が実現されている。これはスイッチが発する**ON信号**と**OFF信号**という2種類の**信号**を用いて制御を行っていると考えられる。リレーシーケンス制御の場合、スイッチは基本的に接点であり、接点がON信号とOFF信号を発する。たとえば、メーク接点の押しボタンスイッチであれば、ボタンを押すとON信号が発せられ、ボタンを戻すとOFF信号が発せられることになる。実際の制御回路では、複数の入力信号によって出力信号が決まったり、信号が何段階にも伝えられたりするが、右ページ以降で取り上げるようなシンプルな回路の場合は、入力信号がそのまま出力に直結することになる。

▶押しボタンスイッチのメーク接点回路

メーク接点の押しボタンスイッチと電池、表示灯の回路を回路図で表わすと〈図06-02〉のようになり、実体配線図で表わすと〈図06-03〉のようになる。**メーク接点回路**では、スイッチを操作していない状態(**復帰**状態)では接点が**開路**しているので、表示灯は点灯していない。ボタンを押して**動作**状態にすると、接点が**閉路**するので回路が成立して、表示灯が点灯する。ボタンを押すという操作は、この回路に**ON信号**を与えたと考えることができる。ボタンを戻して接点を復帰させれば、表示灯は消灯する。

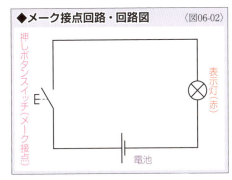

◆メーク接点回路・回路図　〈図06-02〉

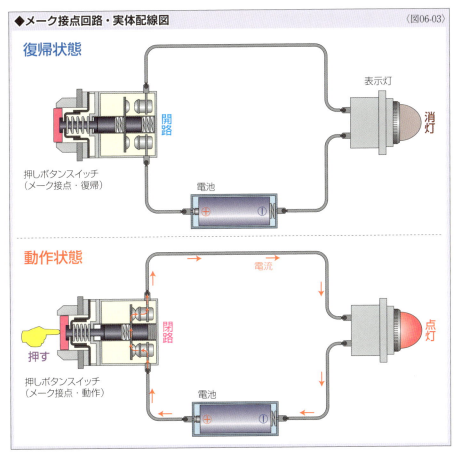

◆メーク接点回路・実体配線図　〈図06-03〉

▶押しボタンスイッチのブレーク接点回路

　ブレーク接点の押しボタンスイッチと電池、表示灯の回路の回路図と実体配線図は以下のようになる。ブレーク接点回路の場合、スイッチを操作していない状態(復帰状態)では接点が閉路しているので、回路が成立し、表示灯が点灯している。ボタンを押して動作状態にすると、接点が開路するので電流が流れなくなり、表示灯が消灯する。ボタンを押すという操作は、この回路にOFF信号を与えたと考えることができる。ボタンを戻して接点を復帰させれば、表示灯は点灯する。

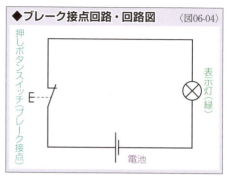

◆ブレーク接点回路・回路図　〈図06-04〉

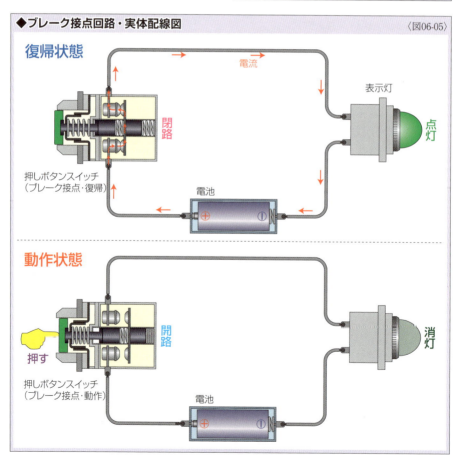

◆ブレーク接点回路・実体配線図　〈図06-05〉

▶押しボタンスイッチの切換接点回路

　切換接点の押しボタンスイッチと電池、表示灯2個の回路の回路図と実体配線図は以下のようになる。赤の表示灯の**メーク接点回路**と緑の表示灯の**ブレーク接点回路**という2つの回路を、1個のスイッチで同時に制御しているといえる。**切換接点回路**の場合、**復帰**状態ではメーク接点は**開路**しているので赤の表示灯は点灯せず、ブレーク接点は**閉路**しているので緑の表示灯が点灯している。接点を**動作**状態にすると、メーク接点が閉路して赤の表示灯が点灯し、ブレーク接点が開路して緑の表示灯が消灯する。

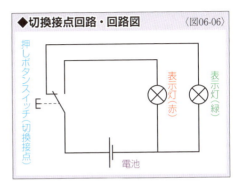

〈図06-06〉◆切換接点回路・回路図

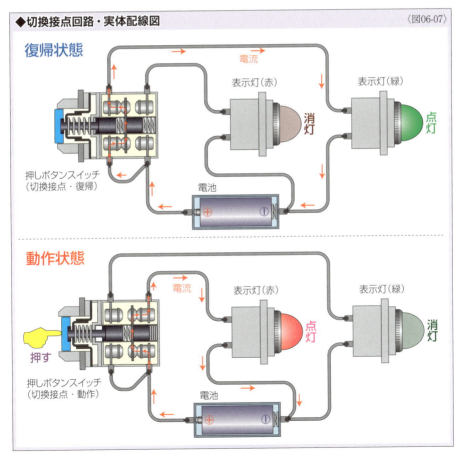

〈図06-07〉◆切換接点回路・実体配線図

Chapter 01 | Section 07

電磁操作自動復帰形接点

[リレーシーケンス制御の主役といえる接点]

有接点式シーケンス制御の制御用装置は、おもに電磁リレーが使われる。電磁リレーとは、電磁石を利用して接点の開閉を行う装置だ。一般的な電磁リレーの接点を電磁操作自動復帰形接点という。電磁石として作用するコイルに電流が流れている間だけ接点が動作し、電流が停止すると自動的に接点が復帰する。各種構造の電磁リレーがあるが、ここでは多用されている構造のものを例にして動作を説明する。

▶電磁リレーの構造 ・・・・・・・・・・・・・・・・・・・・・・・・・・・

電磁リレーは、電磁石部と接点機構部で構成されている。メーク接点の電磁リレーは、〈図07-01〉のような構造になっている。電磁石部は、鉄心とコイルで構成されていて、コイルに電流を流すための端子が備えられている。接点機構部は、位置を動かせない固定接点と、移動できる可動接点で構成されている。可動接点は、支点を中心に回転できる可動鉄片に取りつけられていて、コイルに電流が流れていない消磁の状態では、復帰ばねの力で可動接点は固定接点とは離れた位置に保持されている。それぞれの接点は配線を接続する端子につながれている。こうした構造の電磁リレーをヒンジ形電磁リレーという。

コイルに電流が流れていない復帰状態では、可動接点と固定接点が離れているので、接点の端子間を電流が流れることができない開路の状態になっている。コイルに電流を流すと、コイルが電磁石になり（励磁され）、その磁力で鉄片を引き寄せる。この鉄片の移動によって可動接点と固定接点が接触し、接点の端子間を電流が流れることができる閉路の状態になる。これが動作状態であり、復帰ばねは伸ばされている。コイルの電流を止めると電磁石が消磁されるため、復帰ばねの力で可動接点が元の位置に戻り、開路の状態になる。

ブレーク接点の電磁リレーの場合も、電磁石部の構造は共通で、〈図07-02〉のように接点機構部の固定接点の位置が異なる。可動接点は復帰ばねの力で固定接点に押しつけられているため、コイルが消磁されている復帰状態では閉路の状態になっている。コイルに電流を流して動作状態にすると、可動接点が固定接点から離れるため、開路の状態になる。

切換接点の電磁リレーの場合は、〈図07-03〉のように、接点機構部にメーク接点用の固

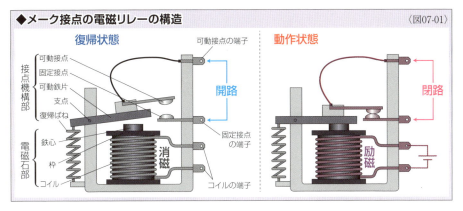

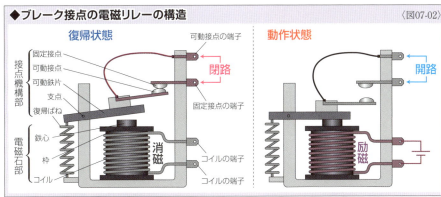

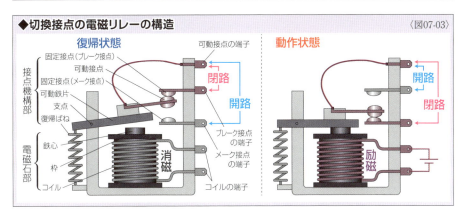

定接点とブレーク接点用の固定接点がある。コイルが消磁されている復帰状態では、可動接点がブレーク接点用の固定接点に押しつけられていて、メーク接点用の固定接点とは離れているため、メーク接点が開路、ブレーク接点が閉路の状態になっている。コイルを励磁すると、可動接点が移動し、メーク接点が閉路、ブレーク接点が開路の状態になる。

電磁リレーの基本回路

［電磁リレーの接点の基本的な作用］

電磁リレーの場合も、回路がシンプルであるほど、どのように作用するかがわかりやすい。ここでは、電源に電池、負荷にはシーケンス制御で使われる表示灯（電球）、命令用装置には**手動操作自動復帰形接点**を備えた**メーク接点の押しボタンスイッチ**を使用する。

なお、電磁リレーは電磁石として機能するコイルと、電磁石によって操作される接点で構成されているので、図記号でもコイルの図記号と接点の図記号を組み合わせたものが使われる。コイルの図記号は長方形の箱形と定められている。このコイルの図記号と接点の図記号を、〈図08-01〉のように並べたうえで、連動を意味する破線でつなぐと電磁リレーの図記号になる。

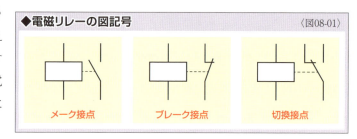

◆電磁リレーの図記号　〈図08-01〉

メーク接点　ブレーク接点　切換接点

▶電磁リレーの基本回路の構成

このSectionでは、〈図08-02〉のような構成の回路で電磁リレーの作用を説明するが、こうした回路は、電磁リレーのコイルを制御する回路と、電磁リレーの接点で負荷を制御する回路という2つの回路で構成されていると考えることもできる。こうした場合、それぞれの回路には必ず電源と負荷が含まれている。

電磁リレーを中心に考えれば、コイルを制御する回路が**入力回路**であり、負荷を制御する回路が**出力回路**だ。〈図08-03〉のように、押しボタンスイッチ、電磁リレーのコイル、電源で構成される部分が、電磁リレーのコイルを制御する入力回路になる。いっぽう、〈図08-04〉のように電磁リレーの接点、表示灯、電源で構成される部分が、負荷を制御する出力回路だ。

〈図08-02〉では双方の回路が電源を共有しているので、2つの回路だと考えにくいかもしれない。しかし、電源を2つ使用すれば、同じように作用する回路を〈図08-05〉のように表わせる。双方の回路に電気的なつながりはなく、電磁リレーの作用で双方の回路が連動する。

◆電磁リレーの基本回路の構成①

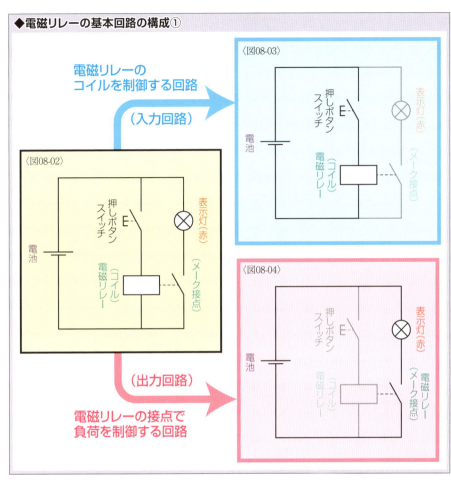

◆電磁リレーの基本回路の構成②

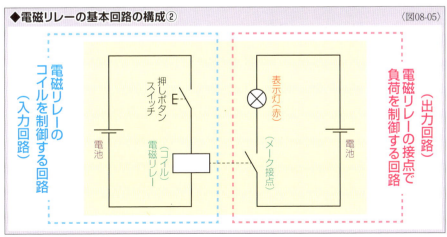

▶電磁リレーのメーク接点回路

電池を電源にして、命令用装置にメーク接点の押しボタンスイッチを用い、**メーク接点の電磁リレー**を介して表示灯を点灯/消灯させる**メーク接点回路**を回路図で表わすと〈図08-06〉のようになり、スイッチを操作していない状態を実体配線図で表わすと〈図08-07〉のようになる。押しボタンスイッチを押していない状態では、スイッチの接点が**開路**しているので、電磁リレーのコイルには電流が流れず、電磁リレーは**復帰**状態にある。復帰状態ではコイルが**励磁**されていないため、可動接点は動かず、電磁リレーのメーク接点が開路しているので、表示灯にも電流が流れることがないため、消灯している。

押しボタンスイッチを押すと、スイッチのメーク接点が**閉路**するので、電磁リレーのコイルに電流が流れるようになり、〈図08-08〉のように電磁リレーが**動作**状態になる。コイルが励磁されることで、可動接点が移動し、電磁リレーのメーク接点が閉路し、表示灯

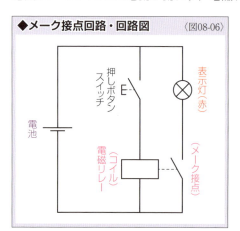

◆メーク接点回路・回路図　〈図08-06〉

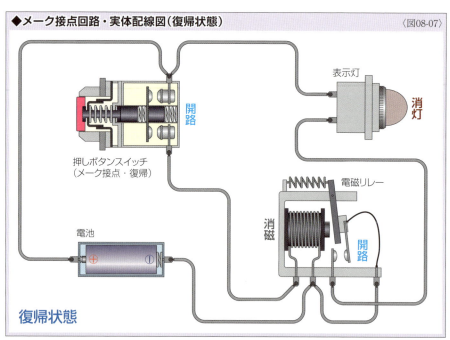

◆メーク接点回路・実体配線図（復帰状態）　〈図08-07〉

に電流が流れて点灯する。ボタンを押している間は、表示灯の点灯状態が保たれる。

　ボタンを戻すと、スイッチの接点が開路して、電磁石のコイルに電流が流れなくなり、**消磁**される。これにより、可動接点が元の位置に戻り、電磁リレーのメーク接点が開路するため、表示灯に電流が流れなくなり消灯する。

▶ON信号を受けてON信号を発する電磁リレーのメーク接点

　24ページで接点が発する**ON信号**と**OFF信号**について説明したが、押しボタンスイッチと電源、負荷で構成される回路では、信号というイメージで捉えにくかったかもしれない。入力であるスイッチ操作に負荷である出力が反応するのは当たり前のことだ。しかし、電磁リレーの回路であれば、信号らしく捉えられるだろう。

　電磁リレーのメーク接点回路の場合、押しボタンスイッチを押すと、**入力信号**としてON信号が発せられる。この信号によって電磁リレーが動作して**出力信号**としてON信号を発する。これにより、出力である表示灯がONになるわけだ。つまり、メーク接点の電磁リレーは、ON信号を受けるとON信号を発する制御用機器であり、OFF信号を受けた際にはOFF信号を発することになる。これは電磁リレーのメーク接点が入力回路から出力回路へ**信号の伝達**を行っているといえる。

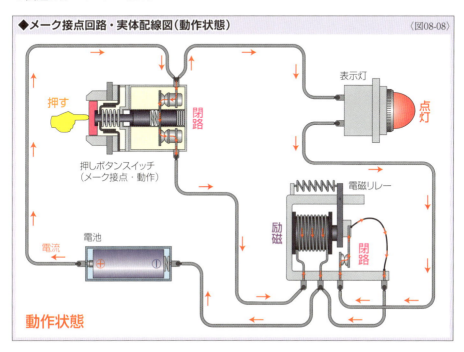

◆メーク接点回路・実体配線図（動作状態）　〈図08-08〉

▶電磁リレーのブレーク接点回路

電池を電源にして、命令用装置にメーク接点の押しボタンスイッチを用い、**ブレーク接点の電磁リレー**を介して表示灯を点灯/消灯させる**ブレーク接点回路**を回路図で表わすと〈図08-09〉のようになり、スイッチを操作していない状態を実体配線図で表わすと〈図08-10〉のようになる。押しボタンスイッチを押していない状態では、スイッチの接点が**開路**しているので、電磁リレーのコイルには電流が流れず、電磁リレーは**復帰**状態にある。復帰状態ではコイルが**励磁**されていないため、可動接点は動かないが、電磁リレーはブレーク接点であるため復帰状態では**閉路**している。そのため、表示灯は点灯している。

押しボタンスイッチを押すと、スイッチのメーク接点が閉路するので、電磁リレーのコイルに電流が流れるようになり、〈図08-11〉のように電磁リレーが**動作**状態になる。コイルが励磁されることで、可動接点が移動してブレーク接点が開路し、表示灯に電流が

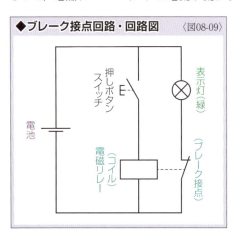

◆ブレーク接点回路・回路図　〈図08-09〉

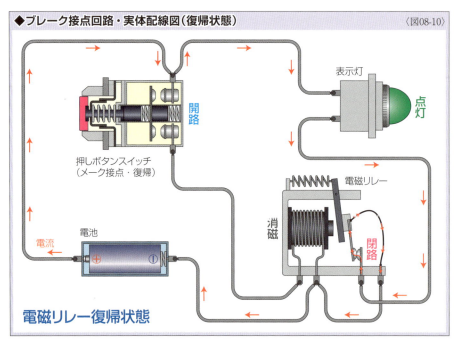

◆ブレーク接点回路・実体配線図（復帰状態）　〈図08-10〉

流れなくなり消灯する。ボタンを押している間は、表示灯の消灯状態が保たれる。

ボタンを戻すと、スイッチの接点が開路して、電磁石のコイルに電流が流れなくなり、**消磁**される。これにより、可動接点が元の位置に戻り、電磁リレーのブレーク接点が閉路するため、表示灯に電流が流れるようになり点灯する。

▶ON信号を受けてOFF信号を発する電磁リレーのブレーク接点

ON信号と**OFF信号**で捉えてみると、電磁リレーのブレーク接点回路の場合、押しボタンスイッチを押すと、入力信号としてON信号が発せられる。この信号によって電磁リレーが動作して出力信号としてOFF信号を発する。これにより、出力である表示灯がOFFになるわけだ。つまり、**ブレーク接点の電磁リレー**は、ON信号を受けるとOFF信号を発する制御用機器だといえる。OFF信号を受けた際にはON信号を発するわけだ。このように、**入力回路**と**出力回路**の間でON信号とOFF信号を入れかえる作用を、**信号の反転**という。

メーク接点の電磁リレーの場合はON信号→ON信号もしくはOFF信号→OFF信号というように受ける信号と発する信号が同じであるため、信号らしい感じはしないかもしれないが、ブレーク接点の電磁リレーのように信号の反転が行われると、よりいっそう、信号を扱っているというイメージがわきやすいだろう。

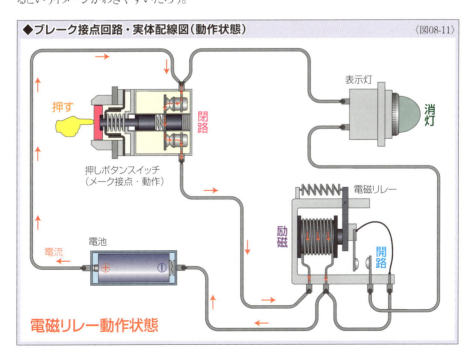

◆ブレーク接点回路・実体配線図（動作状態） 〈図08-11〉

▶電磁リレーの切換接点回路

電池を電源にして、命令用装置にメーク接点の押しボタンスイッチを用い、**切換接点の電磁リレー**を介して2個の表示灯を点灯/消灯させる**切換接点回路**を回路図で表わすと〈図08-12〉のようになり、スイッチを操作していない状態を実体配線図で表わすと〈図08-13〉のようになる。メーク接点に赤の表示灯、ブレーク接点に緑の表示灯をつないでいる。

押しボタンスイッチを押していない状態では、電磁リレーは**復帰**状態にある。**開路**しているメーク接点につながれた赤の表示灯は消灯し、**閉路**しているブレーク接点につなが

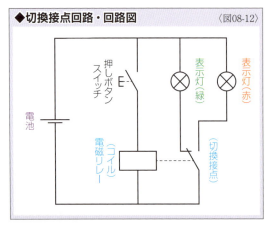

◆切換接点回路・回路図　〈図08-12〉

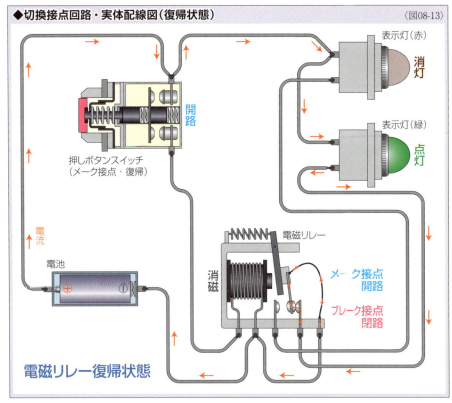

◆切換接点回路・実体配線図（復帰状態）　〈図08-13〉

れた緑の表示灯は点灯している。

　押しボタンスイッチを押すと、〈図08-14〉のように電磁リレーが**動作状態**になる。メーク接点は閉路するので赤の表示灯が点灯し、ブレーク接点は開路するので緑の表示灯が消灯する。電流が流れる回路が、緑の表示灯の回路から、赤の表示灯の回路にかわるわけだ。

　ボタンから指を離せば電磁リレーは復帰状態になり、メーク接点が開路、ブレーク接点が閉路する。これにより、赤の表示灯が消灯し、緑の表示灯が点灯する。

▶ON信号を受けてON信号とOFF信号を発する電磁リレーの切換接点

　ON信号と**OFF信号**で捉える場合は、電磁リレーの切換接点回路は、メーク接点部とブレーク接点部を別々に考え、**出力回路**が2つあると考えたほうがわかりやすい。つまり、**切換接点の電磁リレー**は、ON信号を受けると、メーク接点部がON信号を発し、ブレーク接点部がOFF信号を発する制御用機器であり、OFF信号を受けた際にはメーク接点部がOFF信号を発し、ブレーク接点部がON信号を発する。

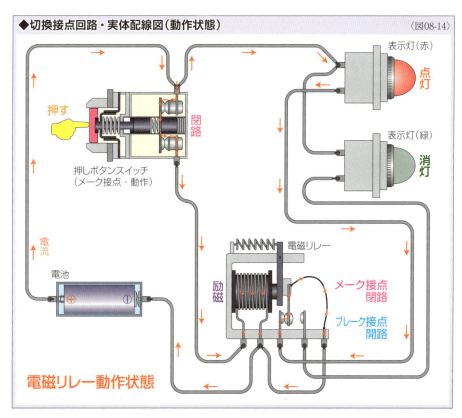

◆切換接点回路・実体配線図（動作状態）　〈図08-14〉

Chapter 01 | Section 09

電磁リレーの役割

[リレーは信号の伝達、変換、反転、分岐が行える]

シーケンス制御は接点が組み合わされることで自動制御が実現されている。前のSectionで説明した電磁リレーの基本回路の場合、入力回路も出力回路も接点は1つしかない。入力回路の接点は押しボタンスイッチの接点、出力回路の接点は電磁リレーの接点だ。切換接点の場合は、接点が2つあるようにも見えるが、出力回路が2つあるので、それぞれの出力回路の接点は1つだといえる。こうした接点が1つの回路では単純な制御しか行うことができないが、それぞれの回路に命令用装置や制御用装置、検出用装置の複数の接点を組み合わせることで、複雑な自動制御が可能になる。

こうした複数の接点の組み合わせ方についてはChapter04で説明するが、接点のなかでもシーケンス制御で重要な役割を果たすのが電磁リレーの接点だ。すでに説明したように、電磁リレーは信号の伝達(P33参照)や信号の反転(P35参照)を行うことができるが、ほかにも信号の変換や信号の分岐を行うことができる。

▶信号の伝達

そもそも電磁リレーは、長距離の有線通信を行うために発明された。有線通信に使う電線は長くなれば抵抗が大きくなるため、信号を伝えられる距離には限界が生じる。もちろん、電線を太くしたり、電圧を高めたりすれば、限界を高められるが、実用面や安全面で問題が生じてしまう。しかし、〈図09-01〉のように、実用的で安全に使用できる距離ごとに電磁リレーを介して何段階も信号の伝達を行えば、有線通信できる距離を限界なく伸ばしていくことができる。陸上競技のリレーではバトンを伝達するが、電磁リレーは信号を伝達するわけだ。

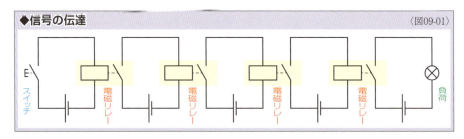

◆信号の伝達 〈図09-01〉

シーケンス制御においては、何段階もの信号の伝達を行うことで、制御の工程を増やしていくことができ、複数の機器を制御することも可能になる。こうした場合、ある電磁リレーの出力回路が、次の工程の電磁リレーの入力回路になっていくわけだ。なお、電磁リレーは日本語では**電磁継電器**という。電気信号を継いでいく装置であるため、このように呼ばれる。

▶信号の変換

　何段階もの**信号**の伝達は、電磁リレーのコイルと、接点が電気的に独立しているから可能になる。こうした関係を、電気的に**絶縁**されているという。この絶縁という関係があるため、電磁リレーで**信号の変換**を行うことが可能になる。たとえば、〈図09-02〉のように、入力回路に直流電源を使用し、出力回路に交流電源を使用しても、問題なく信号の伝達が行える。この例では、直流信号を交流信号に変換していることになる。

　また、高電圧が流れるスイッチを人間が操作することは安全面で好ましい状態とはいえない。しかし、〈図09-03〉のように、電磁リレーを介することで出力回路が高電圧でも、入力回路を低電圧にすることができ、安全に操作できるようになる。こうした場合は信号の変換ではなく、信号の電圧が高まっているので、**信号の増幅**ということもある。

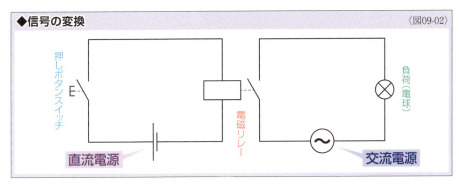

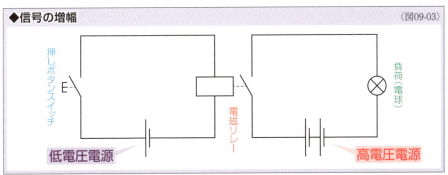

▶信号の反転

電磁リレーのブレーク接点回路で説明したように（P35参照）、電磁リレーのブレーク接点はON信号を受けてOFF信号を発したり、OFF信号を受けてON信号を発したりする。こうした**信号の反転**を利用すれば、ある機器を動作させるためのON信号を使って、別の機器の動作を終了させるためのOFF信号を作り出すといったことが可能になる。

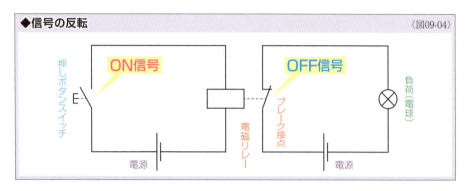

◆信号の反転　〈図09-04〉

▶信号の分岐

スイッチには複数の接点を備えているものがあるが（P21参照）、電磁リレーの場合も複数の**極**を備えているものが一般的で、1つの入力信号で複数の機器を制御することができる。こうした電磁リレーの作用を**信号の分岐**や**信号数の増幅**という。〈図09-05〉のような4極の電磁リレーなら、1つの入力信号を受けて4つの出力信号を発することができる。この回路の場合、それぞれの出力回路の接点と負荷が1つずつなので、負荷を並列にすれば1つの接点でも制御できるが、実際のシーケンス制御回路では入力回路や出力回路ごとに、他の制御用装置の接点や検出用装置の接点が加えられたりすることになる。

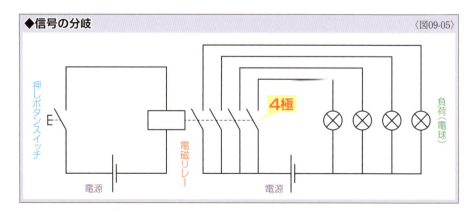

◆信号の分岐　〈図09-05〉

Chapter 02

シーケンス制御の構成機器

Section 01：シーケンス制御の構成機器 ・・・・・ 42
Section 02：電気用図記号 ・・・・・・・・・・ 44
Section 03：押しボタンスイッチ・・・・・・・・・ 46
Section 04：切換スイッチ ・・・・・・・・・・ 48
Section 05：マイクロスイッチとリミットスイッチ ・・・ 52
Section 06：光電スイッチと近接スイッチ ・・・・・ 54
Section 07：その他の検出用装置 ・・・・・・・ 56
Section 08：電磁リレー ・・・・・・・・・・・ 58
Section 09：電磁接触器と電磁開閉器 ・・・・・・ 60
Section 10：タイマ ・・・・・・・・・・・・ 62
Section 11：カウンタ ・・・・・・・・・・・ 64
Section 12：配線用遮断器とヒューズ ・・・・・・ 66
Section 13：電源用装置 ・・・・・・・・・・ 68
Section 14：表示・警報用装置 ・・・・・・・・ 70
Section 15：駆動装置 ・・・・・・・・・・・ 72

Chapter 02 Section 01
シーケンス制御の構成機器

［システムを構成するさまざまな装置］

　リレーシーケンス制御のシステムは、さまざまな装置によって構成されている。使用される装置は、**命令用装置**、**検出用装置**、**制御用装置**、**制御対象**、**電源用装置**、**表示・警報用装置**に大別される。このうち、命令用装置、検出用装置、制御用装置は**接点**を備えた装置であり、これらが組み合わされることでシーケンス制御が実現される。

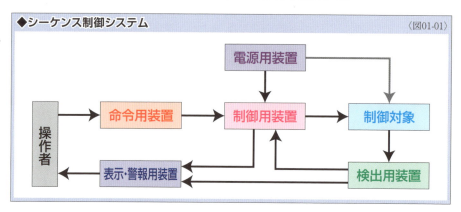

◆シーケンス制御システム　〈図01-01〉

▶6種類の構成機器

　命令用装置は、システムに始動や停止などの命令を与える装置だ。**命令用スイッチ**ともいい、信号を発する**接点**を備えている。人間が操作することによってON/OFF信号が発せられる。**押しボタンスイッチ**が代表的な命令用スイッチだが、各種の**切換スイッチ**が用いられることもある。

　検出用装置は、制御の対象となる機械の状態を検出する装置だ。**検出用スイッチ**やセンサともいう。検出対象には、物体の位置や、温度、明るさなどさまざまなものがある。検出の結果が一定の値に達するとON信号（またはOFF信号）を発する。接点によってON/OFF信号を発するもののほか、電子回路によって信号を発する無接点のものもある。また、検出対象の変化に応じて電圧や抵抗の値が変化するセンサもあるが、シーケンス制御で用いる場合は、ON/OFF信号にする必要があるので、**アンプ**と呼ばれる回路によって一定

の値で信号を発するようにしている。

　制御用装置には、電気信号で開閉を行うことができる接点が使われる。一般的な電磁リレーのほか、使用する電力が大きな制御対象の場合には電磁接触器が使用される。電磁接触器も電磁リレーの一種だが、区別して扱われることが多い。また、タイマなどのように検出用装置と制御用装置の両方の機能を備えた機器もある。

　制御用装置によって駆動されるのが制御対象だ。シーケンス制御の対象となる機械は、何らかの機械的な動作を行うことで、機械の目的を達成するものが多い。こうした動力を発生させる装置を駆動装置という。モータなどのように電気で動く駆動装置であれば、シーケンス制御の回路で制御することができる。駆動装置の動力には、油圧や空気圧が使われることもあるが、これらの油空圧機器も電気信号で制御できるようにすることができる。ほかにも機械の熱源や光源が制御対象になることもあるが、いずれも電気信号で制御可能なものが使われる。

　電源用装置は、制御回路や制御対象を動作させる電力を供給する装置だ。異常発生時に安全を確保する装置も含まれる。制御回路と制御対象に同じ電源が使われることもあるが、使用する電力が大きな制御対象の場合には異なる電源が使用されることもある。こうした場合、制御対象の回路を主回路、その電源を主電源といい、制御回路の電源を制御電源という。

　表示・警報用装置は、操作している状態や異常を操作者に知らせる装置だ。視覚情報によるものと聴覚情報によるものがあり、表示灯の点灯／消灯で知らせるほか、ブザーやベルのように音で知らせる装置も使われる。

▶制御盤と操作盤

　機械に制御システムが内蔵されることもあるが、工場の生産現場や、空調、給水、電力といった建築設備などでは制御用装置は制御盤と呼ばれる箱に集合して収められるのが一般的だ。制御盤には電源用装置の一部も組みこまれる。命令用装置や表示・警報用装置は操作盤と呼ばれるパネルに配置される。制御盤と操作盤が独立していることもあるが、制御盤の扉が操作盤として使われることも多い。

　制御対象となる駆動装置などは、制御の目的である機械に設置される。この機械の各所に検出用装置が備えられる。信号をやり取りするために、制御対象と検出用装置には制御盤から多数の配線が引き伸ばされることになる。また、表示・警報用装置は操作盤だけでなく、機械そのものや、構内の壁面などに備えられることもある。

Sec. 01 シーケンス制御の構成機器

43

Chapter 02 | Section 02

電気用図記号

［シーケンス図で使われる図記号］

　リレーシーケンス制御では、制御の動作や機能を中心にして回路を示した**シーケンス図**（P78参照）という図が用いられる。シーケンス図においても、一般的な回路図と同じように**電気用図記号**によって回路を構成する要素が示される。電気用図記号は**図記号**や**シンボル**ということも多い。一般的に日本工業規格JIS C 0617に定められたものが使われる。

◆おもな限定図記号

〈表02-01〉

名称	図記号	使用例	名称	図記号	使用例
接点機能			遮断機能	×	
自動引外し機能	■		位置スイッチ機能	▽	
自動復帰機能	◁		非自動復帰機能	○	
遅延動作機能（限時動作瞬時復帰）			遅延動作機能（瞬時動作限時復帰）		
※上段の図記号が一般的だが、下段の図記号が使われることもある。			※上段の図記号が一般的だが、下段の図記号が使われることもある。		

Chap. 02 シーケンス制御の構成機器

44

▶限定図記号と操作機構図記号 ・・・・・・・・・・・・・・・

　接点には各種機能を備えたものや操作方法が異なるものがある。そのため、接点の図記号は限定図記号や操作機構図記号と組み合わせて表わすことが多い。限定図記号は接点機能図記号ともいい、接点の備えている機能を表わす。操作機構図記号は、接点が開閉される仕組みを表わすもので、人間による操作ばかりでなく、電磁石などによる操作を表わすものもある。

◆おもな操作機構図記号 〈表02-02〉

名称	図記号	使用例	名称	図記号	使用例
手動操作（一般）			押し操作		
引き操作			ひねり操作		
クランク操作			ハンドル操作		
カム操作			近接操作		
非常操作			熱継電器操作		
電磁効果操作			電動機操作		

45

Chapter 02 | Section 03

押しボタンスイッチ

［始動や停止に使われる代表的な命令用スイッチ］

　シーケンス制御の命令用スイッチとして、もっとも一般的に使われているのが押しボタンスイッチだ。操作者が指でボタンを押すことによって、接点が動作する。始動や停止の命令を与えるのに適している。さまざまな構造のものがあるが、22ページで説明したような構造のもののほか、接点機構部にマイクロスイッチ（P52参照）を使用するものもある。

▶押しボタンスイッチの形と色 ・・・・・・・・・・・・・・・・・・・

　押しボタンスイッチには、正面から見たボタンの形状が円形の丸形押しボタンスイッチのほか、長方形や正方形の角形押しボタンスイッチもある。側面から見た場合、操作していない状態でボタンの頭部が周囲の枠から突出している突形ボタンスイッチのほか、枠と同じ高さにある平ボタンスイッチや、枠より奥まった沈みボタンスイッチもある。また、頭部がキノコ形に大きく突出したキノコ形押しボタンスイッチもある。こうした突出部が大きくなっているスイッチは手のひらでも操作できるためパーム形押しボタンスイッチともいう。

　ボタンにはさまざまな色のものがあり、用途によって使い分けることができるが、JISなどに規定があり、多くの人が共通認識をもてるようにしてある。たとえば、非常操作用のボタンには必ず赤を使用しなければならない。また、ボタン部に文字などを表示できる記名式押しボタンスイッチや、ボタンが発光する照光式押しボタンスイッチもある。照光式の光源には、表示灯と同じく白熱電球やLEDが使われる（P70参照）。

◆操作の種類とボタンの色　　　　　　　　　　　　　　　　　　　〈表03-01〉

名称	押しボタンの色
非常操作	赤を使用しなければならない。
始動操作	白／灰／黒が使用でき、白がもっとも適切とされる。緑も使用できる。赤は使用しない。
停止操作	黒／灰／白が使用でき、黒がもっとも適切とされる。赤も使用できるが、非常用操作機器の近くでは使用しないほうがよい。緑は使用しない。
リセット操作	青／白／灰／黒が使用できる。

◆各種押しボタンスイッチ　〈写真03-02〉

IDEC株式会社

▶押しボタンスイッチの操作方法

　一般的に使われている**押しボタンスイッチ**は、ボタンを押している間だけ接点が動作し、指を離すと復帰する。こうしたスイッチを**モーメンタリ形スイッチ**や**自動復帰形スイッチ**というが、押しボタンスイッチのなかには、**手動操作手動復帰形接点**を備えたものもあり、**手動復帰形スイッチ**や**保持形押しボタンスイッチ**と総称される。

　保持形の場合、ボタンを押してから指を離しても動作状態が保持される。復帰させるための操作にはさまざまなものがある。代表的なものは、再度ボタンを押すもので、**オルタネイト形押しボタンスイッチ**や**プッシュオン・プッシュオフ形押しボタンスイッチ**という。ほかにも、ボタンを引くことで復帰させる**プッシュ・プル形押しボタンスイッチ**や、ボタンもしくは周囲のリングなどを回転させて復帰させる**プッシュロック・ターンリセット形押しボタンスイッチ**、復帰に鍵の操作が必要な**プッシュロック・鍵リセット形押しボタンスイッチ**などがある。なお、手動復帰形スイッチ全般を**オルタネイト形スイッチ**と呼ぶこともある。

▶押しボタンスイッチの極と投

　押しボタンスイッチには**メーク接点**、**ブレーク接点**の**単投形**と、**切換接点**の**双投形**があり、それぞれ**1極形**と**2極形**が一般的に使われている。カタログなどではこうした接点の構成は略号で示される。略号表記ではメーク接点の略号に〔m〕ではなく〔a〕が使われることが多い。たとえば、メーク接点の1極形であれば〔1a〕、ブレーク接点の2極形であれば〔2b〕と記される。切換接点の場合は、〔1c〕や〔2c〕と表記される場合と、〔1a-1b〕や〔2a-2b〕と表記される場合がある。

Chapter 02 | Section 04
切換スイッチ

[回路の切り換えを行う命令用スイッチ]

　シーケンス制御では押しボタンスイッチ以外にも、**ロッカースイッチ、トグルスイッチ、セレクタスイッチ、カムスイッチ**などの**命令用スイッチ**が使われる。自動／手動のような切り換えに使われることが多いため**切換スイッチ**と総称される。切換スイッチには〈図04-01〉のような**操作機構図記号**を加えたものが使われる。**手動復帰形スイッチ**が一般的であるため、図例では**非自動復帰機能**の接点としている。

◆切換スイッチの図記号　〈図04-01〉
ロッカースイッチ／トグルスイッチ　セレクタスイッチ　カムスイッチ

▶ロッカースイッチ

　ロッカースイッチは、**タンブラスイッチ**や**シーソースイッチ**、**波形スイッチ**ともいう。さまざまな構造のものがあるが、いずれもばねの作用を利用していて、波形の操作部をシーソーのように動かしていくと、一定の位置でばねの力によって一気に**可動接点**が移動する。このように瞬時に接点が切り換わることを**スナップアクション**という。こうした操作速度や操作力とは無関係に、一定の操作位置において瞬時に接点が切り換わる機構を**スナップアクション機構**いう。

　ロッカースイッチは**手動復帰形（オルタネイト形）**が一般的だ。**単投形**と**双投形**があり、**1極形**と**2極形**のものが多い。各色の操作部があり、**照光式ロッカースイッチ**もある。

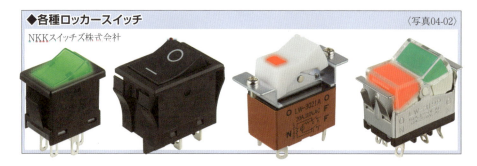

◆各種ロッカースイッチ　〈写真04-02〉
NKKスイッチズ株式会社

◆各種トグルスイッチ　〈写真04-03〉
NKKスイッチズ株式会社

▶トグルスイッチ

トグルスイッチは、バット状のレバーを直線方向に移動させることで操作するスイッチだ。**スナップスイッチ**と呼ばれることもある。ばねの作用を利用した**スナップアクション機構**を備えていて、レバーを動かしていくと、一定の位置で一気に接点が切り換わる。

トグルスイッチは**単投形**と**双投形**が一般的で、一部に**3投形**もある。**1極形**、**2極形**が多いが、3極や4極のものもある。**双投形トグルスイッチ**には**ノッチ数**が**2ノッチ**のものと**3ノッチ**のものがある。2ノッチの場合、レバーが操作できるのは両端でレバーが傾いた状態だが、3ノッチの場合は両者の中央の位置で直立させられる。この位置では、**可動接点**がどちらの**固定接点**にも接触していない。つまり、2ノッチでは自動/手動といった回路の切り換えしか行えないが、3ノッチでは自動/停止/手動といった使い方ができる。カタログなどでは、双投形の2ノッチを〔ON－ON〕と表現し、3ノッチを〔ON－OFF－ON〕と表現することがある。**手動復帰形**（**オルタネイト形**）が一般的だが、3ノッチで片側もしくは両側が**自動復帰形**にされたものもあり、〔ON－OFF－(ON)〕や〔(ON)－OFF－(ON)〕と表現されたりする。なお、**単投形トグルスイッチ**は2ノッチで、〔ON－OFF〕と表現され、**3投形トグルスイッチ**は3ノッチで、〔ON－ON－ON〕と表現される。

◆1極双投形トグルスイッチの2ノッチと3ノッチ　〈図04-04〉

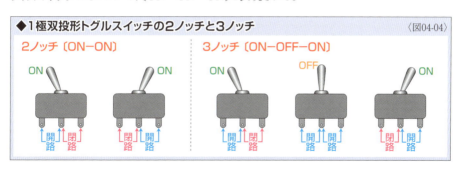

◆各種セレクタスイッチ　　　　　　　　　　　　　　　　　　　　　　〈写真04-05〉

IDEC株式会社

▶セレクタスイッチ

　セレクタスイッチは、**ひねり操作**で接点の開閉を行うスイッチだ。押しボタンスイッチと同じ**接点機構部（コンタクトブロック）**を使用しているものが一般的だ。押しボタンスイッチでは、ボタンを押すと**ボタン軸**が押されて**可動接点**を移動させるが、セレクタスイッチではハンドルのひねり操作を、**操作機構部**の**カム**機構などによって前後運動にかえて可動接点を移動させている。接点機構部が複数備えられることもある。操作部は小さな矢印や記号が表示された**矢形ハンドル**や、操作部が少し伸ばされた**レバー形ハンドル**のほか、鍵で操作する**鍵操作形セレクタスイッチ（キー操作形セレクタスイッチ）**もある。矢形ハンドルやレバー形ハンドルにはさまざまな色のものがあり、矢形ハンドルのなかには**照光式セレクタスイッチ**もある。

◆セレクタースイッチのノッチ数と操作位置の例　　　　　　　　　　　〈図04-06〉

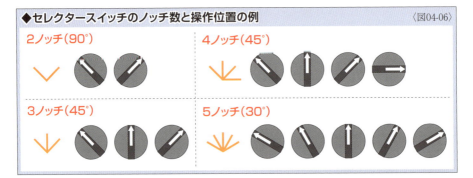

1極形から4極形が一般的で、ノッチ数は2〜5だ。単投形は2ノッチの〔ON－OFF〕、双投形は2ノッチの〔ON－ON〕や3ノッチの〔ON－OFF－ON〕がある。片側もしくは両側が自動復帰形にされたものもある。また、3回路が切り換えられる3ノッチの〔ON－ON－ON〕や4ノッチの〔ON－ON－ON－OFF〕、4回路が切り換えられる4ノッチの〔ON－ON－ON－ON〕や5ノッチの〔ON－ON－ON－ON－OFF〕といったものもある。手動復帰形(オルタネイト形)が一般的だが、一部のノッチが自動復帰形にされたものもある。

▶カムスイッチ

カムスイッチも、ひねり操作で接点の開閉を行うスイッチだ。セレクタスイッチもカム機構を利用しているが、カムスイッチは接点機構部に備えられたカムで直接可動接点を操作する。接点機構部はコンタクトブロックと呼ばれることが多く、このコンタクトブロックを必要な数だけ積み重ねることで、多数の回路の切り換えを行うことが可能になる。一般的な2ノッチ、3ノッチにはじまり、ノッチ数は最大12まである。ノッチの位置によっては自動復帰形にされたものもある。

操作部は、指先で操作するツマミ形ハンドルのほか、手全体で握って操作するくちばし形ハンドル、卵形ハンドル、菊形ハンドル、ピストル形ハンドル、ステッキ形ハンドルなどがある。また、鍵で操作する鍵操作形カムスイッチ(キー操作形カムスイッチ)や、ハンドルとは別の位置にある鍵穴に鍵をさしてロックを解除しないとスイッチが操作できないものもある。ほかにも、ハンドルを押しながら(または引きながら)回転させる必要があるハンドルロック付カムスイッチといったものもある。ツマミ形ハンドルにはさまざまな色のものがあり、光源が内蔵された照光式カムスイッチもある。

◆各種カムスイッチ 〈図04-07〉

IDEC株式会社

Chapter 02 | Section 05
マイクロスイッチとリミットスイッチ

［物体との接触で動作する検出用スイッチ］

マイクロスイッチとは、JISの定義によれば「**微小接点間隔**と**スナップアクション機構**をもち、規定された動きと規定された力で開閉する接点機構がケースで覆われ、その外部に**アクチュエータ**を備え、小形に作られたスイッチ」のことだ。物体の位置を接触によって検出する**検出用スイッチ**としてそのままの状態で使われることもあるが、**リミットスイッチ**の状態で使われることが多い。リミットスイッチとは、マイクロスイッチを堅牢なケースに封入し、その外部にアクチュエータを備えたもので、物体の位置の検出などに使われる。また、マイクロスイッチはフロートスイッチなどの検出用装置の接点機構部に使われたり、押しボタンスイッチや電磁リレーなどの接点機構部に採用されることもある。リミットスイッチの図記号は、接点の図記号に**位置スイッチ**機能の**限定図記号**を加えたものになる。

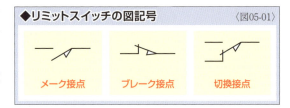

◆リミットスイッチの図記号　〈図05-01〉
メーク接点　ブレーク接点　切換接点

▶マイクロスイッチ

マイクロスイッチは、ばねによる**スナップアクション機構**を備えているうえ、接点間隔が微小に作られているので、**可動接点**が瞬間的に移動して接点が切り換わる。**自動復帰**形の1**極**形が一般的で**単投形**と**双投形**がある。**アクチュエータ**の基本形といえるのは**ピン押しボタン形**で、小さなピンを押すと接点が動作する。このほか代表的なアクチュエータには、**ヒンジレバー形、ヒンジローラレバー形、ヒンジアールレバー形、リーフレバー形**などがある。

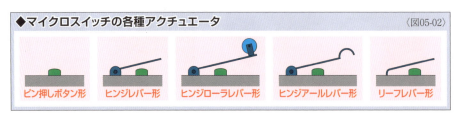

◆マイクロスイッチの各種アクチュエータ　〈図05-02〉
ピン押しボタン形　ヒンジレバー形　ヒンジローラレバー形　ヒンジアールレバー形　リーフレバー形

◆各種マイクロスイッチ　〈写真05-03〉
オムロン株式会社

▶リミットスイッチ

リミットスイッチは、金属や樹脂で作られたケースに**マイクロスイッチ**を組みこんだ**検出用スイッチ**だ。ケース外部に備えられた**アクチュエータ**によって、マイクロスイッチが操作される。堅牢なケースによって力、水、油、塵埃などからスイッチが保護される。

アクチュエータは**カム**や**ドッグ**によって操作される。ドッグとはコンベアなどとともに移動する突起物のことだ。代表的なアクチュエータには、**プランジャ形**、**ローラレバー形**、**フレキシブルロッド形**などがある。プランジャ形は押しこまれることでスイッチが動作し、ローラレバー形とフレキシブルロッド形は傾斜することでスイッチが動作する。

◆各種リミットスイッチ　〈写真05-04〉
オムロン株式会社

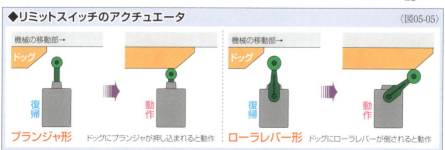

◆リミットスイッチのアクチュエータ　〈図05-05〉

プランジャ形　ドッグにプランジャが押し込まれると動作
ローラレバー形　ドッグにローラレバーが倒されると動作

Sec. 05　マイクロスイッチとリミットスイッチ

53

Chapter 02 Section 06
光電スイッチと近接スイッチ

［非接触で物体を検出するスイッチ］

近接スイッチは、非接触で物体の位置や存在を検出する**検出用スイッチ**だ。検出方法や構造によってさまざまな種類がある。**光電スイッチ**は近接スイッチとは別枠で扱われることが多いが、分類上は近接スイッチに含まれる。リミットスイッチのように可動部が接触して検出する検出用スイッチに比べて、近接スイッチは非接触で検出できるため、応答が速く、信頼性が高く寿命も長い。近接スイッチの図記号は、接点の図記号に**近接操作**を示す操作機構図記号を加えたものが使われる。光電スイッチにもこの記号が使えるが、通常の接点記号を使用し、光電スイッチであることを文字で示すことが多い。

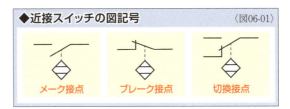

◆近接スイッチの図記号　〈図06-01〉
メーク接点　ブレーク接点　切換接点

▶光電スイッチ

光電スイッチは**可視光線**や**赤外線**を利用して物体の検出を行う。**光電センサ**と呼ばれることも多い。光電スイッチは、**投光部**、**受光部**、**アンプ**で構成されるが、受光部にアンプが内蔵されたものや、すべてが一体形のものなどもある。物体の検出方法は**透過形**、**拡散反射形**、**回帰反射形**に大別される。透過形は、投光器から受光器への光がさえぎられることで物体を検出する。拡散反射形は単に**反射形**といわれることも多く、物体が光を反射す

◆各種光電スイッチ（光電センサ）　〈写真06-02〉
オムロン株式会社
▲拡散反射形　　▲透過形　　▲回帰反射形

ることで検出する。回帰反射形は、**リフレクタ**とも呼ばれる**回帰反射板**を使用し、反射光が物体にさえぎられることで検出を行う。このほか、**レーザ光線**を使用することで検出精度を高めたり検出距離を伸ばしたものもある。また、検出原理が類似したものに、光ではなく超音波で検出を行う**超音波スイッチ**（超音波センサ）もある。

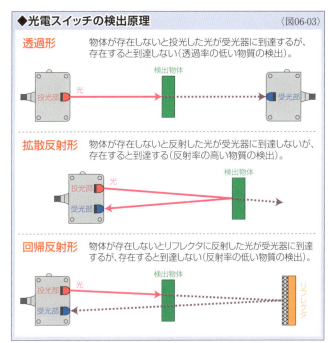

◆光電スイッチの検出原理　〈図06-03〉

透過形　物体が存在しないと投光した光が受光器に到達するが、存在すると到達しない（透過率の低い物質の検出）。

拡散反射形　物体が存在しないと反射した光が受光器に到達しないが、存在すると到達する（反射率の高い物質の検出）。

回帰反射形　物体が存在しないとリフレクタに反射した光が受光器に到達するが、存在すると到達しない（反射率の低い物質の検出）。

▶近接スイッチ

　近接スイッチは**近接センサ**とも呼ばれ、**誘導形（高周波発振形）**、**静電容量形**、**磁気形**といった種類がある。難しくなってしまうため検出原理の説明は省略するが、電界や磁界の変化を利用して物体の検出を行う。誘導形は鉄やニッケルなどおもに金属の検出に使われ、静電容量形は物質全般の検出に使われる。磁気形は検出体に磁石などを取りつけたうえで検出を行うもので、検出する機構によって**リードリレー形**、**ホール素子形**、**磁気抵抗素子形**などがある。

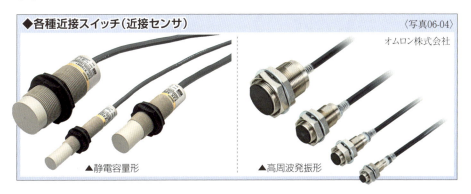

◆各種近接スイッチ（近接センサ）　〈写真06-04〉

オムロン株式会社

▲静電容量形　　▲高周波発振形

Sec. 06 光電スイッチと近接スイッチ

55

Chapter 02 | Section 07
その他の検出用装置

［さまざまな情報を検出するセンサがある］

　ここまでに取り上げた以外にも、シーケンス制御では**温度スイッチ**、**圧力スイッチ**、**レベルスイッチ**、**自動点滅器**などの**検出用スイッチ**が使われることがある。また、センサ技術は進歩が著しい分野であり、さまざまな情報を検出する**センサ**が開発されていて、シーケンス制御にも利用することができる。対象の変化に応じて電圧や抵抗などの値が変化するものもあるが、**アンプ**と呼ばれる電子回路を組み合わせることでON/OFF信号を出力させられる。

▶温度スイッチ

　温度スイッチは、温度が設定値に達した時に動作する**検出用スイッチ**で、**サーモスタット**や**温度リレー**、**温度センサ**と呼ばれることもある。さまざまな構造のものがあり、**機械式温度スイッチ**と**電子式温度スイッチ**に大別される。代表的な機械式温度スイッチは、熱によって変形する**バイメタル**を利用したもので、その変形によって機械的接点を動作させる。電子式温度スイッチは、温度によって抵抗値が変化する**サーミスタ**や、温度差によって起電力が変化する**熱電対**などの**感熱素子**を利用し、電子回路で出力信号を作り出している。

◆その他の検出用装置　〈写真07-01〉
オムロン株式会社
▲サーミスタ温度センサ
◀非接触温度センサ
▲フロートレススッチ用電極

▶圧力スイッチ

圧力スイッチは、液体や気体の圧力が設定値に達した時に動作する**検出用スイッチ**だ。さまざまな構造のものがあり、**機械式圧力スイッチ**と**電子式圧力スイッチ**に大別される。機械式圧力スイッチは、圧力が高くなると変形するばねや**ブルドン管**、**ベローズ**（蛇腹状風船）を利用して接点を動作させる。電子式圧力スイッチは、圧力によって電圧が変化する**圧電素子**（**ピエゾ素子**）などの**感圧素子**を利用し、電子回路で出力信号を作り出している。

▶レベルスイッチ

レベルスイッチは、液体や粉体のタンク内の液面や粉面を検出する**検出用スイッチ**だ。レベルセンサと呼ばれることも多く、測定対象が液体の場合は**液面センサ**ともいう。多種多様なレベルスイッチが開発されているが、液体用では**フロート式レベルスイッチ**と**電極式レベルスイッチ**が古くから使われている。**静電容量式レベルスイッチ**は比較的新しいもので、粉体にも使用できる。フロート式レベルスイッチは単に**フロートスイッチ**ともいい、液面の高さの変化によって上下するフロート（浮き）の動きを、マイクロスイッチに伝えたりリードリレー形近接スイッチで検出したりする。電極式レベルスイッチは**フロートレススイッチ**ともいわれ、異なる水位に備えられた電極間を電流が流れるか流れないかで液面を検出する。

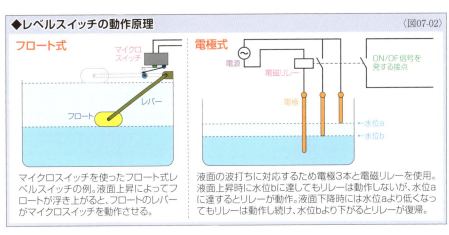

◆レベルスイッチの動作原理　〈図07-02〉

マイクロスイッチを使ったフロート式レベルスイッチの例。液面上昇によってフロートが浮き上がると、フロートのレバーがマイクロスイッチを動作させる。

液面の波打ちに対応するため電極3本と電磁リレーを使用。液面上昇時に水位bに達してもリレーは動作しないが、水位aに達するとリレーが動作。液面下降時には水位aより低くなってもリレーは動作し続け、水位bより下がるとリレーが復帰。

▶自動点滅器

自動点滅器は、周囲の明るさに応じてON/OFF信号を発する**検出用機器**だ。暗くなると自動点灯する照明器具などに使われている。明るさで抵抗値が変化する**CdSセル**や起電力が変化する**フォトダイオード**などの**光電素子**を利用して出力信号を作り出している。

Chapter 02 | Section 08
電磁リレー

［制御回路に使われる小形の電磁リレー］

　電磁リレーには、制御回路に使われる小形のものや、大きな電力を制御するための**電磁接触器**(P60参照)と呼ばれる大形のものなどがある。しかし、電磁接触器を電磁リレーと呼ぶことは少ないため、単に電磁リレーや**リレー**といった場合には、制御回路用のものをさすのが一般的だ。区別するために、**ミニチュアリレー**や、**制御盤用リレー**、**制御信号用リレー**、**制御用リレー**、**一般用リレー**といった用語が使われることもある。

▶制御盤用電磁リレー

　制御回路に使われる小形の**電磁リレー**は、**ヒンジ形電磁リレー**が大半だ。接点は**切換接点**で、**2極形〜4極形**のものが多い。カタログなどで接点構成が示される場合は、〔2c〕や〔4c〕と表示される場合と、〔2a-2b〕や〔4a-4b〕と表示される場合がある。

　点検や交換を簡単に行うことができるため、制御盤内の**端子台**や**ソケット**に、リレー本体の端子をさしこんで使用する**プラグイン形**がおもに使われている。端子台とソケットという用語は区別せずに使われることもあるが、区別する場合は、配線をねじ締めで結線するものを端子台、配線をはんだ

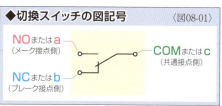

◆切換スイッチの図記号　〈図08-01〉

◆各種電磁リレー　〈写真08-02〉
オムロン株式会社

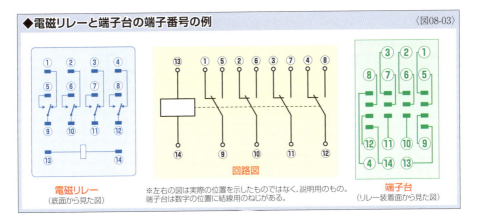

◆電磁リレーと端子台の端子番号の例　〈図08-03〉

回路図
※左右の図は実際の位置を示したものではなく、説明用のもの。
端子台は数字の位置に結線用のねじがある。

電磁リレー
（底面から見た図）

端子台
（リレー装着面から見た図）

で結線するものをソケットという。どの端子がどの接点につながっているかは**端子番号**で表示される。また、〈図08-01〉のように、切換接点の共通の接点は〔c〕または〔COM〕、メーク接点側は〔a〕または〔NO〕、ブレーク接点側は〔b〕または〔NC〕という略号で示されることも多い。端子の位置や並び方、リレー本体の形状などは一般的なメーカーであればある程度は統一されているため、端子の数とリレーの形状が同じであれば、リレーと端子台のメーカが違っていても装着できることが多い。

▶特殊な電磁リレー

　通常の電磁リレーは電流が流れると動作し、停止すると復帰する**電磁操作自動復帰形**だが、自動復帰しない電磁リレーもある。代表的なものが**ラチェットリレー**と**ラッチングリレー**だ。どちらも**電磁動作電磁復帰形**といえるもので、**保持形リレー**ともいう。

　ラチェットリレーは、コイルに電流を流すと動作し、電流を停止しても動作状態が続き、再度、電流を流すと復帰する。切換接点が交互に閉路／開路（または開路／閉路）するので、2台の制御対象を交互に使用するような交互運転に使用できる。

　ラッチングリレーは、**キープリレー**や**双安定リレー**ともいい、**2巻線形ラッチングリレー**と**1巻線形ラッチングリレー**がある。2巻線形は、**セットコイル**と**リセットコイル**という2個のコイルが備えられている。セットコイルに電流を流すと動作し、電流を停止しても動作状態が続き、リセットコイルに電流を流すと復帰する。1巻線形は、コイルが1個で電流を流すと動作し、電流を停止しても動作状態が続く。同じコイルに逆方向に電流を流すと復帰する。

　また、通常の電磁リレーはコイルに電流が流れるとすぐに動作し、停止するとすぐに復帰する**瞬時動作瞬時復帰形**リレーだが、遅れて動作したり復帰したりする電磁リレーもあり、**限時リレー**という。限時リレーは一般的には**タイマ**と呼ばれる（P62参照）。

Chapter 02 Section 09
電磁接触器と電磁開閉器

［アークや過負荷対策が施された電磁リレー］

電動機や電磁ソレノイドのように**コイル**を含む負荷を**誘導性負荷**といい、流れている電流を切ると、つまり**接点**を開くと、コイルの両端に高い電圧が発生する。この電圧によって接点に**アーク放電**が発生することがあり、**アーク**の火花で接点が損傷したり溶着したりする。アークは**電弧**ともいい、電流が大きいほど発生しやすい。こうしたアークなど大電流への対策が施され、電動機や電力回路の制御に使用できる**電磁リレー**が**電磁接触器**だ。

また、電動機などに異常が発生すると、過大な電流が流れて電動機自体や回路全体を傷めることがある。こうした**過負荷**が生じた際に流れる**過負荷電流**から機器を守る**サーマルリレー**と電磁接触器を組み合わせたものが**電磁開閉器**だ。電動機の制御に使われる。

▶電磁接触器

電磁接触器は**コンタクタ**とも呼ばれ、**MC**とも表記される。制御回路に使われる小形の**電磁リレー**はヒンジ形電磁リレーが一般的だが、電磁接触器は**プランジャ形**が多い。**プランジャ形電磁リレー**は、〈図09-01〉のように**電磁石部**と**接点機構部**で構成されている。電磁石部には**コイル**と**固定鉄心**があり、接点機構部には**固定接点**と**可動接点**、**可動鉄心**がある。可動接点は可動鉄心とつなげられ、**復帰ばね**によって固定接点と可動接点が離れた位置に**保持**されている。両側の固定接点はつながっていない**開路**の状態にある。電流

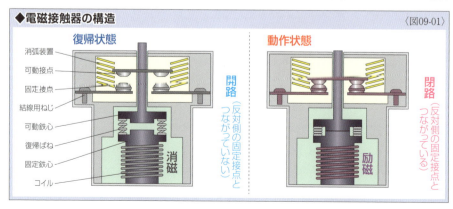

◆電磁接触器の構造　〈図09-01〉

を流してコイルが**励磁**されると、固定鉄心が可動鉄心を引き寄せる。この鉄心の移動によって可動接点と固定接点が接触すると、両側の固定接点が可動接点を介してつながり**閉路**の状態になる。また、**定格**が小さなもの以外には、接点機構部にアークの発生を抑える**消弧装置**が備えられている。

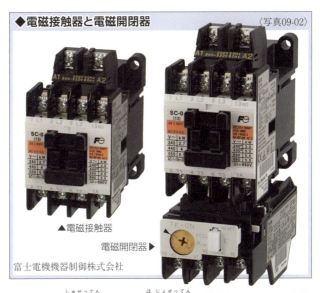

◆電磁接触器と電磁開閉器　〈写真09-02〉
▲電磁接触器
電磁開閉器▶
富士電機機器制御株式会社

　電磁接触器には大電流の開閉を行う**主接点**とは別に**補助接点**が備えられている。主接点は**メーク接点**で、三相交流用なら3個、単相交流用なら2個が備えられる。補助接点は制御用に使うもので、メーク接点とブレーク接点がそれぞれ1～2個備えられることが多い。

▶電磁開閉器

　電磁開閉器は、**電磁接触器**と**サーマルリレー**が一体化されたもので、**マグネットスイッチ**とも呼ばれ、**MS**と略される。サーマルリレーは、**熱動形過負荷リレー**（**熱動形過負荷継電器**）や**熱動形過電流リレー**（**熱動形過電流継電器**）ともいい、**過電流**が流れるとブレーク接点が開路される。過電流検出は**バイメタル**と**ヒータ**を組み合わせた**温度スイッチ**で行われる。ヒータは電磁接触器の**主接点**と直列にされ、温度スイッチのブレーク接点は電磁接触器のコイルと直列にされている。過電流が流れるとヒータが発熱し、ブレーク接点が開路する。これにより電磁接触器のコイルに電流が流れなくなり主接点が開路するため、過電流から電動機などが保護される。サーマルリレーが過電流で**トリップ動作**した場合は、**リセットボタン**を押して復帰させる必要がある。

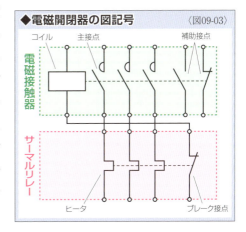

◆電磁開閉器の図記号　〈図09-03〉
コイル　主接点　補助接点
電磁接触器
サーマルリレー
ヒータ　ブレーク接点

Chapter 02 | Section 10
タイマ

[遅れ時間を作ることができるリレー]

タイマは**限時リレー**や**限時継電器**ともいい、設定した時間が経過してから動作したり復帰したりするスイッチだ。時間を検出して制御を行うため、**検出用装置**であると同時に**制御用装置**であるといえる。

▶限時動作形タイマと限時復帰形タイマ

タイマにはさまざまな動作原理のものがあるが、おもに使われているのは**モータ式タイマ**と**電子式タイマ**だ。なかでも、小形高性能で制御機能が多い電子式の使用が増えている。タイマには、電磁リレーと同じようにコイルと接点を備えている**有接点式タイマ**と、電子回路による**無接点式タイマ**がある。**設定時間**の設定方法ではダイヤルを回して入力する**アナログ式タイマ**と、ボタンを押して入力する**デジタル式タイマ**がある。

タイマの動作の基本形は**限時動作形**と**限時復帰形**だ。限時動作形は**限時動作瞬時復帰形**や**オンディレイ形**ともいい、ON信号を受けると設定時間後に動作し、OFF信号で瞬時に復帰する。限時復帰形は**瞬時動作限時復帰形**や**オフディレイ形**ともいい、ON信号を受けるとすぐに動作し、OFF信号を受けると設定時間後に復帰する。限時動作と限時復帰の双方が行えるものもあり、**限時動作限時復帰形**や**オンオフディレイ形**という。JISに図記号が規定されているのはこの3種類だ。実際の動作はChapter07で詳しく説明する。

電子式タイマの場合はほかに、**フリッカ動作**や**インターバル動作**が可能なものもある。フリッカ動作は、ON信号を受けると設定時間ごとに動作と復帰を繰り返す。インターバル動作は、ON信号を受けるとすぐに動作し、設定時間後に復帰する。

タイマには、こうした**限時接点**とは別に、普通の電磁リレーと同じような**瞬時動作瞬時復帰形**の**瞬時接点**も備えられていることが多い。

また、タイマのスタート方

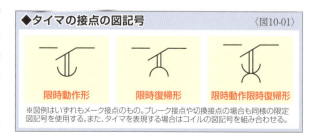

◆タイマの接点の図記号　〈図10-01〉

限時動作形　限時復帰形　限時動作限時復帰形

※図例はいずれもメーク接点のもの。ブレーク接点や切換接点の場合も同様の限定図記号を使用する。また、タイマを表現する場合はコイルの図記号を組み合わせる。

◆各種タイマ　　　　　　　　　　　　　　　　　　　　　　〈写真10-02〉

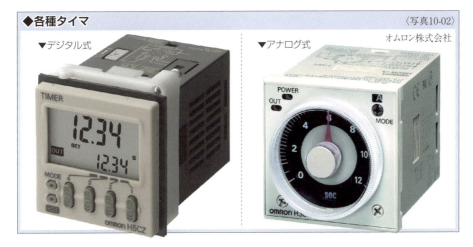

法には、**電源オンディレイ形**と**信号オンディレイ形**がある。一般的なタイマは、電源オンディレイ形であり、入力信号が電源を兼ねている。入力信号を切れば（電源を切れば）、一度動作した限時接点を復帰させることができる。電子式タイマには信号オンディレイ形のものもある。電源を別に供給する必要があるが、**スタート入力接点**と**リセット入力接点**で動作と復帰を制御することができる。また、一時的に計時を停止／再開することができる**ゲート入力接点**が備えられていることもある。

　なお、タイマに類似した制御用機器には**タイムスイッチ**がある。タイムスイッチは設定時間ではなく、**設定時刻**になるとON/OFF信号を発する。

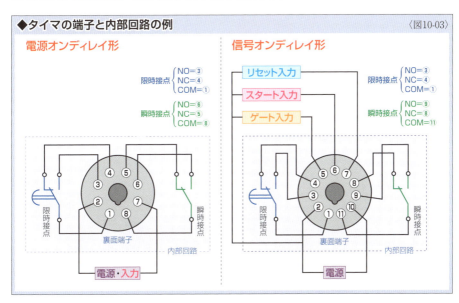

◆タイマの端子と内部回路の例　　　　　　　　　　　　　　〈図10-03〉

Chapter 02 Section 11
カウンタ

［物体の数や動作の回数を検出する装置］

　カウンタとは、光電スイッチなどの**検出用装置**からの信号によって物体の数や動作の回数を数える装置のことで、**プリセットカウンタ**と**トータルカウンタ**という2種類のタイプがある。プリセットカウンタは、設定した数になると動作したり復帰したりするスイッチだ。数を検出して制御を行う装置であるため、検出用装置であると同時に**制御用装置**であるといえる。トータルカウンタは、検出用装置からの信号を積算表示するもので、制御機能は備えていない。検出用装置であると同時に**表示・警報用装置**であるといえる。

　カウンタは動作原理によって、**電磁式カウンタ**と**電子式カウンタ**に大別される。電磁式カウンタは、電磁石を励磁または消磁することによって文字車を回転させて計数を行う。電子式カウンタは電子回路によって計数を行う。制御機能が多いため、電子式の使用が増えている。計数した値は数字で表示される。電磁式では文字車による表示が多いが、電子式では液晶表示やLED表示が採用されている。電子式の場合、電源と入力信号を兼ねることができないので、電源を供給する必要がある。さらに、光電スイッチなどの検出装置に電源を供給するために、外部供給電源端子が備えられていることもある。なお、プリセットカウンタの場合、電磁リレーと同じような機械式の接点を備えている**有接点式カウンタ**と、電子回路による**無接点式カウンタ**がある。

◆各種カウンタ　　　　　　　　　　　　　　　〈写真11-01〉

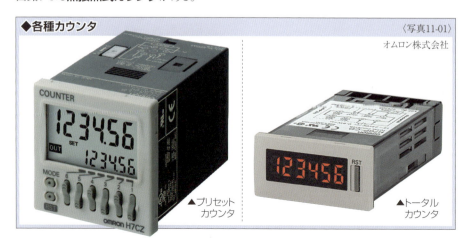

オムロン株式会社

▲プリセットカウンタ

▲トータルカウンタ

▶プリセットカウンタ

　プリセットカウンタの動作の基本形は、加算形と減算形だ。加算形カウンタはUPカウンタともいい、入力信号があるたびに数値が1ずつ増加していき、設定値（プリセット値）になると出力信号が発せられる。減算形カウンタはDOWNカウンタともいい、入力信号があるたびに設定値から数値が減少していき、数値が1になると出力信号が発せられる。

　電子式プリセットカウンタの場合は、さらに機能が多彩で、加算形と減算形の両方の機能がある加減算形カウンタもある。加減算形はUP/DOWNカウンタやリバーシブルカウンタともいわれ、加算の入力信号と減算の入力信号を加減算していき、設定値になると出力信号が発せられる。また、複数の値を設定できるカウンタもあり、設定できる数を段数という。2段カウンタで設定値が3と5なら、積算数が3と5で出力信号が発せられる。ほかにも、カウンタ2台分の機能が備えられたデュアルカウンタをはじめ、さらに多くの台数のカウンタの機能が備えられたものもある。

　出力信号を発したカウンタを計数前の状態に戻すことをリセットという。自動的に復帰する自動リセット形のほか、電源を切ることでリセットを行う電源リセット形や、リセット入力端子に信号を送ることでリセットを行う外部リセット形がある。

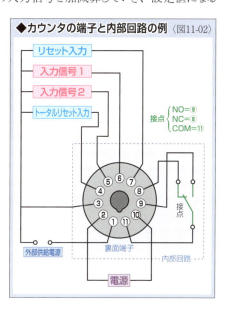

◆カウンタの端子と内部回路の例 〈図11-02〉

▶トータルカウンタとタイムカウンタ

　トータルカウンタは、加算形カウンタが一般的だ。リセットされるまで、積算を続ける。一部には加減算形カウンタもあり、加算の入力信号と減算の入力信号を加減算する。プリセットカウンタは、トータルカウンタとして使用することができる。

　なお、トータルカウンタに類似したものにタイムカウンタがある。時間を計数して表示するものだ。積算時間計やアワーメータともいう。計測単位は時間には限らず、分や秒が表示できるものや、日数が計測できるものもある。タイムカウンタはタイマの仲間ともいえるものだが、伝統的にカウンタに分類されている。カウンタと同じようにプリセットとトータルで分類命名すると、一般的なタイマがプリセットタイマに相当し、タイムカウンタがトータルタイマに相当する。

Chapter 02 Section 12
配線用遮断器とヒューズ

［短絡などの事故から回路を保護する］

　電気回路には必ず負荷が必要だが、端子の外れや配線の損傷などによって本来とは異なる部分の配線同士が接触することがある。こうした際に負荷のない回路が構成されると、回路の抵抗が小さいため、非常に大きな電流が流れてしまう。こうした状態を**短絡**や**ショート**といい、流れる電流を**短絡電流**という。定格を超えた**過電流**が流れると発熱によって配線が焼き切れたり、火災が生じたりする。また、電動機などの負荷に異常が発生すると**過負荷電流**が流れることがある。そのため、商用電源を使用する際には、回路を保護するために**過電流遮断器**が備えられる。過電流遮断器とは、過電流が流れると自動的に回路を遮断する装置のことで、**配線用遮断器**や**ヒューズ**がある。

　配線用遮断器は、手動でも接点の開閉が行えるため、**主電源スイッチ**としても利用できる。そのため、産業用電気設備で多用されているが、同じように主電源スイッチと過電流遮断器としての機能がある**カバー付ナイフスイッチ**が使われることもある。

▶配線用遮断器

　配線用遮断器はブレーカともいい、MCCBとも表記される。**ノーヒューズブレーカ**と呼ばれることもある。**接点**である**開閉機構**のほか、過電流によって接点を開く**引外し機構**やアークの発生を抑える**消弧装置**などが絶縁物の容器に収められている。引外し機構は**トリップ機構**ともいい、動作原理によって**熱動電磁形**や**完全電磁形**などがあるが、熱動電磁形が一般的に使われている。過電流で発熱すると**バイメタル**が変形し、引外し機構が接点を開く。図記号は、接点の図記号に**遮断機能**の限定図記号を加えたものが使われる。

　通常は備えられている**操作ハンドル**で接点の開閉が行える。操作ハンドルがONの位置にある時に**過電流**が流れると、自動的に遮断が行われ、操作ハンドルはONとOFFの中間の**トリップ位置**になる。復帰の際は操作ハンドルをいったんOFFの位置にしてリセットしてからONの位置に戻す。

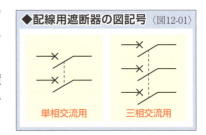

◆配線用遮断器の図記号 〈図12-01〉

単相交流用　　三相交流用

◆配線用遮断器　〈写真12-02〉

富士電機機器制御株式会社

▶カバー付ナイフスイッチ

ヒューズとスイッチを組み合わせて配線用遮断器と同じような機能をもたせたものが**カバー付ナイフスイッチ**だ。**ナイフスイッチ**は、ナイフ形の**可動接点**と、刃受け形の**固定接点**で構成されている。**過電流遮断器**であるヒューズは、実際に電流が流れる部分が銅や錫など融点の低い金属や合金で作られている。この部分を**ヒューズエレメント**といい、過電流によって発熱すると、その熱によって溶け切れて回路を遮断する。これを**溶断**というが、一般的にはヒューズが切れるということが多い。ヒューズには、合成樹脂のケースやガラス管にエレメントが収められた**包装ヒューズ**と、エレメントの両端に端子を備えただけの**爪付ヒューズ**があるが、カバー付ナイフスイッチでは爪付ヒューズが使われている。配線用遮断器であれば、短絡などの事故があっても、ハンドル操作で容易に復帰させることができる。カバー付ナイフスイッチの場合、復帰の際にはヒューズを交換するという手間がかかるが、安価であるため、現在でも使われている。

◆カバー付ナイフスイッチ　〈写真12-03〉

日東工業株式会社

◆ヒューズの図記号　〈図12-04〉

Sec. 12 配線用遮断器とヒューズ

67

Chapter 02 | Section 13
電源用装置

［制御システムにエネルギーを供給する］

　リレーシーケンス制御の**電源**には**交流**が使われることも**直流**が使われることもある。基本的には動作させたい制御対象の容量によってどちらを使うかが決まる。直流の場合は一般的に12V/24V/48Vが使われているので、この程度の電圧で動作させられる制御対象の場合に直流が採用される。いっぽう、交流の場合は**商用電源**によって**三相交流**200Vもしくは**単相交流**200/100Vが利用できるため、出力の大きな電動機などを制御対象とすることができる。しかし、交流200V/100Vは、**主電源**としては都合がいいが、**制御電源**としては必要以上に電圧が高すぎる。そのため、主電源の電圧を12V/24Vに**変圧**して制御電源にすることが多い。直流の場合は、交流の商用電源が得られない場所では各種の**電池**が電源に利用される。商用電源が得られる場合は、変圧と**整流**を行って目的の電圧の直流にしたうえで利用される。交流を直流に変換してシーケンス制御システムに電力を供給する装置は、**産業用直流電源装置**や**パワーサプライユニット**と呼ばれる。また、直流の電圧の変動を抑えた電源装置は、**直流安定化電源装置**と呼ばれることもある。

▶変圧器

　交流の**電圧**の大きさをかえることを**変圧**といい、変圧の際に電圧を上げることを**昇圧**、電圧を下げることを**降圧**という。現在では、**半導体素子**による**インバータ**を使えば変圧と同

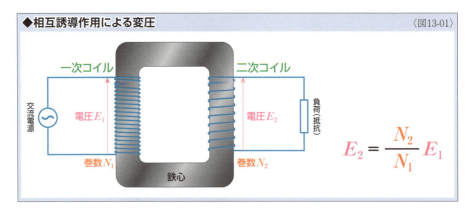

◆相互誘導作用による変圧　〈図13-01〉

$$E_2 = \frac{N_2}{N_1} E_1$$

時に周波数をかえることも可能だが、周波数をかえる必要がないのであれば、変圧器を使って変圧するのがもっとも簡単な方法だ。変圧器はトランスともいわれ、相互誘導作用によって交流の電圧を変換する。原理の説明は省略するが、鉄心などで磁界を共有できるようにした2つのコイルの一方に交流を流すと、もう一方のコイルに交流が生じる。その際に、双方

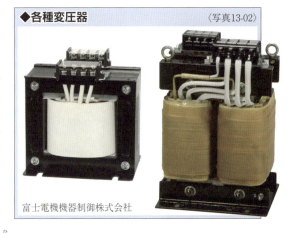

◆各種変圧器　〈写真13-02〉

富士電機機器制御株式会社

のコイルの巻数に違いがあると、巻数比に応じて交流の電圧が変換される。たとえば、入力側の一次コイルの巻数が200、出力側の二次コイルの巻数が48で、一次コイルに流した交流の電圧が100Vだとすると、二次コイルに生じる交流の電圧は24Vになる。

▶電池

電池は、乾電池のような使い切りタイプの一次電池と、充電して繰り返し使用できる二次電池に大別される。二次電池は蓄電池ともいい、一般には充電池と呼ばれることもある。小規模なシーケンス制御システムでは、マンガン電池やアルカリ電池といった身近でも使われている一次電池が電源に利用されることもあるが、シーケンス制御でおもに使われているのは二次電池だ。使用される二次電池には、鉛蓄電池、アルカリ蓄電池、リチウムイオン蓄電池、ニッケル水素蓄電池、ニッケルカドミウム蓄電池などがあり、これらは産業用蓄電池と総称されることが多い。

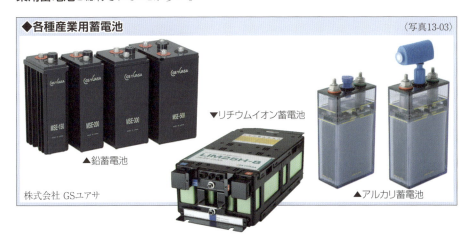

◆各種産業用蓄電池　〈写真13-03〉

▼リチウムイオン蓄電池

▲鉛蓄電池

株式会社 GSユアサ

▲アルカリ蓄電池

Chapter 02 Section 14
表示・警報用装置

[操作者の視覚と聴覚に情報を伝える]

表示・警報用装置とは、制御対象の状態や異常を操作者に知らせる装置だ。おもに使われているものには、**表示灯**や**ブザー**、**ベル**がある。表示灯は**操作盤**に備えられるのが一般的だが、機械や構内の壁面などの見やすい位置に備えられることもある。ブザーやベルについても操作盤に備えられるほか、機械周辺や構内の多くの人に聞こえやすい位置に設置されることもある。このほか、表示・警報用装置には、**計器類**をはじめ**トータルカウンタ**や**タイムカウンタ**(P65参照)がある。計器類は機械の運転状態を操作者に知らせるもので、**電圧計**、**電流計**、**電力計**、**力率計**、**回転速度計**などが備えられることがある。

▶表示灯

表示灯は**表示ランプ**や**パイロットランプ**、**シグナルランプ**ともいい、操作盤に備えられる小さなものから、離れた位置からも視認できる大きなものまである。レンズ部を正面から見た形状が円形のもののほか、長方形や正方形のものもある。側面から見た場合、レンズ部が平坦なものもあれば、ドーム状に突出したものなどもある。光源には**白熱電球**や**LED**が使用され、レンズ部の色もしくは、光源とレンズ部の間に備えられる色板によって表示灯の色が決まる。こうした表示灯の色には、押しボタンスイッチと同じように、JISなどに規定がある。たとえば、危険を知らせる表示灯は赤を使用する。

◆表示灯の図記号 〈図14-01〉

◆表示灯の色と意味 〈表14-02〉

色	意味	説明	操作者の行為
赤	危険	危険な状態。	即時対応。
黄	異常	異常状態、危険がさし迫った状態。	監視および(または)介入。
緑	正常	正常状態。	任意。
青	強制	操作者の行動を必要とする状態。	強制的な行動。
白	中立	その他の状態。	監視。

◆各種表示灯 〈写真14-03〉

IDEC株式会社

　白熱電球は直流でも交流でも使用できるが、LEDは直流でしか使用できないため交流の場合は**整流回路**が必要になる。光源に対応させるために**変圧**が必要なこともある。さらに、LEDは定格の電流を流すために**電流制限抵抗**や**定電流ダイオード**が必要になることもある。これらのために必要な回路や**変圧器**はソケット内に備えられることが多い。

▶ブザーとベル

　ブザーは振動板を振動させることで音を発生させるもので、電磁石で振動させる**電磁ブザー**と、電圧をかけると変形する性質がある**圧電素子**で振動させる**圧電ブザー**がある。**ベル**は電磁石で振動させた**打棒**をゴングに打ちつけて音を発生させる。一般的には大音量が必要な場合にはベル、小音量でも大丈夫な場合にブザーが使用される。たとえば、機械を緊急停止しなければ危険な場合にはベルが鳴るようにされ、機械の運転を継続しながらでも修理が可能な異常の場合にはブザーが鳴るようにされる。

◆ブザーとベルの図記号 〈図14-04〉

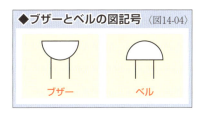

◆各種ブザー 〈写真14-05〉

IDEC株式会社

Chapter 02 | Section 15
駆動装置

[機械的な力を発生させる装置]

シーケンス制御される機械でよく使われる**駆動装置**が**モータ**と**電磁ソレノイド**だ。回転運動や直線運動を作り出すことで機械の目的を達成する。これらは電気で働く装置なので、シーケンス制御回路で容易に制御することができる。なお、一般的にはモータと呼ばれているが、シーケンス制御の分野では日本語で**電動機**と呼ばれることも多い。

また、産業用機械で使われる駆動装置のなかには**油圧**や**空気圧**によって動作するものもある。こうした**油圧機器**や**空圧機器**も、その油圧や空気圧の経路を、電流のON/OFFによって操作できる**電磁バルブ**で開閉すれば、シーケンス制御回路で制御することができる。

▶電動機

現在では直線運動を作り出す**リニアモータ**をはじめ、電子回路による駆動が不可欠な**ステッピングモータ**や**ブラシレスモータ**など、多種多様な**電動機（モータ）**があるが、リレーシーケンス制御ではおもに**誘導電動機（誘導モータ）**が使われている。電動機は電源の種類によって**交流電動機（交流モータ）**と**直流電動機（直流モータ）**に大別できるが、誘導電動機は交流電動機に分類され、**三相交流**を使用する**三相誘導電動機（三相誘導モータ）**と**単相交流**を使用する**単相誘導電動機（単相誘導モータ）**がある。

回転原理の説明は省略するが、三相交流は中心から120度間隔に3個のコイルを配置して各相の電流を流すと回転する磁界ができるため、回転運動を作り出すのに適している。誘導電動機には各種構造のものがあるが、**かご形三相誘導電動機（かご形三相誘導モータ）**は、構造がシンプルで壊れにくく安価であるため多用されている。単相交流では回転磁界が作れないため、構造に工夫が必要になる。その構造で分類されていて、産業用途では**コンデンサ形単相誘導電動機（コンデンサ形単相誘導モータ）**や**分相始動形単相誘導電動機（分相始動形単相誘導モータ）**がよく使われている。

◆電動機の図記号　〈図15-01〉

電動機（一般）　三相交流電動機　単相交流電動機

◆各種誘導電動機　〈写真15-02〉
株式会社 日立産機システム

▲三相モータ
▲ブレーキ付モータ
▼単相モータ
▲ギヤモータ

▶電磁ブレーキと電磁クラッチ

　電動機は、電流を停止してもすぐには停止しない。慣性によって回転軸が回り続けてしまう。すぐに回転を停止させるためにはブレーキが必要だ。ブレーキは摩擦を生じさせて回転を停止するもので、さまざまな構造のものがあるが、その操作を電磁石で行えるようにしたものが電磁ブレーキだ。シーケンス制御回路による電流のON/OFFで制御することができる。ブレーキは回転の減速や停止のほか、位置の保持にも使われる。

　電磁ブレーキは**励磁作動形電磁ブレーキ**と**無励磁作動形電磁ブレーキ**に大別される。励磁作動形は**オンブレーキ**ともいい、コイルに電流が流されていないと、ばねなどによってブレーキが開放されている。電流が流されてコイルが電磁石になるとブレーキが作動する。**無励磁作動形**は**オフブレーキ**ともいい、コイルに電流が流されていないと、ばねなどによってブレーキが作動している。電流が流されてコイルが電磁石になるとブレーキが開放される。無励磁作動形は、停電するとブレーキが作動するため、**非常ブレーキ**としてエレベータやクレーンなどに採用されている。

　また、機械によっては電動機の動力の断続が必要になることもある。こうした際に使われるのが**クラッチ**だ。クラッチには摩擦を利用したものや歯車などの噛み合いを利用したものがあるが、その操作を電磁石によって行えるようにしたものが**電磁クラッチ**だ。電磁クラッチにも**励磁作動形電磁クラッチ**と**無励磁作動形電磁クラッチ**がある。

Sec. 15 駆動装置

73

▶電磁ソレノイド

　導線をつる巻状に巻いたものを正式には**ソレノイドコイル**という。こうしたコイルの電磁力を利用した**駆動装置**が**電磁ソレノイド**だ。**ソレノイドアクチュエータ**や単に**ソレノイド**ともいう。回転運動を作り出す**回転形ソレノイド**もあるが、よく使われているのは直線運動を作り出す**直動形ソレノイド**だ。物体を押したり引いたりすることができる。

　直動形は〈図15-03〉のように、コイルが励磁されていない状態では、**可動鉄心**はコイルからずれた位置にばねの力で保持されている。コイルが励磁されると**鉄心**が吸引されロッドが移動する。コイルが消磁されると、ばねの力で元の位置に戻る。通電するとロッドが押し出されるものを**プッシュ形ソレノイド**、引き戻されるものを**プル形ソレノイド**という。実際には復帰用のばねが電磁ソレノイド内にはなく、機械の側に用意されることも多い。垂直に設置して、自重で復帰させる方法もある。ほかにも往復運動が可能な**プッシュプル形ソレノイド**や、消磁しても状態が保持される**自己保持形ソレノイド**もある。回転形ソレノイドは電動機のような連続する回転ではなく、一定の角度の回転を作り出す。なお、ソレノイドの図記号は定められていないためコイルの図記号に「SOL」の文字を添えて使用する。

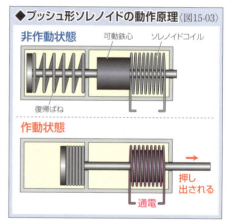

◆プッシュ形ソレノイドの動作原理〈図15-03〉

◆各種電磁ソレノイド　　〈写真15-04〉

国際電業株式会社

▶油空圧機器

　油圧で動力を伝達する駆動装置を油圧機器といい、油圧を動力に変換しているのが油圧アクチュエータや油圧モータだ。空気圧で動力を伝達する駆動装置を空圧機器といい、空圧アクチュエータや空圧モータで空気圧を動力に変換している。油圧機器と空圧機器をあわせて油空圧機器という。

　油空圧アクチュエータには直動形と回転形がある。直動形アクチュエータは油圧シリンダや空圧シリンダともいわれ、円筒形のシリンダ内にピストンロッドを備えたピストンが収められている。油空圧シリンダには単動形と複動形がある。単動形シリンダは油空圧が供給されるとピストンが移動してロッドが動作する。元の位置に戻す際にはばねの力や荷重が使われる。複動形シリンダはピストンのどちら側に油空圧を供給するかによって動作方向が決まる。このほか回転形アクチュエータは一定角度の回転、油空圧モータは連続する回転を作り出す。

　油空圧のアクチュエータやモータは、バルブ(弁)で油空圧を断続したり、流れる経路をかえたりすることで制御される。こうした弁を電磁石を利用して動作できるようにしたものが電磁バルブ(電磁弁)だ。電磁ソレノイドで操作できるようにしたバルブだと考えることができる。電磁バルブには、断続を行う2方向電磁バルブ(2方向電磁弁)、単動形シリンダなどの制御に使われる3方向電磁バルブ(3方向電磁弁)、複動形シリンダなどの制御に使われる4方向電磁バルブ(4方向電磁弁)といったものがある。

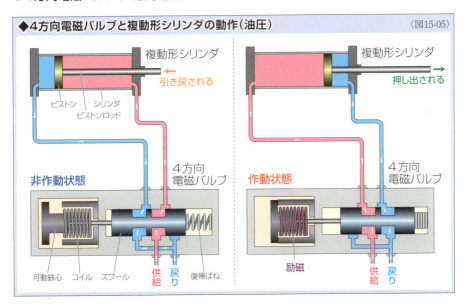

◆4方向電磁バルブと複動形シリンダの動作（油圧）　〈図15-05〉

COLUMN

半導体のスイッチング作用

　本書は電磁リレーによる有接点シーケンス制御を中心に説明しているが、検出用スイッチのなかには**半導体素子**の**スイッチング作用**、つまり、**無接点式**のスイッチを利用しているものもある。半導体素子の種類は数多く、スイッチング作用にもさまざまなものがあるが、基本といえるのが**接合形トランジスタ**のスイッチング作用だ。接合形トランジスタは**バイポーラトランジスタ**ともいい、**NPN形**と**PNP形**がある。**NPN形トランジスタ**には、**コレクタ**(C)、**エミッタ**(E)、**ベース**(B)の3つの端子がある。このうち、ベースからエミッタへは電流を流すことができるが、コレクタからエミッタへは通常は電流が流れない。しかし、ベースからエミッタへ電流が流れていると、コレクタからエミッタへ電流が流れることができる。この性質によって、NPN形トランジスタをスイッチとして使うことができる。ベースからエミッタへ流れる電流を**ベース電流**、コレクタからエミッタへ流れる電流を**コレクタ電流**という。

　たとえば、〈図16-01〉の回路の場合、2つの回路に分けて考えてみると、左側は電源1⊕→スイッチ→抵抗→ベース(B)→エミッタ(E)→電源1⊖という回路になる。負荷がないとトランジスタに大きな電流が流れてしまうため、抵抗を入れてある。右側は電源2⊕→電球→コレクタ(C)→エミッタ(E)→電源2⊖という回路になる。押しボタンスイッチを押していないと、ベース電流が流れていないため、電球は点灯しない。押しボタンスイッチを押してベース電流が流れるようにすると、コレクタ電流が流れるようになり電球が点灯する。39ページの〈図09-03〉と比較してみるとわかりやすいだろう。ベース-エミッタ間が電磁リレーのコイルに相当し、コレクタ-エミッタ間が電磁リレーのメーク接点に相当する。こうした半導体素子のスイッチング作用を利用すれば、**信号の伝達**はもちろん、**信号の増幅**も行うことができる。ただし、電磁リレーの場合は**直流**でも**交流**でも扱うことができるが、半導体素子のスイッチング作用は直流しか扱えない。

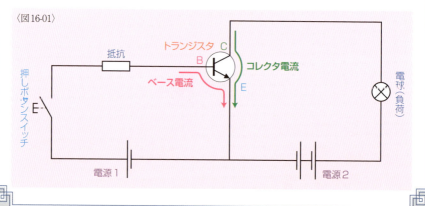

〈図16-01〉

Chapter
03

シーケンス図と
タイムチャート

Section 01：シーケンス図 ・・・・・・・・・・・・・78
Section 02：文字記号 ・・・・・・・・・・・・・・86
Section 03：参照方式 ・・・・・・・・・・・・・・96
Section 04：タイムチャート・・・・・・・・・・・100
Section 05：動作表 ・・・・・・・・・・・・・・・104

Chapter 03 | Section 01

シーケンス図

［制御動作の順を追って展開された図］

シーケンス制御の設計や工事、検査、保守点検にはさまざまな図面が使われる。一般的な回路図や実体配線図はもちろん、各装置の配置図や配線系統図など数多くの図面が使われるが、その基本になるのがシーケンス図だ。シーケンス図は展開接続図やシーケンスダイヤグラムともいい、制御動作の順を追って回路が展開されている。この図によって、制御の流れや各装置の相互関連を容易に把握することができる。シーケンス図は回路図と同じように電気用図記号を使用するが、機器の機械的な関連は省略される。また、電源を省略するなど、シーケンス図ならではの一定のルールがある。

▶縦書きシーケンス図と横書きシーケンス図‥‥‥‥

シーケンス図では一般的に電源が省略され、かわりに制御電源母線が示される。制御電源母線は電源母線や制御母線ともいい、横線で描かれた電源母線が上下に配置されるか、縦線で描かれた電源母線が左右に配置される。制御を行う各要素は、2本の電源母線の間に配置され、接続線でつながれる。この電源母線の配置と接続線の方向によって、シーケンス図は縦書きと横書きに分類される。縦書きシーケンス図の場合は、電源母線が上下に配置され、接続線は縦線が基本になる。横書きシーケンス図の場合は、電源母線が左右に配置され、接続線は横線が基本になる。

省略された電源は、電源母線の延長線上に存在することになり、この線によって制御を行う各要素に電力が供給される。電源の内容を明示する必要がある場合は、電源線の端に文字や記号を表示する。縦書きシーケンス図の場合は電源母線の右端、横書きシーケンス図では電源母線の下端に示すことが多い。直流電源の場合はプラス側を、縦書きでは上の電源母線、横書きでは左の電源母線にする。プラス/マイナスの表示は、＋/ーまたはP/Nで示す。単相交流の場合は非接地側を、縦書きでは上の電源母線、横書きでは左の電源母線にする。非接地（ホット）/接地（コールド）の表示は、L/Nで示す。三相交流の場合は、R相、S相、T相のなかから実際に使用している2相の記号で示す。なお、こうした記号に加えて、電源電圧や周波数が併記されることもある。

◆縦書きシーケンス図 〈図01-01〉

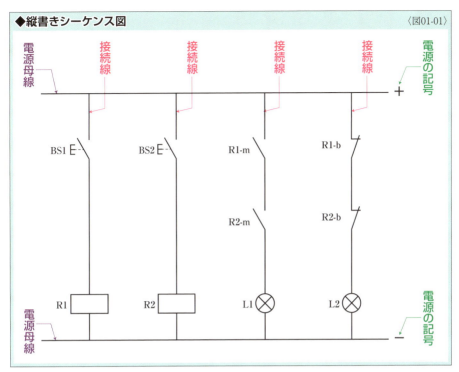

◆横書きシーケンス図 〈図01-02〉

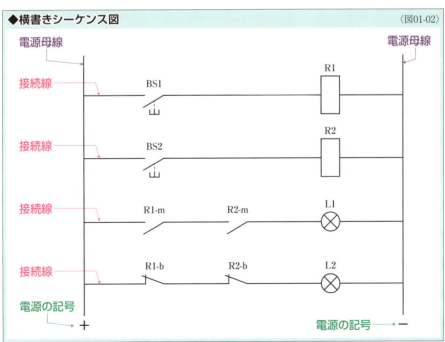

▶シーケンス図のレイアウト ・・・・・・・・・・・・・・・・

シーケンス図では制御動作の順番に**接続線**が並ぶようにするのが基本だ。**縦書きシーケンス図**では、動作の順番にしたがって接続線を左から右に並べていき。**横書きシーケンス図**では動作の順番にしたがって接続線を上から下へ並べていく。また、シーケンス図は制御動作の順を追って展開するものなので、装置の機械的な関係は重視されない。たとえば、**電磁リレー**のように**コイル**と**接点**が機械的に組み合わされた装置の場合、コイルと接点はそれぞれ別の要素として取り扱われ、離れた位置に配置されることもある。

各接続線上を**信号**が流れる方向も決まっている。縦書きシーケンス図では上から下へ信号が流れると考え、横書きシーケンス図では左から右へ信号が流れると考える。この信号が流れる方向は、電源が直流の場合は電流の流れる方向と同じだ。交流の場合、電流の方向は時間の流れとともに変化するが、信号の流れる方向を決めておけば、制御動作の順番がわかりやすくなる。

こうした信号の流れる方向によって、接続線上の各要素の配置が決まってくる。接点が信号を発し、その信号によって負荷が動作することになるので、接点を上流に配置する必要がある。つまり、縦書きシーケンス図では、接続線の上寄りに接点を配置し、下寄りに負荷を配置する。横書きシーケンス図では、接続線の左寄りに接点を配置し、右寄りに負荷を配置する。

接続線上の接点や負荷の位置は、隣合った接続線同士で揃えるようにする。縦書きシーケンス図であれば、各接点や各負荷がそれぞれ水平に並ぶようにし、横書きシーケンス図であれば、各接点や各負荷が垂直に並ぶようにする。1本の接続線上に複数の接点が配置されることもあるが、こうした場合は隣の接続線上の接点は、機能的な関係が深い接点の位置と揃えるようにする。このように制御を行う要素のグループと、制御される要素のグループの位置を揃えることで、機能的な関係を把握しやすくなる。

なお、シーケンス図では、電磁リレーやタイマのコイルと接点が離れた位置に配置されることもあるが、電磁リレーなどが複数使用された回路の場合、それぞれのコイルと接点の関連を明示する必要がある。連動を示す破線を長く引き伸ばして両者をつなぐこともあるが、シーケンス図上の線が多くなって見にくくなる。通常は、**文字記号**(P86参照)によって両者の関連が示されるが、接続線の多いシーケンス図だと関連する要素を見つけるのが難しくなる。そのため、電磁リレーなどのコイル付近に関連を明示し、接点の位置を参照できるようにすることも多い。こうした**参照方式**には、**区分参照方式**(P98参照)と**回路番号参照方式**(P96参照)がある。

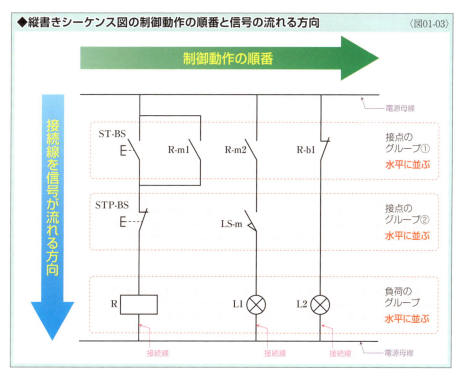

◆縦書きシーケンス図の制御動作の順番と信号の流れる方向 〈図01-03〉

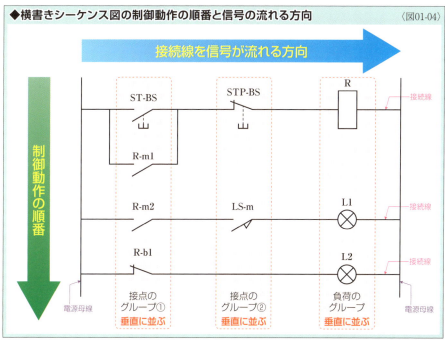

◆横書きシーケンス図の制御動作の順番と信号の流れる方向 〈図01-04〉

▶シーケンス図の接続線と図記号

シーケンス図では、**接続線**に分岐が必要なこともある。こうした際には、基本となる接続線と垂直に交わる線を使用する。つまり、縦書きシーケンス図では縦線の接続線が基本で、必要に応じて横線の接続線を使用し、横書きシーケンス図では横線の接続線が基本で、必要に応じて縦線の接続線を使用する。

接続線の接続には、〈図01-05〉のような**T接続**を使用する。**接続点図記号**を加えた〈図01-06〉のようなT接続もあるが、JISでは**接続点**の使用が示されていないので、基本的に使用しない。

接続点を使った接続には〈図01-07〉のような**十字接続**もあるが、同じように基本的には使用しない。十字に接続する必要がある場合は、いずれかの接続線の位置をずらすことによって〈図01-08〉のようなT接続の**二重接続**を使用するのが望ましいとされている。

基本的には接続点を使わないほうがよいが、CADシステムなどでシーケンス図を描くと接続点が必要とされることもある。

また、〈図01-09〉のように接続線が十字に交わっている場合は、接続ではなく**交差**を意味する。つまり、縦線と横線は電気的に接続されていない。十字交差が多いと制御の流れが読み取りにくくなるため、シーケンス図を描く際には可能な限り交差は少なくすべきだ。

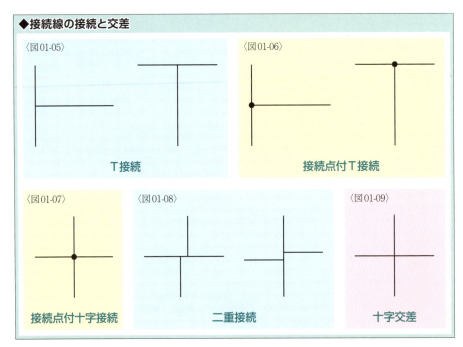

◆接続線の接続と交差

〈図01-05〉 T接続
〈図01-06〉 接続点付T接続
〈図01-07〉 接続点付十字接続
〈図01-08〉 二重接続
〈図01-09〉 十字交差

◆並列の表記方法

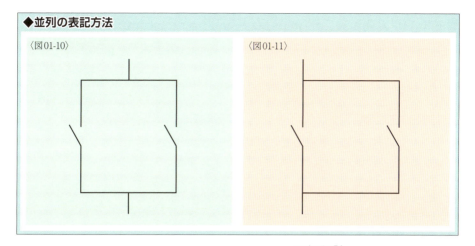

〈図01-10〉　　　　　　　　〈図01-11〉

　また、必ず守るべきシーケンス図のルールではないが、**並列接続**では、接続線の形状をかえることで要素同士の機能的な関係がわかりやすくなることもある。〈図01-10〉のような形状の接続線にすると、両接点が機能的に対等な関係にあるように感じられる。いっぽう、〈図01-11〉のような形状の接続線にすると、電源母線からまっすぐにつながる接点が主要なものであり、右のバイパス経路側の接点が補助的な役割を果たしているような印象になる。

　図記号については、電気で動作するものは電源を切り離した状態、手動で操作するものは手を触れていない状態にする。切換スイッチのように複数の状態を取りうるものは、復帰状態にする。また、接点の図記号は、図柄からイメージされる動作の方向を揃えるようにする。縦書きシーケンス図では〈図01-12〉のように、動作の方向が左から右へ向かうようにし、横書きシーケンス図では〈図01-13〉のように、動作の方向が下から上へ向かうようにする。

◆接点の動作方向

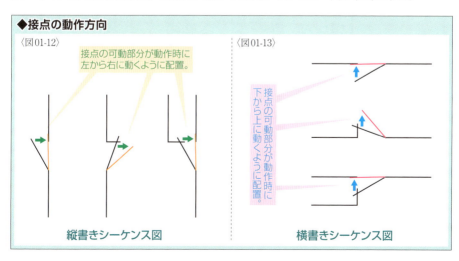

〈図01-12〉　接点の可動部分が動作時に左から右に動くように配置。　　〈図01-13〉　接点の可動部分が動作時に下から上に動くように配置。

縦書きシーケンス図　　　　　横書きシーケンス図

▶制御の回路と被制御の回路

シーケンス図は制御動作の順を追って展開するのが基本だが、制御の回路のグループと被制御の回路のグループがはっきりと分かれる場合は、回路のグループを分けて描いたほうが見やすくなる。制御対象の回路は**主回路**と呼ばれることが多い。主回路の**主電源**と制御回路の**制御電源**に異なる電源を使用するような場合は、必ず分けて表示すべきだ。たとえば、三相誘導電動機を単相交流の制御回路で制御する場合は、〈図01-14〉のように制御回路と、主回路を分けて描く。こうした場合、制御回路と主回路の位置関係には特に決まりはないが、縦書きシーケンス図であれば主回路を左右どちらかに配置し、横書きシーケンス図であれば主回路を上下どちらかに配置することが多い。使われている電源によって線の太さをかえたりすることもある。

また、制御対象と制御回路に同じ電源を使う場合でも、制御の回路のグループと被制御の回路のグループに分けられるようなら、分けたほうが見やすくなることが多い。たとえば、〈図01-15〉のように被制御の回路のグループをまとめると、シーケンス図がすっきりする。こうした場合、縦書きシーケンス図であれば被制御の回路のグループを右側に配置し、横書きシーケンス図であれば被制御の回路のグループを下側に配置するのが一般的だ。

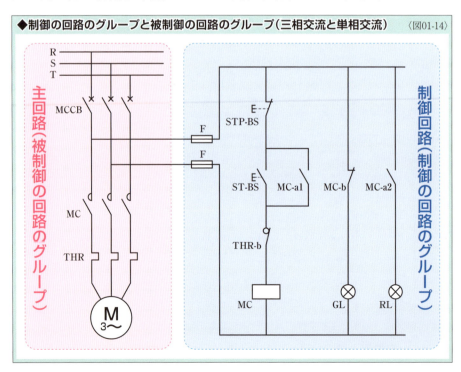

◆制御の回路のグループと被制御の回路のグループ（三相交流と単相交流）　〈図01-14〉

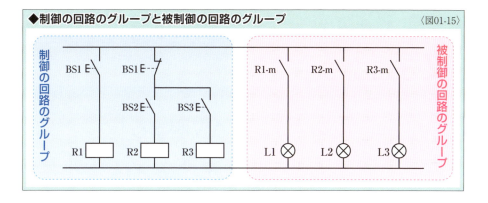

▶複線表示と単線表示

　電源が三相交流の回路は、接続線が3本必要なため描くのに手間がかかる。また、必要以上にシーケンス図が複雑に見えてしまう。そのため、回路の内容を十分に示すことができる場合には、三相交流であることを明示したうえで、1本の接続線で描くこともある。こうした表示方法を**単線表示**という。これに対して、すべての接続線を描く方法を**複線表示**という。複線表示で描かれた〈図01-14〉のシーケンス図を、単線表示すると〈図01-16〉のようになる。

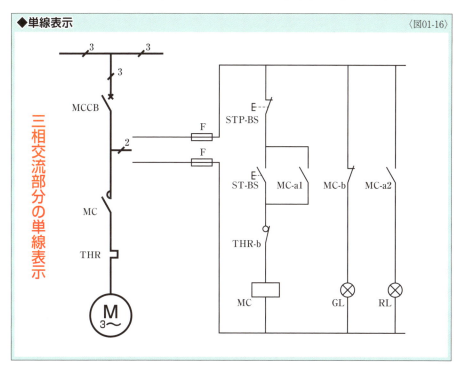

Chapter 03 | Section 02
文字記号

[文字によって図記号を補足説明する]

シーケンス図は図記号で機器や回路の構成を示すが、図記号だけでは十分に表現できないこともあるため、機器や機能を示す**文字記号**によって補足が行われる。文字記号には、**シーケンス制御記号**と**制御器具番号**の2種類がある。シーケンス制御記号は、**英文字記号**ともいわれ、英語のアルファベットを使用する。制御器具番号は、**数字記号**ともいわれ、数字が主体で必要に応じて英語のアルファベットが加えられる。どちらも日本電機工業会規格に定められたもので、シーケンス制御記号は**一般産業用シーケンス制御用**のものであり、制御器具番号が**電力設備用**のものである。シーケンス制御が行われる分野によって使われる文字記号が異なるわけだが、たとえば工場内やビル内の電気設備には、一般産業設備なのか電力設備なのか明確に区別できないものもある。こうした設備では、どちらの文字記号も使われることがあるため、両方の表記方法を覚えておいたほうがよい。

文字記号の位置は、縦書きシーケンス図では図記号の左、横書きシーケンス図では図記号の上が望ましいとされるが、周囲の接続線が混み合っているような場合には位置をかえてもかまわない。それぞれの文字記号が、どの図記号を示しているのかがわかれば問題ない。なお、図記号だけで機器や機能が明白な場合は、文字記号を省略してもかまわない。

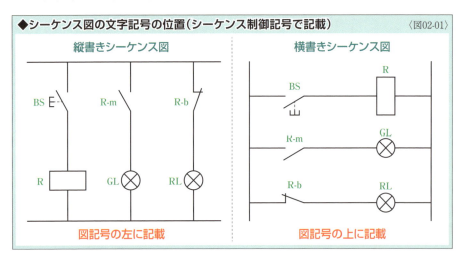

◆シーケンス図の文字記号の位置（シーケンス制御記号で記載） 〈図02-01〉

◆シーケンス制御記号による記載例 〈図02-02〉

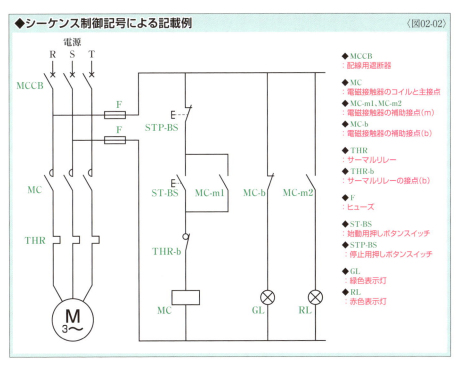

◆ MCCB
：配線用遮断器
◆ MC
：電磁接触器のコイルと主接点
◆ MC-m1、MC-m2
：電磁接触器の補助接点(m)
◆ MC-b
：電磁接触器の補助接点(b)
◆ THR
：サーマルリレー
◆ THR-b
：サーマルリレーの接点(b)
◆ F
：ヒューズ
◆ ST-BS
：始動用押しボタンスイッチ
◆ STP-BS
：停止用押しボタンスイッチ
◆ GL
：緑色表示灯
◆ RL
：赤色表示灯

◆制御器具番号による記載例 〈図02-03〉

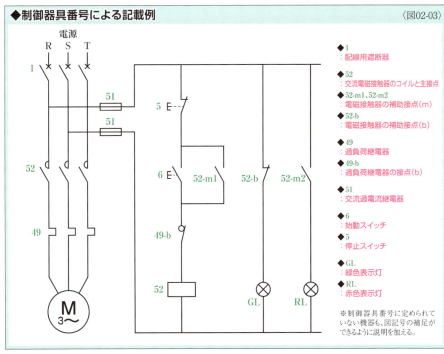

◆ 1
：配線用遮断器
◆ 52
：交流電磁接触器のコイルと主接点
◆ 52-m1、52-m2
：電磁接触器の補助接点(m)
◆ 52-b
：電磁接触器の補助接点(b)
◆ 49
：過負荷継電器
◆ 49-b
：過負荷継電器の接点(b)
◆ 51
：交流過電流継電器
◆ 6
：始動スイッチ
◆ 5
：停止スイッチ
◆ GL
：緑色表示灯
◆ RL
：赤色表示灯

※制御器具番号に定められていない機器も、図記号の補足ができるように説明を加える。

▶シーケンス制御記号

シーケンス制御記号とは、日本電機工業会規格JEM 1115（配電盤・制御盤・制御装置の用語および文字記号）に基づくものだ。**一般産業用シーケンス制御用**に古くから使われている。シーケンス制御記号は、機器を表わす**機器記号**と、機能や動作、現象を表わす**機能記号**で構成される。どちらも、英語表記の頭文字を基本として、1〜4文字のアルファベットが割り当てられている。機器や機能の英語を覚えていれば、ある程度は記号の意味を想像することができる。

機器記号だけで機器を明確に表現できる場合は、単独でも使用することができる。機能記号で機器を説明する場合は、機能記号-機器記号の順に並べてハイフン〔-〕でつなぐ。たとえば、機能記号の始動〔ST〕と、機器記号のボタンスイッチ〔BS〕を組み合わせて〔ST-BS〕にすると、始動ボタンスイッチになる。1つの機器記号に対して複数の機能記号が使われることもある。たとえば、電動機の制御において正転と逆転の始動ボタンスイッチがある場合、正転〔F〕を加えて〔F-ST-BS〕とすれば正転用始動ボタンスイッチになり、逆転〔R〕を加えて〔R-ST-BS〕とすれば逆転用始動ボタンスイッチになる。

なお、電磁リレーや電磁接触器などの場合、シーケンス図ではコイルと接点が離れて配置されるが、こうした場合、双方に同じシーケンス制御記号を記載するのが基本だ。規格には示されていないが、接点の側にはその種類を記載することもある。たとえば、正転用電磁接触器であればコイルにも接点にも〔F-MC〕と記載するのが基本だが、使われている接点がメーク接点であれば、接点の側には〔F-MC-m〕と記載することもある。接点の表記には、メーク接点〔m（またはa）〕、ブレーク接点〔b〕、切換接点〔c〕が使われる。

また、機能記号では区別しきれない機器が複数ある場合には、数字などで区別されることもある。たとえば、電磁リレーが複数使われている場合、〔R1〕、〔R2〕といった具合に表記することもある。さらに、同じ電磁リレーのメーク接点が複数使われているような場合には、〔R1-m1〕、〔R1-m2〕といった具合に表記することもある。

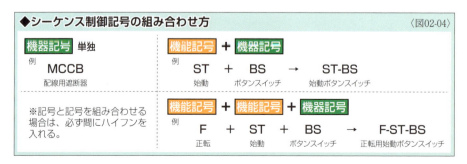

◆シーケンス制御記号の組み合わせ方　〈図02-04〉

◆おもな機能記号（シーケンス制御記号） 〈表02-05〉

用語	文字記号	英語表記	用語	文字記号	英語表記
自動	AUT	Automatic	遠方	R	Remote
手動	MAN	Manual	現場	L	Local
閉路	ON	On	直接	D	Direct
開路	OFF	Off	操作	OPE	Operation
正	F	Forward	制御	C	Control
逆	R	Reverse	記録	R	Recording
高	H	High	始動	ST	Start
低	L	Low	運転	RUN	Run
増	INC	Increase	停止	STP	Stop
減	DEC	Decrease	非常	EM	Emergency
左	L	Left	駆動	D	Drive
右	R	Right	制動	B	Braking
前	FW	Forward	加速	ACC	Accelerating
後	BW	Backward	減速	DE	Decelerating
上	U	Up	寸動	ICH	Inching
下	D	Down	瞬時	INS	Instant
昇	R	Raise	保持	HL	Holding
降	L	Lower	切換	Co	Change-over
閉	CL	Close	選択	S	Selection
開	OP	Open	インタロック	IL	Interlocking
過	O	Over	連動	Cop	Cooperation
不足	U	Under	投入	C	Closing
動作	ACT	Actuation	遮断	B	Breaking
復帰	RST	Reset	補助	AX	Auxiliary

Sec.
02
文字記号

◆おもな機器記号（シーケンス制御記号）①

〈表02-06〉

用語	文字記号	英語表記
制御スイッチ	CS	Control Switch
非常スイッチ	EMS	Emergency Switch
ボタンスイッチ	BS	Button Switch
トグルスイッチ	TGS	Toggle Switch
タンブラスイッチ	TS	Tumbler Switch
ロータリスイッチ	RS	Rotary Switch
ナイフスイッチ	KS	Knife Switch
足踏みスイッチ	FTS	Foot Switch
リミットスイッチ	LS	Limit Switch
切換スイッチ	COS	Change-over Switch
光電スイッチ	PHOS	Photoelectric Switch
近接スイッチ	PROS	Proximity Switch
フロートスイッチ	FLTS	Float Switch
レベルスイッチ	LVS	Level Switch
圧力スイッチ	PRS	Pressure Switch
温度スイッチ	THS	Thermo Switch
速度スイッチ	SPS	Speed Switch
電磁リレー	R	Relay
補助リレー	AXR	Auxiliary Relay
タイマ	TLR	Time-lag Relay
電磁接触器	MC	Electromagnetic Contactor
電磁開閉器	MS	Electromagnetic Switch
遮断器	CB	Circuit-Breaker
配線用遮断器	MCCB	Molded Case Circuit-Breaker

◆おもな機器記号（シーケンス制御記号）②

〈表02-07〉

用語	文字記号	英語表記
漏電遮断器	ELCB	Earth Leakage Circuit-Breaker
サーマルリレー	THR	Thermal Relay
ヒューズ	F	Fuse
電力ヒューズ	PF	Power Fuse
直流	DC	Direct Current
交流	AC	Alternating Current
単相	1Φ	single phase
三相	3Φ	three phase
低圧	LV	Low Voltage
高圧	HV	High Voltage
接地	E	Earth
地絡	G	Ground fault
電池	B	Battery
電動機	M	Motor
誘導電動機	IM	Induction Motor
同期電動機	SM	Synchronous Motor
直流電動機	DM	Direct current Motor
発電機	G	Generator
電磁クラッチ	MCL	Electromagnetic Clutch
電磁ブレーキ	MB	Electromagnetic Brake
電磁弁	SV	Solenoid Valve
表示灯	SL	Signal Lamp
赤色表示灯	RL	Signal Lamp Red
緑色表示灯	GL	Signal Lamp Green

▶制御器具番号

制御器具番号とは、日本電機工業会規格JEM 1090（制御器具番号）に基づくものだ。**シーケンス番号**や**制御機器番号**、**リレー記号**と呼ばれることもある。発電所、変電所、自家用受変電設備など、おもに**電力設備用**のシーケンス制御に古くから用いられている。制御器具番号は、**基本器具番号**と**補助記号**で構成され、同じ装置のなかで同一の機器が複数ある場合には**補助番号**を加える。

基本器具番号は、機器の種類、性質、用途などに1～99の数字を割り当てたものだ。数字と対応する機器に関係性はないので、覚える必要がある。補助記号は、基本器具番号だけでは十分に表現できない際に使用する。英語表記の頭文字が使われているが、1つのアルファベットが多くの意味に使われている。たとえば、〔A〕には〔交流〕、〔自動〕、〔空気〕などの意味があるので、状況に応じて何を意味しているかを判断しなければならない。

制御器具番号では、必ずしも補助記号を使うとは限らない。基本器具番号だけで、機器を十分に表現できる場合には、そのまま使用する。また、2つの基本器具番号をハイフン〔-〕でつないで機器を表現することもある。たとえば、操作スイッチ〔3〕と警報装置〔28〕を組み合わせて〔3-28〕にすると、警報停止用スイッチになる。

補助記号を使う場合は、ハイフン〔-〕を使用せずに基本器具番号に続いてアルファベットを表記することが多い。たとえば、停止スイッチ〔5〕と非常〔E〕を組み合わせて〔5E〕にすれば非常停止スイッチになる。基本器具番号の組み合わせに補助記号が加えられることもある。たとえば、操作スイッチ〔3〕、故障表示装置〔30〕、ランプ〔L〕を組み合わせて〔3-30L〕にするとランプ表示器復帰用操作スイッチになる。補助記号は複数が組み合わせて使用されることもある。たとえば、補機弁〔20〕に空気〔A〕とブレーキ〔B〕を組み合わせて〔20AB〕にすると、ブレーキ空気タンク用給気弁になる。

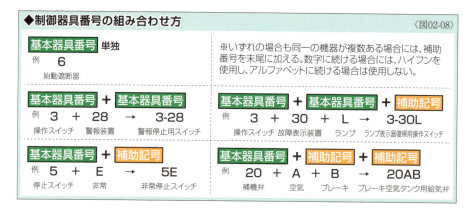

◆制御器具番号の組み合わせ方　〈図02-08〉

◆基本器具番号（制御器具番号）①

〈表02-09〉

番号	器具名称	番号	器具名称
1	主幹制御器、スイッチ	26	静止器温度スイッチ、または継電器
2	始動・閉路限時継電器、または始動・閉路遅延継電器	27	交流不足電圧継電器
3	操作スイッチ	28	警報装置
4	主制御回路用制御器、または継電器	29	消火装置
5	停止スイッチ、または継電器	30	機器の状態、または故障表示装置
6	始動遮断器、スイッチ、接触器、または継電器	31	界磁変更遮断器、スイッチ、接触器、または継電器
7	調整スイッチ	32	直流逆流継電器
8	制御電源スイッチ	33	位置検出スイッチ、または装置
9	界磁転極スイッチ、接触器、または継電器	34	電動順序制御器
10	順序スイッチ、またはプログラム制御	35	ブラシ操作装置、またはスリップリング短絡装置
11	試験スイッチ、または継電器	36	極性継電器
12	過速度スイッチ、または継電器	37	不足電流継電器
13	同期速度スイッチ、または継電器	38	軸受温度スイッチ、または継電器
14	低速度スイッチ、または継電器	39	機械的異常監視装置、または検出スイッチ
15	速度調整装置	40	界磁電流継電器、または界磁喪出継電器
16	表示線監視継電器	41	界磁遮断器、スイッチ、または接触器
17	表示線継電器	42	運転遮断器、スイッチ、または接触器
18	加速・減速接触器、または加速・減速継電器	43	制御回路切換スイッチ、接触器、または継電器
19	始動・運転切換接触器、または継電器	44	距離継電器
20	補機弁	45	直流過電圧継電器
21	主機弁	46	逆相、または相不平衡電流継電器
22	漏電遮断器、接触器、または継電器	47	欠相、または逆相電圧継電器
23	温度調整装置、または継電器	48	渋滞検出継電器
24	タップ切換装置	49	回転機温度スイッチ、継電器、または過負荷継電器
25	同期検出装置		※次ページに続く

Sec.
02
文字記号

◆基本器具番号（制御器具番号）②

〈表02-10〉

番号	器具名称	番号	器具名称
50	短絡選択継電器、または地絡選択継電器	75	制動装置
51	交流過電流継電器、または地絡過電流継電器	76	直流過電流継電器
52	交流遮断器、または接触器	77	負荷調整装置
53	励磁継電器、または励弧継電器	78	搬送保護位相比較継電器
54	高速度遮断器	79	交流再閉路継電器
55	自動力率調整器、または力率継電器	80	直流不足電圧継電器
56	すべり検出器、または脱調継電器	81	調速機駆動装置
57	自動電流調整器、または電流継電器	82	直流再閉路継電器
58	（予備番号）	83	選択スイッチ、接触器、または継電器
59	交流過電圧継電器	84	電圧継電器
60	自動電圧平衡調整器、または電圧平衡継電器	85	信号継電器
61	自動電流平衡調整器、または電流平衡継電器	86	ロックアウト継電器
62	停止・開路限時継電器、または停止・開路遅延継電器	87	差動継電器
63	圧力スイッチ、または継電器	88	補機用遮断器、スイッチ、接触器、または継電器
64	地絡過電圧継電器	89	断路器、または負荷開閉器
65	調速装置	90	自動電圧調整器、または自動電圧調整継電器
66	断続継電器	91	自動電力調整器、または電力継電器
67	交流電力方向継電器、または地絡方向継電器	92	扉、またはダンパ
68	混入検出器	93	（予備番号）
69	流量スイッチ、または継電器	94	引外し自由接触器、または継電器
70	加減抵抗器	95	自動周波数調整器、または周波数継電器
71	整流素子故障検出装置	96	静止器内部故障検出装置
72	直流遮断器、または接触器	97	ランナ
73	短絡用遮断器、または接触器	98	連結装置
74	調整弁	99	自動記録装置

◆おもな補助記号（制御器具番号）

〈表02-11〉

記号	おもな内容	記号	おもな内容	記号	おもな内容
A	交流 自動 陽極 空気 アクチュエータ 増幅 電流	G	グリース 重力 地絡 ガス 発電機	Q	油 無効電力
B	断線 側路 平衡 ベル ベルト 電池 母線 ブレーキ 軸受	H	高 所内 保持 電熱 高周波	R	復帰 上げ 調整 遠方 受電 回転子 リアクトル 受信 室内 抵抗 逆
		I	内部 点弧		
		J	ジェット 結合		
C	共通 冷却 搬送 調和機 投入コイル クラッチ 補償器 操作 制御 閉 コンデンサ	K	陰極 三次側 ケーシング	S	ストレーナ ソレノイド 動作 同期 二次 速度 副 送信 固定子
		L	ランプ 漏れ 下げ 鎖錠 低 線路 負荷		
D	直流 放出 ダイヤル 差動 調定率（垂下率） 劣化 デフレクタ 吸出管	M	計器 マイクロ波 主 モー素子 動力 電動機	T	変圧器 放水路 温度 限時 引外し タービン 転送
				U	使用
E	非常 励磁 励弧	N	ノズル 窒素 中性 負極	V	電圧 真空 弁
		O	オーム素子 外部 開	W	水 井戸
				X	補助
F	フロート 火災 故障 ヒューズ 周波数 ファン フイーダ フリッカ 故障点標定器	P	プログラム 電圧変成器 ポンプ 一次 正極 電力 圧力 位置	Y	補助
				Z	ブザー インピーダンス 補助
				Φ	相

Chapter 03 | Section 03

参照方式

［コイルの位置から接点の位置を探しやすくする］

シーケンス図では、機器の機械的な関連は省略されるため、電磁リレーや電磁接触器、タイマなどは、コイルと接点が離れた位置に配置されることもある。こうした場合でも、双方の図記号に文字記号が添えられているので、両者の関連を確認することができるが、接続線が数十本もあるようなシーケンス図だと、簡単には見つけられないこともある。連動を示す破線によってコイルと接点をつなぐ方法もあるが、シーケンス図上の線が多くなって見にくくなってしまうこともある。そのため、電磁リレーや電磁接触器、タイマなどのコイル付近に関連を明示し、接点の位置を参照できるようにすることが多い。こうした**参照方式**には、**区分参照方式**と**回路番号参照方式**がある。

▶回路番号参照方式 ・・・・・・・・・・・・・・・・・・・・・・・・・・・・・

回路番号参照方式では、すべての**接続線**に**回路番号**を割り振ることで、接点の位置を参照できるようにする。縦書きシーケンス図の場合は左から右へ通し番号を振り、横書きシーケンス図の場合は上から下へ通し番号を振る。同じ接続線上に複数の接点が存在することもあるが、どの接点が参照先の接点であるかは、**文字記号**によって確認することができる。回路番号を割り振る際には、接続線の並列部分に注意が必要だ。右ページの図の回路番号1と2のような場合はもちろん、回路番号3～5のような場合は中央の接続線にも回路番号を割り振っておくべきだ。

参照表示は、電磁リレーや電磁接触器、タイマのコイルの図記号の近くに表として記載する。縦書きシーケンス図では下側の電源母線の下でコイルの真下に参照表示を配置させ、横書きシーケンス図では右側の電源母線の右でコイルの真横に参照表示を配置させることが多いが、決まりはない。他のコイルの参照表示と明確に区別できる位置であれば問題ないので、わかりやすい位置に配置すればよい。スペースに余裕があると、縦書きでコイルの真横に参照表示が配置されることもある。また、参照表示の表の記述方法にも決まりはない。右ページの参照表示の記述は、あくまでも一例だ。電磁リレーの名称を示したうえで、接点の名称と回路番号を組にして記述すればよい。

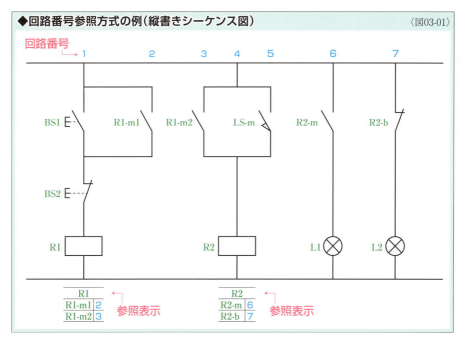

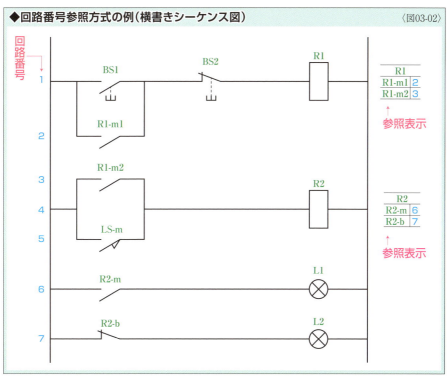

▶区分参照方式

区分参照方式では、シーケンス図を網目状のグリッドで**区分**することで、接点の位置を参照できるようにする。一般的な地図で用いられている参照方式と同じだ。縦書きシーケンス図でも横書きシーケンス図でも区分の方法は同じで、縦方向に並ぶ**行**にはアルファベットを使用し、横方向に並ぶ**列**には数字を使用する。アルファベットや番号を割り振る際の始点は、シーケンス図の左上にする。

各区分を表現する際には、行・列の順、つまりアルファベット・数字の順に表現する。たとえば、〈図03-04〉の接点R2-mの区分はB6になる。接点R1-m1のように、1つの図記号が複数の区分にまたがってしまうこともあるが、こうした場合は図記号の中心や接続線の位置で区分を決定する。接点R1-m1の場合は、区分B3になる。また、1つの区分に複数の接点が存在することもあるが、どの接点が参照先の接点であるかは、**文字記号**によって確認することができる。

参照表示の配置は回路番号参照方式と同じで、コイルの図記号の近くに表として記載する。他のコイルの参照表示と明確に区別できる位置であればよい。また、参照表示の表の記述方法にも決まりはない。右ページの参照表示の記述は、あくまでも一例だ。電磁リレーの名称を示したうえで、接点の名称と区分を組にして記述すればよい。

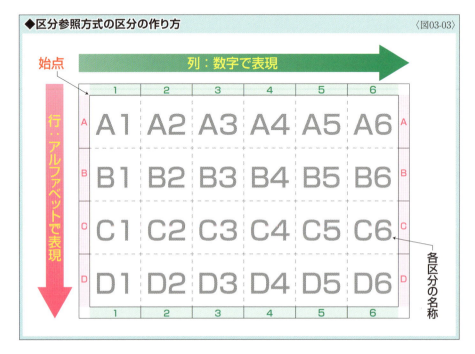

◆区分参照方式の区分の作り方　〈図03-03〉

◆区分参照方式の例（縦書きシーケンス図） 〈図03-04〉

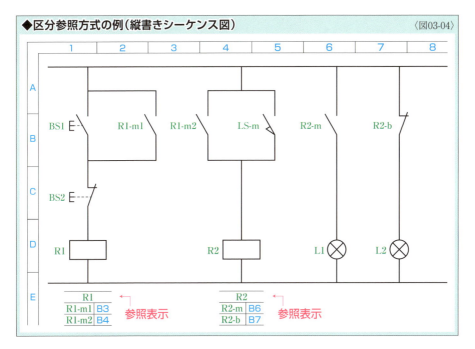

◆区分参照方式の例（横書きシーケンス図） 〈図03-05〉

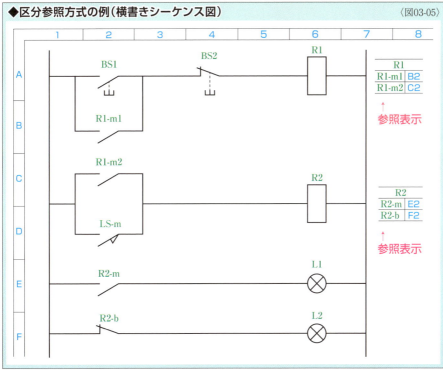

Chapter 03 Section 04
タイムチャート

[機器の動作を時間を追って確認できる]

　実際のシーケンス制御回路では、1つの電磁リレーが励磁されると、複数の接点が動作することも多い。シーケンス図だけでは、こうした回路の動作を順を追って確認するのが難しい。そのため、**タイムチャート**というものが使われる。タイムチャートとは、回路に使われているさまざまな機器が時間とともにどのように動作するかを示したグラフのようなものだ。

　シーケンス制御回路を設計する際には、先にタイムチャートを作ってから回路を考えることも多い。回路を先に設計した場合には、タイムチャートを作って動作に問題がないかを確認することもある。また、実際の時間の流れに沿って動作を表わすだけではなく、さまざまな操作に対する動作を検証するために使うこともできる。たとえば、複数の操作スイッチが存在する回路では、スイッチを操作する順番をかえた場合や、同時に複数のスイッチを操作した場合などの動作をタイムチャートで確認することができる。

▶タイムチャートの構成

　シーケンス制御に使う機器や制御対象は、動作の状態が2種類のものが大半だ。接点であれば〔開路/閉路〕、電磁リレーのコイルであれば〔励磁/消磁〕、制御対象であれば〔動作/停止〕の2種類の動作をする。こうした動作を**2値動作**といい、それぞれを〔ON/OFF〕に置き換えたり、〔1/0〕に置き換えたりして考えられる。たとえば、個々の動作を縦軸の〔高/低〕にし、横軸を時間にすると、〈図04-01〉のように動作をグラフとして描くことができる。

　こうした個々の要素のグラフを、縦軸方向に要素の制御動作の順番に重ねたものがタイム

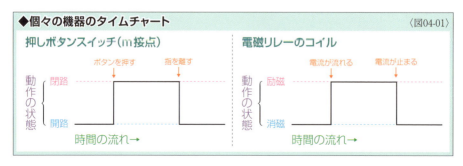

◆個々の機器のタイムチャート　〈図04-01〉

◆シーケンス図とタイムチャート

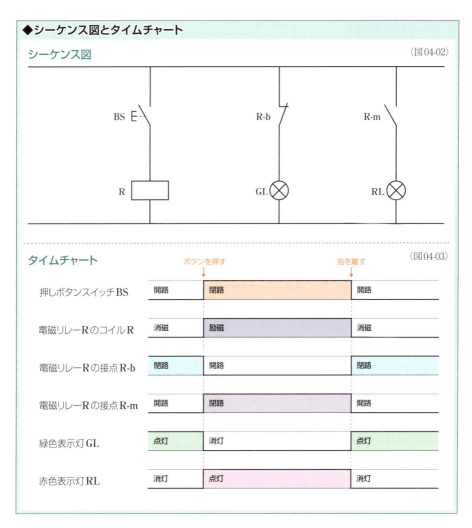

　チャートだ。シーケンス制御に使われているそれぞれの要素の動作の時間的な変化を、まとめて見ることができ、要素の動作の関連を把握することができる。要素を並べる順番は、シーケンス図の接続線の順番が基本になるが、操作スイッチや負荷はまとめることも多い。なお、タイムチャートの横軸に時間の目盛りはない。時間的な変化を示しているが、正確に時間の経過を表わしているわけではない。

　〈図04-02〉のような回路のタイムチャートを描くと、〈図04-03〉のようになる。このチャートでは説明のために着色したり動作の状態を文字で表示したりしてあるが、実際のタイムチャートはもっとシンプルなものが多い。また、タイムチャートは電源につながれた状態を前提としているので、ブレーク接点に制御されている表示灯GLは、ONの位置からグラフが始まる。

▶タイマ回路のタイムチャート

タイマは設定時間が経過してから動作したり復帰したりするため、**タイムチャート**の表現には工夫が必要になる。特に決まりはないが、一般的には矢印線を併用して設定時間を表現したり、グラフの線をジグザグにすることで設定時間を表現したりすることが多い。〈図04-04〉のような限時動作瞬時復帰形のタイマを使った回路を例にしてみると、矢印線で設定時間を表現したタイムチャートが〈図04-05〉であり、ジグザグ線で設定時間を表現したタイムチャートが〈図04-06〉だ。なお、設定時間については日本語で表記せず、時間を意味する〔t〕や〔T〕だけが表記されることもある。

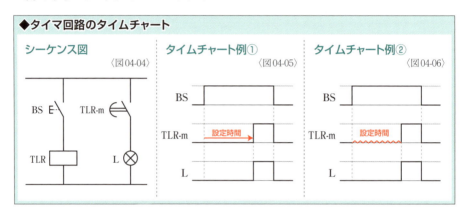

◆タイマ回路のタイムチャート

▶3種類の動作を示すタイムチャート

シーケンス制御に使われている機器や制御対象は、**2値動作**するものがほとんどだが、たとえば電動機の正転と逆転が使われる場合、電動機の動作の状態は〔正転/停止/逆転〕という3種類になる。こうした場合も、タイムチャートの表現には工夫が必要になる。通常のタイムチャートの表現をそのまま使用し、〈図04-07〉のように文字を併用して正転と逆転を示すこともあれば、〈図04-08〉のように縦軸の逆方向にグラフを描くことで逆転を示すこともある。特に決まりはないので、見た人が容易に理解できる表現であれば問題ない。

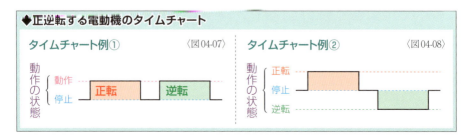

◆正逆転する電動機のタイムチャート

▶遅れ時間を考慮に入れたタイムチャート

　シーケンス制御に使われている機器や制御対象には、**遅れ時間**というものがある。たとえば、押しボタンスイッチを押し始めた瞬間から、接点が閉じるまでの間にわずかな時間のずれがある。電磁リレーもコイルに電流を流し始めてから接点が閉じるまでの間には1/100秒ぐらいの遅れ時間がある。遅れ時間は非常に小さなものなので、無視しても問題が生じることは少ない。しかし、わずかな遅れ時間によって制御の流れが途絶えてしまったり、逆に信号が重なってしまって誤動作が生じたりすることもある。こうした、きわどい切り換わりを確認するためには**遅れ時間を考慮に入れたタイムチャート**を使用する。

　通常のタイムチャートでは、OFFからONに移行する際に、グラフの線を垂直に立ち上げるが、遅れ時間を表わす場合には、グラフの線を斜めに立ち上げる。OFFに移行する際も、斜め線で表現する。そもそもタイムチャートには時間の目盛りはないので、斜め線部分は遅れ時間をデフォルメして表現したものだといえる。斜め線の角度はどんな角度でもよいが、チャートを見た時に遅れ時間が認識できるようにする必要がある。

　また、次の機器の動作は、グラフが完全に立ち上がった位置から始めるようにする。たとえば、101ページのタイムチャート〈図04-03〉を、遅れ時間を考慮して表現すると〈図04-09〉のようになる。押しボタンスイッチを押し始めて、接点の動作が完了した時点で、電磁リレーのコイルの励磁が始まり、励磁が完了した時点で、接点の動作が開始するといった具合にする。同じ電磁リレーの接点については、同じタイミングで動作が始まるようにすればよい。

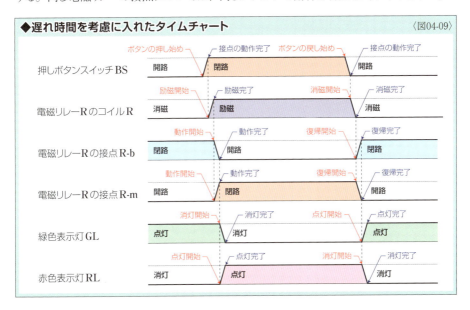

Chapter 03 Section 05
動作表

［動作の状態を表欄で確認する］

タイムチャートと同じように、シーケンス制御の動作の確認に使われることがあるのが**動作表**だ。すべての要素の動作を表にすることもあるが、特定の2つの要素、なかでも入力と出力の関係を示すために使われることが多い。たとえば、入力接点が複数あるような場合に、入力の組み合わせのすべてのパターンと、それに対する出力の結果を表にすることがある。表にすることで、入力の組み合わせによって出力がどう変化するか確認しやすくなる。Chapter04で説明する**論理回路**の動作を確認するような際には、動作表が重宝だ。

▶動作表と真理値表

動作表における動作状態の表現に決まりはない。接点を〔開路/閉路〕、電磁リレーのコイルを〔励磁/消磁〕といったように、動作の状態をそのまま日本語で表にすることもあれば、すべてを〔ON/OFF〕に置き換えて表現することもある。たとえば、〈図05-01〉に示した回路

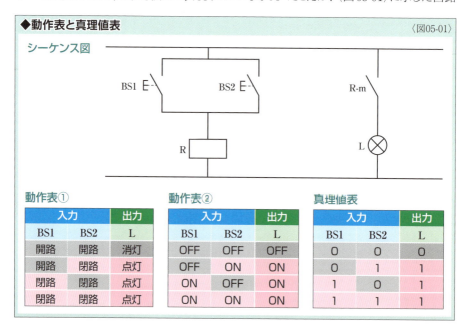

◆動作表と真理値表　〈図05-01〉

の2つの入力接点BS1、BS2と出力Lの関係を動作表にした場合、日本語で表現したものが動作表①であり、〔ON/OFF〕の**2値動作**で表現したものが動作表②だ。

2値動作である〔ON/OFF〕を〔1/0〕に置き換えた動作表を**真理値表**という。本書では取り上げていないが、〔1〕と〔0〕による回路の状態の表現は、Chapter04で説明する**論理回路**（P112参照）を数学的手法で考える**論理代数**の基本になる。ただし、論理代数を使わないにしても、〔1/0〕で表現された真理値表は、他の文字で表現された動作表より見やすくわかりやすいため、多用されている。動作表とタイトルされた表が〔1/0〕で表現されていることも多い。本書でも以降は動作表を〔1/0〕で表現する。

真理値表や〔1/0〕で表現された動作表を見る際には、入力と出力に何を設定しているかを確認する必要がある。たとえば、入力が命令用スイッチの場合、接点の状態として〔（閉路=1）/（開路=0）〕を示しているのか、スイッチの操作の状態として〔（動作=1）/（復帰=0）〕を示しているのかによって、表の内容がかわることがある。たとえばメーク接点の押しボタンスイッチの場合は、〈図05-02〉の真理値表m1と真理値表m2のように、接点の状態でもスイッチの操作の状態でも表の内容は同じだ。しかし、ブレーク接点の場合は真理値表b1と真理値表b2のように、表の内容が逆になってしまう。ボタンを押している〔動作=1〕の状態の時、接点は〔開路=0〕になるので、こうした逆転現象が起こる。動作表や真理値表で、接点を〔動作/復帰〕で示すことは少ないが、まったくないわけではない。注意したほうがよい。

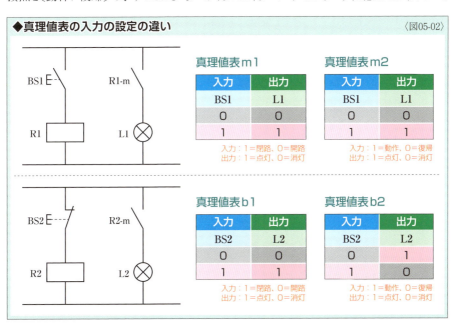

◆真理値表の入力の設定の違い 〈図05-02〉

COLUMN

フールプルーフとフェイルセーフ

　シーケンス制御回路は、求められた機能を満たすように設計するだけでは十分とはいえない。事故や故障が起これば人的被害や経済的損失が生じてしまうため、安全にも配慮する必要がある。**故障**や**誤作動**、**誤操作**は起きるものだという前提に立ち、そのような場合にも自動的に安全側に導くように制御回路を設計する必要がある。こうした設計思想のなかで特に重要なものが**フールプルーフ**と**フェイルセーフ**だ。

　フールプルーフとは、操作者が誤った操作をしても危険が生じないようにするのはもちろん、そもそも誤った操作ができないように配慮して設計されていることだ。現在の自動車はブレーキペダルを踏んだ状態でなければ始動できないようにされている。こうしたフールプルーフによって、始動と同時に急発進することが防がれている。シーケンス制御の場合、機械を操作する人間はシステムを熟知している必要があるが、十分に理解していない人間が操作しなければならないこともある。また、熟知している人間であっても、疲労などで集中力が低下すれば、操作を誤ってしまうこともある。たとえば、始動押しボタンスイッチと停止押しボタンスイッチを同時に押すような操作は通常は考えられないが、同時に押された場合にどのように動作するか回路を検証しておく必要がある。もし、始動側が優先されるようであれば、危険が生じる可能性が高い。停止側が優先される回路に変更すべきだ。

　いっぽう、フェイルセーフとは、異常や故障、誤作動が起こっても危険が生じないように配慮して設計されていることだ。石油ストーブはフェイルセーフの考え方に基づいて、転倒すると自動的に消火する構造にされている。機械の制御において、定期的に点検や交換を行っていても、異常や故障を完全に回避することはできない。たとえば、停電や電源用装置の異常によって制御システムへの通電が停止すれば、機械は停止するが、すぐに停電から復旧することもある。通電が復帰した際に、機械が勝手に動作を再開すると、危険が生じることもある。そのため、操作者が再始動の操作をしなければ、機械を再び始動できないようにする回路を組みこんでおく必要がある。

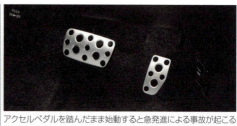

アクセルペダルを踏んだまま始動すると急発進による事故が起こる可能性がある。そのため、現在の自動車はブレーキペダルを踏んでいないと始動できない。シフトレバーにも対策が施されている。

Chapter

04

基本接点回路と論理回路

Section 01：基本接点回路 ・・・・・・・・・ 108

Section 02：論理回路 ・・・・・・・・・・・ 112

Section 03：AND回路 ・・・・・・・・・・ 114

Section 04：OR回路 ・・・・・・・・・・・ 116

Section 05：NOT回路・・・・・・・・・・・ 118

Section 06：NAND回路 ・・・・・・・・・・ 120

Section 07：NOR回路 ・・・・・・・・・・ 122

Section 08：禁止回路 ・・・・・・・・・・・ 124

Section 09：不一致回路 ・・・・・・・・・・ 126

Section 10：一致回路 ・・・・・・・・・・・ 130

Chapter 04 | Section 01

基本接点回路

［シーケンス制御における接点の基本機能］

　シーケンス制御はスイッチの組み合わせによって実現されている。検出用装置のなかには無接点のスイッチもあるが、リレーシーケンス制御ではおもに機械式の**接点**が使われている。接点には**メーク接点**、**ブレーク接点**、**切換接点**の3種類があり、これらを組み合わせることで制御回路が構成される。各接点の動作についてはChapter01で説明しているので、ここでは**シーケンス図**と**動作表**によって説明する。

▶命令用スイッチの基本接点回路 ・・・・・・・・・・・・・

　シーケンス図上で、命令用スイッチの接点と負荷で構成された接続線は、もっともシンプルな**接点回路**だ。〈図01-01〉のような**押しボタンスイッチのメーク接点回路**であれば、ボタンを押して接点を閉路にすると、ON信号が発せられて、負荷がONになる。ボタンから指を離せば、OFF信号が発せられて、負荷がOFFになる。押しボタンスイッチのような命令用スイッチに限らず、このようにメーク接点と負荷で構成される回路を**ON回路**という。動作表にすると、〈表01-02〉のようになる。

　〈図01-03〉のような**押しボタンスイッチのブレーク接点回路**であれば、ボタンを押して接点を開路にすると、OFF信号が発せられて、負荷がOFFになる。ボタンから指を離せば、ON信号が発せられて、負荷がONになる。メーク接点回路がON回路であるなら、ブレーク接点回路はOFF回路と呼ばれそうだが、ブレーク接点回路を動作表にすると〈表01-04〉のようになり、メーク接点回路の動作表と同じ内容になる。つまり、これもON回路だといえる。

　切換接点の命令用スイッチは、トグルスイッチのようなオルタネイト形のスイッチが手動/自動の切り換えに使われているような場合には、切換接点の図記号で描かれることがあるが、押しボタンスイッチの場合はメーク接点とブレーク接点の図記号に分けて描かれることが多い。〈図01-05〉のような**押しボタンスイッチの切換接点回路**の場合、シーケンス図のルールに反するが、切換接点の図記号を使い、実態に近い状態で回路を描くと〈図01-08〉のようになる。〈図01-09〉のように連動を意味する破線が示されていればわかりやすいが、破線は省略されることが多い。切換接点回路を動作表にすると〈表01-06〉と〈表01-07〉のようになる。

◆押しボタンスイッチのメーク接点回路

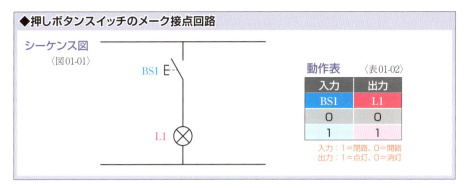

◆押しボタンスイッチのブレーク接点回路

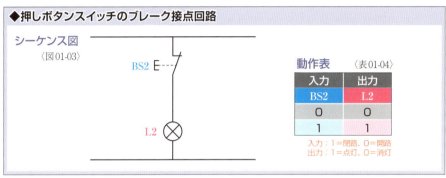

◆押しボタンスイッチの切換接点回路

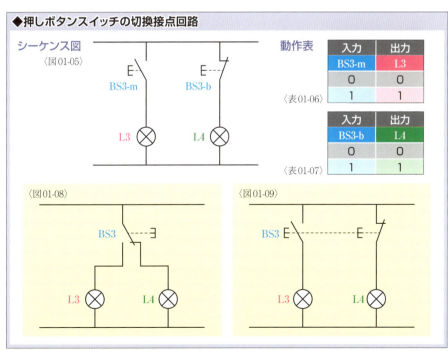

Sec. 01 基本接点回路

109

▶電磁リレーの基本接点回路 ‥‥‥‥‥‥‥‥‥

電磁リレー回路はシーケンス図上で最低2本の接続線で構成される。1本は電磁リレーのコイルに命令を与える入力回路であり、もう1本は電磁リレーの接点によって負荷を制御する出力回路だ。もっともシンプルな電磁リレー回路は、入力回路が命令用スイッチの接点と電磁リレーのコイルで構成され、出力回路が電磁リレーの接点と負荷で構成される。

〈図01-10〉のように押しボタンスイッチのメーク接点で電磁リレーのコイルに命令を与え、その命令によって動作する電磁リレーのメーク接点で負荷を制御する回路が、もっともシンプルな電磁リレーのメーク接点回路だ。ボタンを押してON信号を発すると、電磁リレーが動作してメーク接点が閉路し、ON信号を負荷に伝える。ボタンから指を離してOFF信号を発すれば、電磁リレーが復帰してメーク接点を開路し、負荷にOFF信号が伝えられる。動作表にすると、〈表01-11〉のようになる。表を見ればわかるように、電磁リレーのメーク接点回路は、入力信号をそのまま出力する回路だ。この回路もON回路と呼ばれる。

〈図01-12〉のような電磁リレーのブレーク接点回路であれば、ボタンを押してON信号を発すると、電磁リレーが動作してブレーク接点が開路し、OFF信号を負荷に伝える。ボタンから指を離してOFF信号を発すれば、電磁リレーが復帰してブレーク接点を閉路し、負荷にON信号が伝えられる。動作表にすると、〈表01-13〉のようになる。表を見ればわかるように、電磁リレーのブレーク接点回路は、入力信号を反転させて出力する回路だ。この回路をNOT回路といい、次のSectionで説明する論理回路のなかで重要な意味をもつ。

命令用スイッチの切換接点回路の場合と同じように、電磁リレーの切換接点回路の場合も、切換接点の図記号を使わず、〈図01-14〉のようにメーク接点とブレーク接点に分けて示されることが多い。こうした切換接点回路を動作表にすると〈表01-15〉のようになる。

〈図01-14〉の場合、メーク接点の図記号とブレーク接点の図記号で示しているだけで、実際には切換接点として表示灯L3とL4の点灯／消灯の切り換えに使われているが、1つの切換接点を、独立したメーク接点とブレーク接点として使うことも多い。そもそも制御用の電磁リレーは、単独のメーク接点や単独のブレーク接点を備えていることはほとんどない。2〜4極の切換接点を備えているのが一般的だ。先に説明した電磁リレーのメーク接点回路もブレーク接点回路も、実際には切換接点の一部を使っていることになる。しかし、どんな場合でもメーク接点とブレーク接点に分けて使えるわけではない。〈図01-16〉のような回路であれば、メーク接点とブレーク接点が接続線でつながっているので、1つの切換接点を分けて使うことができるが、〈図01-17〉のような回路の場合は、メーク接点とブレーク接点の間に他の要素があるため、1つの切換接点を分けて使うことはできない。

◆電磁リレーのメーク接点回路

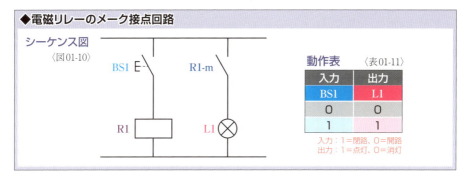

◆電磁リレーのブレーク接点回路

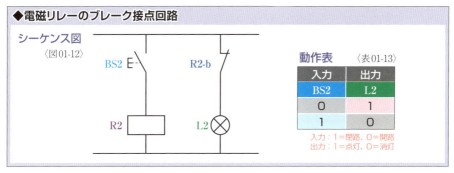

◆電磁リレーの切換接点回路

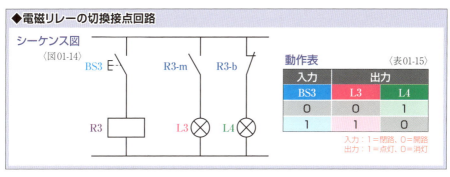

◆電磁リレーの切換接点の使い分け

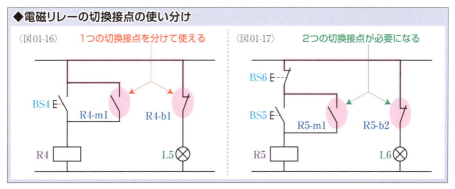

111

Chapter 04 | Section 02

論理回路

［組み合わせの基本になる回路のパターン］

シーケンス制御は接点を組み合わせて制御回路を構成するが、その組み合わせには基本パターンといえるものがある。基本パターンとして扱われることが多い回路が、**論理回路**と次のChapterで説明する**自己保持回路**だ。これらの回路にはそれぞれ特定の機能があるので、その機能をジグソーパズルのように組み合わせていくことで目的の制御回路を設計することができる。

論理回路という言葉の意味を簡単に説明するのは非常に難しい。そもそも**論理**とは、筋道の通った考え方のことであり、物事の法則的なつながりを意味しているといえる。これをシーケンス制御に当てはめて考えると、入力と出力の法則的なつながりということができる。**論理学**においては、物事の状態を〔真／偽〕の2値で考える。〔真／偽〕はどちらも記号であり、**真偽値**や**真理値**といい、〔1/0〕の組み合わせが使われることも多い。シーケンス制御も**2値動作**が基本であるため、論理の考え方を導入できることになる。〔1/0〕で入力と出力の関係を示す**真理値表**（P105参照）も論理学で使われているものだ。

シーケンス制御は基本的に2値動作をするので、どんな制御回路も論理によって動作するといえるが、一般的に論理回路とは、**論理演算**を行う電気回路や電子回路と説明される。コンピュータなどで行われる計算のことを演算といい、普通の算数で扱う加減乗除の四則演算のほかにもいくつかの種類がある。そのなかでよく使われるのが論理演算だ。真理値の2つの値だけを使った**論理式**で入力と出力の関係を示す演算が行われる。〔1/0〕を使った場合は**2進数**に似ているが、2進数では〔11〕といった具合に桁数が増えていくが、真理値は常に〔1〕か〔0〕のどちらかで桁数が増えることはない。

概略を説明すると以上のようになるが、あくまでも概略だ。論理に関連する学問は非常に奥が深いので、これだけでは十分には理解できないかもしれない。しかし、論理学や論理演算を理解していなくても、リレーシーケンス制御の論理回路を使いこなすことはできる。とりあえず、論理回路とは入力と出力の関係に法則性がある基本の回路の形だと覚えておけばよい。特に複数の入力がある場合、その組み合わせによって出力がどのように変化するかがわかっていれば、論理回路を使いこなせる。

▶論理回路の種類

シーケンス制御に使われる**論理回路**の種類はそれほど多くない。それぞれの論理回路は以降のSectionで説明していくが、論理回路のなかでも基本中の基本といえる回路が、**AND回路**、**OR回路**、**NOT回路**という3つの**基本論理回路**だ。他の論理回路は、この3つの回路を組み合わせたものと考えることができる。AND回路とNOT回路を組み合わせると**NAND回路**になり、OR回路とNOT回路を組み合わせると**NOR回路**になる。さらに組み合わせ方が複雑になるが、ほかにも**禁止回路**や**不一致回路**（**XOR回路**）、**一致回路**（**XNOR回路**）といった論理回路がシーケンス制御で使われる。

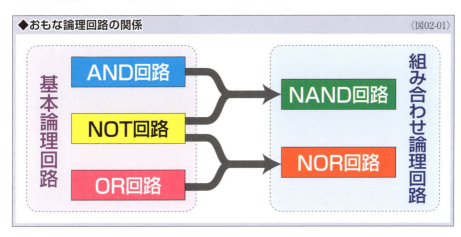

◆おもな論理回路の関係　〈図02-01〉

▶論理代数

論理代数とは論理学上の関係を**論理式**で解く代数のことだ。シーケンス制御回路にも適用することが可能で、論理回路を数学的手法で捉えることで、シーケンス制御回路の設計や検討に応用できる。

シーケンス制御回路に求められる機能が高度になると回路も複雑になり、目的を達成できる回路が設計できたとしても、合理的な回路になっているかどうかの判断が難しくなる。大量生産する家電製品のシーケンス制御のプログラムをICに収めるような場合、回路の簡素化は品質面でも経済面でも重要になる。こうした際に論理代数で回路を検証すると、回路の簡素化が可能になることもある。ただし、リレーシーケンス制御の場合、論理代数を有効に活用できるほど複雑な回路を扱うことは少ないので、論理代数を知っていなくても十分に対処できる。そのため、本書では論理代数を取り上げないが、将来的にさらに複雑なシーケンス制御の設計などをめざすのであれば、論理代数を習得したほうがよい。

Chapter 04 | Section 03

AND回路

[すべての入力がONの時にだけONを出力する]

　AND回路とは、複数の入力のすべてがONの時にだけONを出力する回路だ。すべての条件が整った時にだけ、次の動作に移りたいような場合に使用する。たとえば、入力の一方を始動用押しボタンスイッチ、もう一方を安全装置の動作を検出する検出用スイッチにすれば、安全装置が動作しているという条件が整った時にしか、始動できなくなる。

▶AND回路の構成と動作

　簡単にいってしまえば、**AND回路**は負荷に対して複数のメーク接点を**直列**にした回路だ。たとえば、〈図03-01〉のように押しボタンスイッチBS1とBS2のメーク接点を直列にして、負荷である表示灯Lにつなげば、入力が2つのもっともシンプルなAND回路になる。また、実際のシーケンス制御回路のなかでは、〈図03-02〉のように電磁リレーへの入力がAND回路であり、その電磁リレーの接点が出力接点になるようなことも多い。ここでは入力接点を押しボタンスイッチにしているが、実際の制御回路のなかでは検出用スイッチの接点であったり、

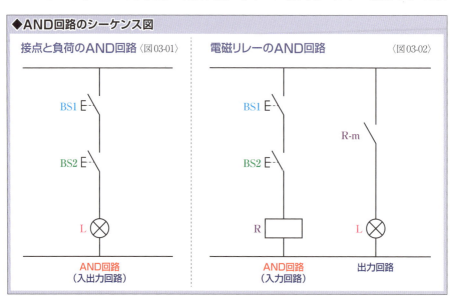

◆AND回路のシーケンス図

他の電磁リレーの接点であったりする。

　回路の動作を検証してみると、〈図03-02〉の回路の場合、押しボタンスイッチBS1だけを押して接点を閉路にしても、押しボタンスイッチBS2が開路であるため、電磁リレーRは動作せず、表示灯Lは点灯しない。逆に押しボタンスイッチBS2を押して接点を閉路にしても、押しボタンスイッチBS1の接点が開路であるため、やはり表示灯Lは点灯しない。もちろん、どちらの押しボタンスイッチも押していなければ、表示灯Lは点灯しない。電磁リレーRを動作させて表示灯Lを点灯させるためには、BS1とBS2の両方を閉路にする必要がある。

　AND回路の**動作表**は〈表03-03〉のようになる。2入力の組み合わせは4種類あるが、出力Lが〔1〕になるのは、BS1およびBS2のどちらもが〔1〕の時だけだ。この「および」を英語にすると「AND」になるため、AND回路と名づけられている。また、AND回路は**論理積回路**ともいう。動作表の入力の2つの値の積(掛け算の結果)を求めると、出力の値になる。

　AND回路の**タイムチャート**は〈図03-04〉のようになる。動作表と同じように2つの接点の4種類の組み合わせだけを示してもよいのだが、ここではスイッチを押したり戻したりする順番も含めたチャートにしてある。

　ここでは2入力のAND回路で説明したが、入力が3つ以上の場合も入力のメーク接点をすべて直列につなげばAND回路が構成される。

◆AND回路の動作表　〈表03-03〉

入力		出力
BS1	BS2	L
0	0	0
0	1	0
1	0	0
1	1	1

入力：1＝閉路、0＝開路
出力：1＝点灯、0＝消灯

◆AND回路のタイムチャート　〈図03-04〉

① BS1を押す。BS1を戻す。
② BS1を押してからBS2を押す。BS2を戻してからBS1を戻す。
③ BS1を押してからBS2を押す。BS1を戻してからBS2を戻す。
④ BS2を押す。BS2を戻す。
⑤ BS2を押してからBS1を押す。BS1を戻してからBS2を戻す。
⑥ BS2を押してからBS1を押す。BS2を戻してからBS1を戻す。

Chapter 04 Section 04
OR回路

［いずれかの入力がONならばONを出力する］

OR回路とは、複数の入力のうち少なくとも1つがONになると、ONを出力する回路だ。たとえば、操作盤の始動用押しボタンスイッチとは別に機械の近くにも始動用押しボタンスイッチを備え、どちらのスイッチでも始動できるようにしたい場合には、2つの押しボタンスイッチがOR回路になるようにすればよい。

▶OR回路の構成と動作

簡単にいってしまえば、OR回路は負荷に対して複数のメーク接点を並列にした回路だ。たとえば、〈図04-01〉のように押しボタンスイッチBS1とBS2のメーク接点を並列にして、負荷である表示灯Lにつなげば、入力が2つのもっともシンプルなOR回路になる。また、実際のシーケンス制御回路のなかでは、〈図04-02〉のように電磁リレーへの入力がOR回路であり、その電磁リレーの接点が出力接点になるようなことも多い。ここでは入力接点を押しボタンスイッチにしているが、実際の制御回路のなかでは検出用スイッチの接点であったり、他の電

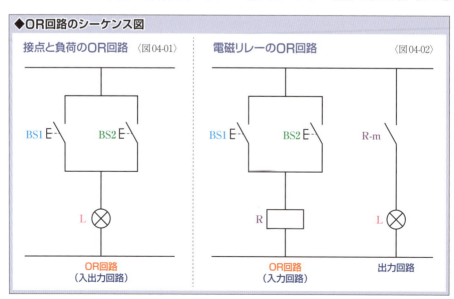

◆OR回路のシーケンス図

磁リレーの接点であったりする。

　回路の動作を検証してみると、〈図04-02〉の回路の場合、押しボタンスイッチBS1だけを押して接点を閉路にすれば、電磁リレーRが動作して、表示灯Lが点灯する。押しボタンスイッチBS2を押した場合は電流の流れる経路が異なるが、電磁リレーRが動作して、表示灯Lが点灯する。もちろん、両方の押しボタンスイッチを押した場合も表示灯Lが点灯する。表示灯Lが点灯しないのは、どちらの押しボタンスイッチも押していない時だけだ。

　OR回路の**動作表**は〈表04-03〉のようになる。2入力の組み合わせは4種類あるが、出力Lが〔1〕になるのは、BS1またはBS2が〔1〕の時だけだ。この「または」を英語にすると「OR」になるため、OR回路と名づけられている。また、OR回路のことを**論理和回路**という。ただし、動作表の入力の2つの値の**和**（足し算の結果）を求めても、すべての行で出力の値になるわけではない。論理和とはあくまでも論理学上の用語だ（論理積の場合は偶然の一致）。

　OR回路の**タイムチャート**は〈図04-04〉のようになる。動作表と同じように2つの接点の4種類の組み合わせだけを示してもよいのだが、ここではスイッチを押したり戻したりする順番も含めたチャートにしてある。

　ここでは2入力のOR回路で説明したが、入力が3つ以上の場合も入力のメーク接点をすべて並列につなげばOR回路が構成される。

◆OR回路の動作表　〈表04-03〉

入力		出力
BS1	BS2	L
0	0	0
0	1	1
1	0	1
1	1	1

入力：1=閉路、0=開路
出力：1=点灯、0=消灯

◆OR回路のタイムチャート　〈図04-04〉

① BS1を押す。BS1を戻す。
② BS1を押してからBS2を押す。BS2を戻してからBS1を戻す。
③ BS1を押してからBS2を押す。BS1を戻してからBS2を戻す。
④ BS2を押す。BS2を戻す。
⑤ BS2を押してからBS1を押す。BS1を戻してからBS2を戻す。
⑥ BS2を押してからBS1を押す。BS2を戻してからBS1を戻す。

Chapter 04 | Section 05
NOT回路

[入力のON/OFFを反転させて出力する回路]

　NOT回路は入力がONの時はOFFを出力し、入力がOFFの時はONを出力する回路だ。**信号の反転**（P35参照）を行うため、**反転回路**ともいう。また、入力を否定して出力することになるため**論理否定回路**や単に**否定回路**ともいう。英語の「NOT」は「否定」を意味するため、NOT回路と名づけられている。NOT回路は**禁止入力**という形で使われることも多い。詳しくは**禁止回路**（P124参照）で説明するが、禁止入力と組み合わされる回路の動作を禁止することができる。

　基本論理回路のうち、AND回路とOR回路は複数の入力に対する1つの出力を扱う回路だが、NOT回路は1対1の入力と出力を扱う回路だ。また、AND回路とOR回路は接点の組み合わせだけで成立する回路だが、NOT回路は電磁リレーなくしては成立しない。接点の直列と並列だけでは組み合わせのバリエーションに限りがあるが、NOT回路を組みこむことで組み合わせのバリエーションが多彩になり、さまざまな制御が可能になる。リレーシーケンス制御には欠かせない存在だといえる。

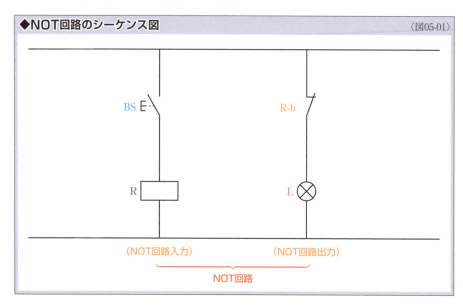

◆NOT回路のシーケンス図　〈図05-01〉

▶NOT回路の構成と動作

NOT回路とは電磁リレーのブレーク接点回路のことだ。これまでにも何度も説明している(P34、P110参照)。押しボタンスイッチBSを入力接点として電磁リレーRを制御し、そのブレーク接点R-bを負荷である表示灯Lへの出力接点とすると〈図05-01〉のような回路になる。NOT回路は電磁リレーのコイルを含む入力回路と、電磁リレーのブレーク接点を含む出力回路で構成される。実際の制御回路のなかでは入力が複数の接点で構成されることもあれば、出力接点がほかの接点と組み合わされることもある。

回路の動作を検証してみると、押しボタンスイッチBSを押していない状態では、スイッチの接点が開路していて電磁リレーRが復帰しているため、リレーRのブレーク接点R-bは閉路していて、表示灯Lが点灯している。押しボタンスイッチBSを押してスイッチの接点を閉路にすると、電磁リレーRが動作する。これによりリレーRのブレーク接点R-bが開路し、表示灯Lが消灯する。押しボタンスイッチBSを戻せば電磁リレーがRが復帰して、ブレーク接点R-bが閉路するので、表示灯Lが点灯する。

NOT回路の**動作表**は〈表05-02〉のようになる。単純明快に入力が反転されて出力されるので、入力が〔0〕であれば〔1〕が出力され、入力が〔1〕であれば〔0〕が出力される。〈図05-03〉のように**タイムチャート**も非常に単純明快だ。

◆NOT回路の動作表 〈表05-02〉

入力	出力
BS1	L
0	1
1	0

入力：1＝閉路、0＝開路
出力：1＝点灯、0＝消灯

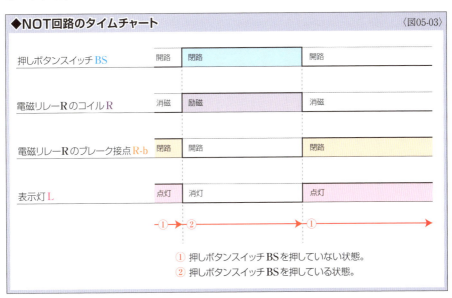

◆NOT回路のタイムチャート 〈図05-03〉

① 押しボタンスイッチBSを押していない状態。
② 押しボタンスイッチBSを押している状態。

Chapter 04 Section 06
NAND回路

［すべての入力がONの時にだけOFFを出力する］

　NAND回路とは、複数の入力のすべてがONの時にだけOFFを出力する回路だ。通常、「ナンド回路」と読む。AND回路の出力をNOT回路で反転させたものなので、NOT-ANDを略してNAND回路と名づけられている。論理積回路を否定している回路なので論理積否定回路ともいう。

▶NAND回路の構成と動作・・・・・・・・・・・・・・・・・・・・・

　NAND回路は、NOT回路の入力をAND回路にしたものだ。電磁リレーのAND回路（P114〈図03-02〉参照）の出力接点をブレーク接点にしたものだともいえる。〈図06-01〉のように、押しボタンスイッチBS1とBS2のメーク接点を直列にして電磁リレーRを制御し、その電磁リレーのブレーク接点R-bを出力接点にすれば、NAND回路になる。

　回路の動作を検証してみると、どちらの押しボタンスイッチも押していない状態では、電磁リレーRが復帰しているため、リレーRのブレーク接点R-bは閉路していて、表示灯Lが

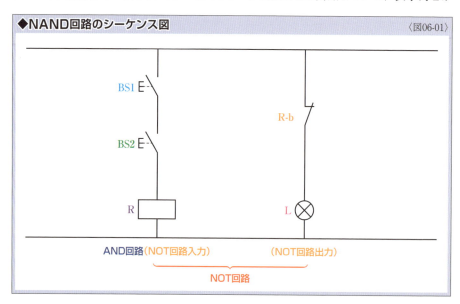

◆NAND回路のシーケンス図　　　　　　　　　　　〈図06-01〉

点灯している。押しボタンスイッチBS1だけを押して接点を閉路にしても、押しボタンスイッチBS2の接点が開路であるため、電磁リレーRは動作せず、表示灯Lは点灯している。逆に押しボタンスイッチBS2だけを押して接点を閉路にしても、押しボタンスイッチBS1の接点が開路であるため、やはり表示灯Lは点灯している。電磁リレーRを動作させて表示灯Lを消灯させるためには、BS1とBS2の両方を閉路にする必要がある。

NAND回路の**動作表**は〈表06-02〉のようになる。2入力の組み合わせは4種類あるが、出力Lが〔0〕になるのは、BS1およびBS2のどちらもが〔1〕の時だけだ。AND回路の動作表（P115〈表03-03〉参照）と比較してみると、出力の〔1〕と〔0〕が反転しているのがわかる。

NAND回路の**タイムチャート**は〈図06-03〉のようになる。タイムチャートを見ると、電磁リレーRの動作がAND回路の出力になっているのがわかる。この出力がリレーのブレーク接点R-bで反転されているわけだ。

ここでは2入力のNAND回路で説明したが、入力が3つ以上の場合もすべてメーク接点を直列にしたうえで反転すればNAND回路が構成される。

◆NAND回路の動作表 〈表06-02〉

入力		出力
BS1	BS2	L
0	0	1
0	1	1
1	0	1
1	1	0

入力：1＝閉路、0＝開路
出力：1＝点灯、0＝消灯

◆NAND回路のタイムチャート 〈図06-03〉

① BS1を押す。BS1を戻す。
② BS1を押してからBS2を押す。BS2を戻してからBS1を戻す。
③ BS1を押してからBS2を押す。BS1を戻してからBS2を戻す。
④ BS2を押す。BS2を戻す。
⑤ BS2を押してからBS1を押す。BS1を戻してからBS2を戻す。
⑥ BS2を押してからBS1を押す。BS2を戻してからBS1を戻す。

Chapter 04 Section 07
NOR回路

［いずれかの入力がONならばOFFを出力する］

　NOR回路とは、複数の入力のうち少なくとも1つがONになると、OFFを出力する回路だ。通常、「**ノア回路**」と読む。英語のNORには、「neitherまたはnotとともに用いて、…もまた…ない」という意味があるが、**OR回路**の出力を**NOT回路**で反転させたものなので、NOT-ORを略してNOR回路と名づけられていると覚えたほうがわかりやすい。**論理和回路**を否定している回路なので**論理和否定回路**ともいう。

▶NOR回路の構成と動作

　NOR回路は、**NOT回路**の入力を**OR回路**にしたものだ。電磁リレーのOR回路（P116〈図04-02〉参照）の**出力接点**を**ブレーク接点**にしたものだともいえる。〈図07-01〉のように、押しボタンスイッチBS1とBS2のメーク接点を**並列**にして電磁リレーRを制御し、その電磁リレーのブレーク接点R-bを出力接点にすれば、NOR回路になる。

　回路の動作を検証してみると、どちらの押しボタンスイッチも押していない状態では、電磁

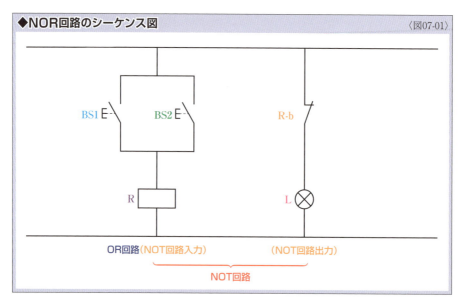

◆NOR回路のシーケンス図　　　　　　　　　　　　　　〈図07-01〉

リレーRが復帰しているため、リレーRのブレーク接点R-bは閉路していて、表示灯Lが点灯している。押しボタンスイッチBS1だけを押して接点を閉路にすると、電磁リレーRは動作して表示灯Lが消灯する。押しボタンスイッチBS2を押した場合は、電流の流れる経路が異なるが、電磁リレーRが動作して、表示灯Lが消灯する。もちろん、両方の押しボタンスイッチを押した場合も表示灯Lが消灯する。

NOR回路の**動作表**は〈表07-02〉のようになる。2入力の組み合わせは4種類あるが、出力Lが〔1〕になるのは、BS1およびBS2のどちらもが〔0〕の時だけだ。OR回路の動作表（P117〈表04-03〉参照）と比較してみると、出力の〔1〕と〔0〕が反転しているのがわかる。

NOR回路の**タイムチャート**は〈図07-03〉のようになる。タイムチャートを見ると、電磁リレーRの動作がOR回路の出力になっているのがわかる。この出力がリレーのブレーク接点R-bで反転されているわけだ。

ここでは2入力のNOR回路で説明したが、入力が3つ以上の場合もすべてメーク接点を並列にしたうえで反転すればNOR回路が構成される。

◆NOR回路の動作表　〈表07-02〉

入力		出力
BS1	BS2	L
0	0	1
0	1	0
1	0	0
1	1	0

入力：1=閉路、0=開路
出力：1=点灯、0=消灯

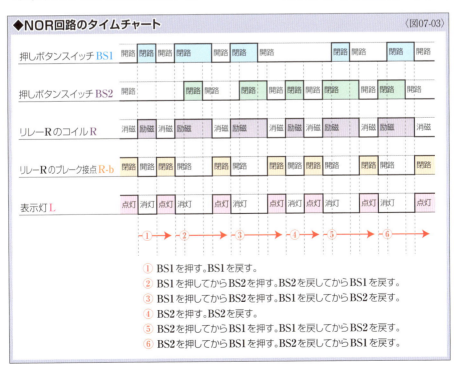

◆NOR回路のタイムチャート　〈図07-03〉

① BS1を押す。BS1を戻す。
② BS1を押してからBS2を押す。BS2を戻してからBS1を戻す。
③ BS1を押してからBS2を押す。BS1を戻してからBS2を戻す。
④ BS2を押す。BS2を戻す。
⑤ BS2を押してからBS1を押す。BS1を戻してからBS2を戻す。
⑥ BS2を押してからBS1を押す。BS2を戻してからBS1を戻す。

Chapter 04 Section 08
禁止回路

[禁止入力がある間は出力がONにならない]

禁止回路とは、複数の入力のうち**禁止入力**に設定した入力がONの間は、他の入力がONになっても出力がOFFになる回路だ。**インヒビット回路**とも呼ばれる。インヒビットは英語で抑制や抑止を意味するが、INHIBIT回路と表記されることはほとんどない。また、論理学の用語では「非含意」や「逆非含意」に相当するといえるが、これらの用語が回路名に使われることはない。

▶禁止回路の構成と動作

禁止回路は、AND回路の入力に禁止入力としてNOT回路を組み合わせたものだ。通常のAND回路はメーク接点の直列だが、禁止入力はブレーク接点になる。押しボタンスイッチBS1とBS2のうち、BS2を禁止入力に設定すると、〈図08-01〉のような回路になる。押しボタンスイッチBS1は電磁リレーR1の**ON回路**の入力になり、押しボタンスイッチBS2は電磁リレーR2のNOT回路の入力になる。それぞれの出力接点であるR1-mとR2-bを直

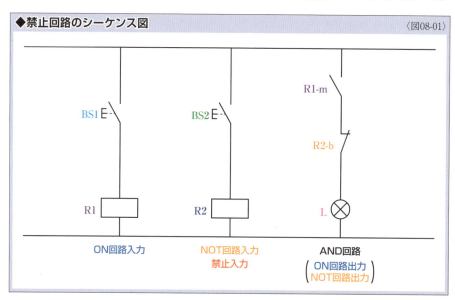

◆禁止回路のシーケンス図　〈図08-01〉

列のAND回路にして負荷である表示灯Lにつなげば禁止回路になる。

　回路の動作を検証してみると、どちらの押しボタンスイッチも押していない状態では、メーク接点R1-mが開路しているので表示灯Lは点灯しない。押しボタンスイッチBS1だけを押してR1-mを閉路にすると、表示灯Lが点灯する。押しボタンスイッチBS2を押すと、ブレーク接点R2-bが開路するので、表示灯Lは点灯しない。この状態で押しボタンスイッチBS1を押してR1-mを閉路にしても、R2-bが開路しているので、表示灯Lは点灯しない。

　禁止回路の**動作表**は〈表08-02〉のようになる。禁止入力であるBS2が〔1〕だと、出力は常に〔0〕になる。出力Lが〔1〕になるのは、BS1が〔1〕でBS2が〔0〕の時だけだ。禁止回路の**タイムチャート**は〈図08-03〉のようになる。

　3つ以上の入力でも禁止回路を構成できる。たとえば入力が3つの場合、AND回路の部分をメーク接点－メーク接点－ブレーク接点とすれば、ブレーク接点への入力が禁止入力になる。また、メーク接点－ブレーク接点－ブレーク接点とすれば、禁止入力を2つ備えた回路になる。

◆禁止回路の動作表　〈表08-02〉

入力		出力
BS1	BS2	L
0	0	0
0	1	0
1	0	1
1	1	0

入力：1＝閉路、0＝開路
出力：1＝点灯、0＝消灯

◆禁止回路のタイムチャート　〈図08-03〉

① BS1を押す。BS1を戻す。
② BS1を押してからBS2を押す。BS2を戻してからBS1を戻す。
③ BS1を押してからBS2を押す。BS1を戻してからBS2を戻す。
④ BS2を押す。BS2を戻す。
⑤ BS2を押してからBS1を押す。BS1を戻してからBS2を戻す。
⑥ BS2を押してからBS1を押す。BS2を戻してからBS1を戻す。

Chapter 04 | Section 09
不一致回路

［複数の入力が不一致の時にONを出力する］

　不一致回路とは、複数の入力の不一致を検出する回路だ。入力が2つの場合、それぞれがONとOFFならばONを出力する。**反一致回路**ともいう。OR回路に似ているが、2つの入力が両方ともONの時に出力がOFFになることがOR回路と異なる。論理学ではこれを排他的論理和というため、**排他的論理和回路**や**排他的OR回路**ともいう。英語ではExclusive ORというため、これを略して**EX-OR回路**や**EOR回路**、**XOR回路**ともいう。

▶不一致回路の構成

　不一致回路は、**禁止入力**を入れかえた2つの**禁止回路**を**並列**にしたものだといえるが、この考え方だと不一致回路の動作が理解しにくい。**AND回路**は入力がONで一致していることを検出する回路だといえるが、一方の入力のメーク接点ともう一方の入力のブレーク接点を直列にしてAND回路を構成することで、両入力の不一致を検出していると考えたほう

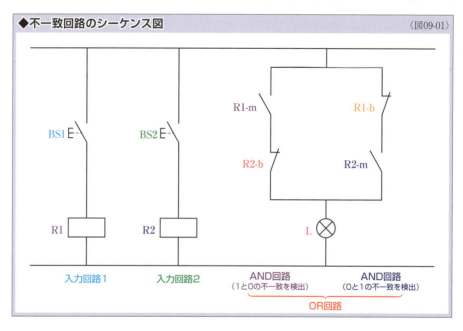

◆不一致回路のシーケンス図　〈図09-01〉

がわかりやすい。〈図09-01〉のような不一致回路の場合、並列部分の左側はR1のメーク接点R1-mとR2のブレーク接点R2-bで、BS1の〔1〕とBS2の〔0〕という不一致を検出している。並列部分の右側はBS1の〔0〕とBS2の〔1〕という不一致を検出している。この2つの検出結果を並列にして、**OR回路**を構成させることで2種類の不一致の組み合わせの際にONが出力されるようにしている。それぞれの動作については、次ページで説明する。

不一致回路の**動作表**は〈表09-02〉のようになる。OR回路の動作表（P117〈表04-03〉参照）と比較してみると、入力が〔1〕と〔1〕の時の出力が異なっているのがわかる。また、不一致回路の**タイムチャート**は〈図09-03〉のようになる。

なお、不一致回路は次のSectionで説明する**一致回路**（P130参照）を**NOT回路**で反転させることでも成立する。また、3つ以上の入力でも不一致回路を構成することができるが、回路はさらに複雑になる。

◆**不一致回路の動作表** 〈表09-02〉

入力		出力
BS1	BS2	L
0	0	0
0	1	1
1	0	1
1	1	0

入力：1＝閉路、0＝開路
出力：1＝点灯、0＝消灯

◆不一致回路のタイムチャート 〈図09-03〉

① BS1を押す。BS1を戻す。
② BS1を押してからBS2を押す。BS2を戻してからBS1を戻す。
③ BS1を押してからBS2を押す。BS1を戻してからBS2を戻す。
④ BS2を押す。BS2を戻す。
⑤ BS2を押してからBS1を押す。BS1を戻してからBS2を戻す。
⑥ BS2を押してからBS1を押す。BS2を戻してからBS1を戻す。

▶不一致回路の動作

〈図09-01〉のような2入力の**不一致回路**は、押しボタンスイッチによる入力の〔0/1〕の組み合わせによって4種類の動作をすることになる。

▶BS1=〔0〕、BS2=〔0〕の時 （入力一致）

どちらの押しボタンスイッチも押していない状態では、並列部分のメーク接点R1-mとR2-mが開路しているので表示灯Lは点灯しない。入力は〔0〕で一致している。

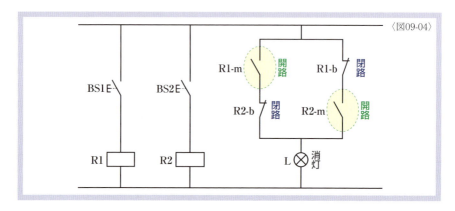

〈図09-04〉

▶BS1=〔1〕、BS2=〔0〕の時 （入力不一致）

押しボタンスイッチBS1だけを押すと、電磁リレーR1が動作しメーク接点R1-mが閉路になる。電磁リレーR2のブレーク接点R2-bは閉路のままであるため、並列部分の左側を電流が流れて表示灯Lが点灯する。並列部分（OR回路）の左側で入力の不一致を検出している。この時、ブレーク接点R1-bも開路になるが、電流の流れる経路には影響を与えない。

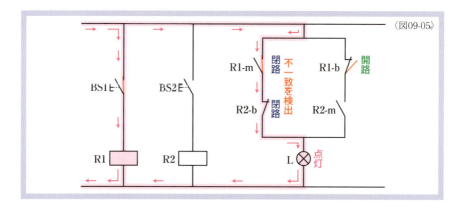

〈図09-05〉

▶BS1=〔0〕、BS2=〔1〕の時 （入力不一致）

　押しボタンスイッチBS2だけを押すと、電磁リレーR2が動作しメーク接点R2-mが閉路になる。電磁リレーR1のブレーク接点R1-bは閉路のままであるため、並列部分の右側を電流が流れて表示灯Lが点灯する。並列部分（OR回路）の右側で入力の不一致を検出している。この時、ブレーク接点R2-bも開路になるが、電流の流れる経路には影響を与えない。

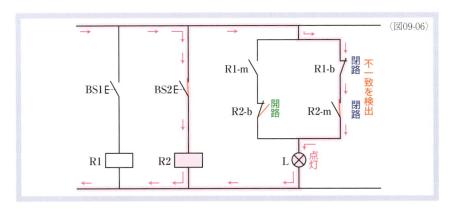

〈図09-06〉

▶BS1=〔1〕、BS2=〔1〕の時 （入力一致）

　押しボタンスイッチを両方とも押すと、電磁リレーR1とR2が動作する。並列部分の左側ではメーク接点R1-mが閉路になるが、ブレーク接点R2-bは開路になるため、電流は流れない。同様に、並列部分の右側ではメーク接点R2-mが閉路になるが、ブレーク接点R1-bが開路になるため、電流は流れない。結果、表示灯Lは点灯しない。入力は〔1〕で一致している。以上のように、不一致回路は入力が一致している状態では出力が〔0〕になり、入力が不一致になると出力が〔1〕になる。

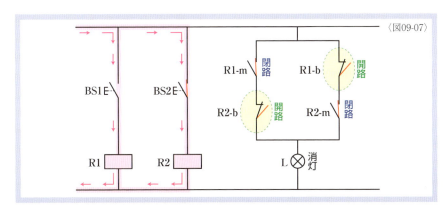

〈図09-07〉

Chapter 04 | Section 10
一致回路

［複数の入力が一致するとONを出力する］

　一致回路とは、複数の入力の一致を検出する回路だ。入力が2つの場合、それぞれがONとONまたはOFFとOFFならばONを出力する。AND回路に似ているが、2つの入力が両方ともOFFの時に出力がONになることがAND回路と異なる。不一致回路を反転したものだといえるため、**否定排他的論理和回路**や**否定排他的OR回路**ともいう。Exclusive NORを略して**EX-NOR回路**や**ENOR回路**、**XNOR回路**ともいう。

▶一致回路の構成

　不一致回路は**AND回路**で不一致を検出し、その結果を**OR回路**でまとめているが、**一致回路**はAND回路で一致を検出し、その結果をOR回路でまとめている。〈図10-01〉のような一致回路の場合、並列部分の左側はR1のメーク接点R1-mとR2のメーク接点R2-mで、BS1の〔1〕とBS2の〔1〕という一致を検出している。この部分はまさしくAND回路そのも

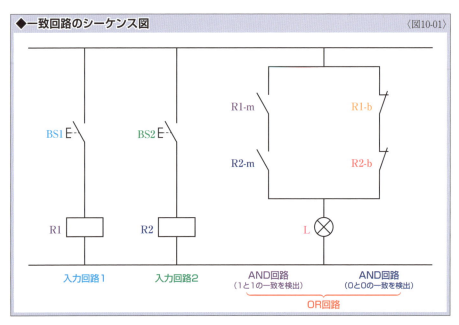

◆一致回路のシーケンス図　〈図10-01〉

のだ。いっぽう、並列部分の右側はR1のブレーク接点R1-bとR2のブレーク接点R2-bによるAND回路で、BS1の〔0〕とBS2の〔0〕という一致を検出している。この2つの検出結果を並列にして、**OR回路**を構成させることで2種類の一致の組み合わせの際にONが出力されるようにしている。それぞれの動作については、次ページで説明する。

一致回路の**動作表**は〈表10-02〉のようになる。AND回路の動作表（P115〈表03-03〉参照）と比較してみると、入力が〔0〕と〔0〕の時の出力が異なっているのがわかる。また、一致回路の**タイムチャート**は〈図10-03〉のようになる。

入力が3つ以上でも一致回路は構成できる。すべての入力のメーク接点を直列にしたAND回路と、すべての入力のブレーク接点を直列にしたAND回路とを並列にしてOR回路を構成すればよい。また、一致回路は**不一致回路**を**NOT回路**で反転させることでも成立する。

◆一致回路の動作表　〈表10-02〉

入力		出力
BS1	BS2	L
0	0	1
0	1	0
1	0	0
1	1	1

入力：1＝閉路、0＝開路
出力：1＝点灯、0＝消灯

◆一致回路のタイムチャート　〈図10-03〉

① BS1を押す。BS1を戻す。
② BS1を押してからBS2を押す。BS2を戻してからBS1を戻す。
③ BS1を押してからBS2を押す。BS1を戻してからBS2を戻す。
④ BS2を押す。BS2を戻す。
⑤ BS2を押してからBS1を押す。BS1を戻してからBS2を戻す。
⑥ BS2を押してからBS1を押す。BS2を戻してからBS1を戻す。

▶一致回路の動作

〈図10-01〉のような2入力の**一致回路**は、押しボタンスイッチによる入力の〔0/1〕の組み合わせによって4種類の動作をすることになる。

▶BS1＝〔0〕、BS2＝〔0〕の時　（入力一致）

どちらの押しボタンスイッチも押していない状態では、どちらの電磁リレーも復帰しているため、並列部分の右側のブレーク接点R1-bとR2-bが閉路しているので表示灯Lは点灯している。並列部分（OR回路）の右側で、入力〔0〕の一致を検出していることになる。

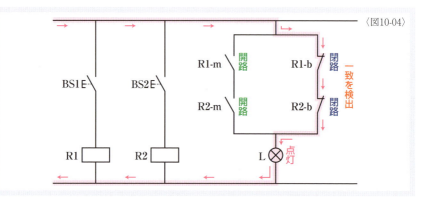

〈図10-04〉

▶BS1＝〔1〕、BS2＝〔0〕の時　（入力不一致）

押しボタンスイッチBS1だけを押すと、電磁リレーR1のメーク接点R1-mが閉路になるが、電磁リレーR2のメーク接点R2-mは開路のままであるため、並列部分の左側は電流が流れない。並列部分の右側ではR2-bは閉路だが、R1-bが開路するため電流が流れない。

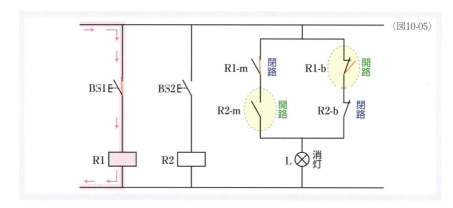

〈図10-05〉

▶BS1＝〔0〕、BS2＝〔1〕の時 （入力不一致）

　押しボタンスイッチBS2だけを押すと、電磁リレーR2のメーク接点R2-mが閉路になるが、電磁リレーR1のメーク接点R1-mは開路のままであるため、並列部分の左側は電流が流れない。並列部分の右側ではR1-bは閉路だが、R2-bが開路するため電流が流れない。

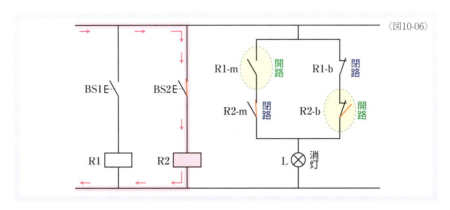

〈図10-06〉

▶BS1＝〔1〕、BS2＝〔1〕の時 （入力一致）

　押しボタンスイッチを両方とも押すと、電磁リレーR1とR2が動作する。並列部分の左側ではメーク接点R1-mとR2-mがともに閉路になり、表示灯Lに電流が流れて点灯する。並列部分（OR回路）の左側で、入力〔1〕の一致を検出していることになる。電流が流れている部分は、通常のAND回路と同じ構成になっている。この時、並列部分の右側ではブレーク接点R1-bとR2-bがともに開路になるが、電流の流れる経路には影響を与えない。以上のように、一致回路は入力が一致している状態では出力が〔1〕になり、入力が不一致になると出力が〔0〕になる。

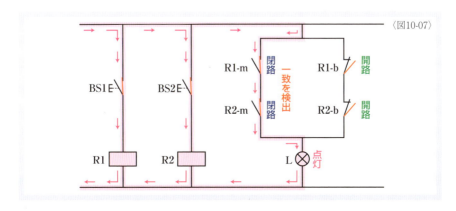

〈図10-07〉

133

COLUMN

論理回路のまとめ

ここまでは入力と出力を横に並べた**動作表**(**真理値表**)で論理回路を説明してきたが、2入力の論理回路の場合は以下のように入力を**行**と**列**で格子状に示すこともできる。こうした動作表のほうが、論理回路の相互関係が図形的に把握でき、比較しやすいという考え方もある。

Chapter
05

自己保持回路

Section 01：自己保持回路 ・・・・・・・・・ 136

Section 02：復帰優先形自己保持回路 ・・・・・・ 138

Section 03：動作優先形自己保持回路 ・・・・・・ 144

Section 04：自己保持回路の多ステップ化 ・・・ 148

Section 05：自己保持回路の接点の増設 ・・・・ 154

Section 06：論理回路で操作する自己保持回路 ・・ 156

Section 07：寸動回路 ・・・・・・・・・・・・ 160

Chapter 05 | Section 01
自己保持回路

[電磁リレーが自身の接点で動作状態を保持する]

押しボタンスイッチで**電磁リレー**を操作する回路は、スイッチを押せばリレーを動作させられるが、スイッチを戻せば復帰する。これは**手動制御**でしかない。**自動制御**を行うためには、スイッチから手を離しても電磁リレーの**動作**が保持される必要がある。そのために使われる回路が**自己保持回路**だ。ほとんどのシーケンス制御回路に使われている。電磁リレーが動作状態を記憶することになるため、**記憶回路**ともいう。自己保持回路と、電磁リレーが備える**信号の伝達**という機能によって、多くの動作を行う**多ステップ**の自動制御が可能になる。また、自己保持回路は自動制御の**フェールセーフ**や**フールプルーフ**にも貢献している。

▶ 自己保持回路の基本形

自己保持回路の基本形は、電磁リレーの**入力接点**と並列にそのリレーの**メーク接点**を備えたものだ。たとえば〈図01-01〉のように、押しボタンスイッチで操作する電磁リレーRの入力接点BS1と並列に電磁リレーRのメーク接点R-m1を備えれば自己保持回路になる。接点R-m1を**自己保持接点**や**保持用接点**といい、接点BS1を**自己保持開始接点**という。また、通常の電磁リレーの基本接点回路に加えられた部分を**保持回路**や**バイパス回路**という。

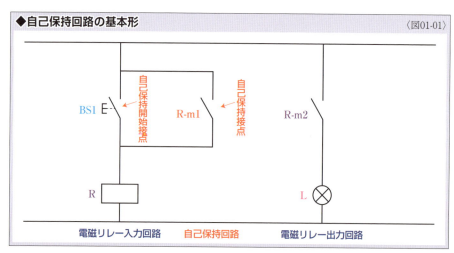

◆自己保持回路の基本形　〈図01-01〉

▶自己保持の開始

①押しボタンスイッチBSを押すと、②**自己保持開始接点**であるメーク接点BS1が閉路し、③電磁リレーのコイルRが励磁されて、各接点が動作する。④出力接点R-m2が閉路するので、⑤表示灯Lが点灯する。同時に、⑥**自己保持接点**R-m1が閉路するので、バイパス経路を電流が流れるようになり、自己保持が開始される。

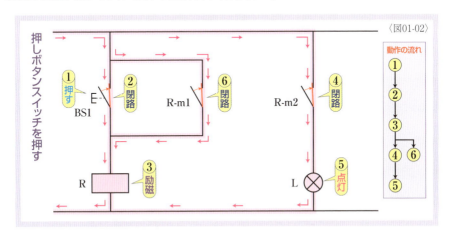

〈図01-02〉

▶自己保持の完了

⑦押しボタンスイッチBS1を戻すと、⑧**自己保持開始接点**は開路するが、バイパス経路を電流が流れているため、電磁リレーRは復帰せず、動作状態が続く。これにより電磁リレーRは自身のメーク接点R-m1で自己保持していることになる。ただし、この回路では電磁リレーRを復帰させることができないので、復帰させるための回路が必要になる。

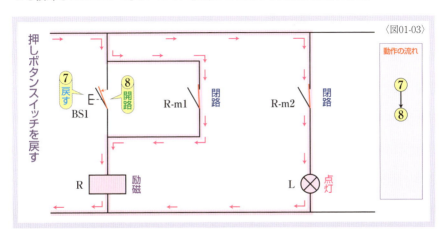

〈図01-03〉

Chapter 05 Section 02
復帰優先形自己保持回路

［電磁リレーの復帰が優先される自己保持回路］

　自己保持状態にあり、動作状態が保たれている電磁リレーを復帰させることを、自己保持を解除するとか**リセット**するとかいう。自己保持を解除できる**自己保持回路**にはいくつかの種類があるが、シーケンス制御でもっとも多用されているのが**復帰優先形自己保持回路**だ。**リセット優先形自己保持回路**や**停止優先形自己保持回路**ともいう。なお、リセットに対して、自己保持回路を自己保持状態にすることを**セット**ともいう。

▶復帰優先形自己保持回路の構成

　復帰優先形自己保持回路では、電磁リレーを制御する回路のうち、**自己保持接点**を含む並列の部分以外に**自己保持解除接点**としてブレーク接点を配置する。たとえば、電磁リレーRの自己保持回路の場合、〈図02-01〉のような位置にブレーク接点の押しボタンスイッチBS2を配置すれば復帰優先形自己保持回路になる。ここではBS1が自己保持の**セットスイッチ**になり、BS2が自己保持の**リセットスイッチ**になる。セットスイッチBS1を押すと、自

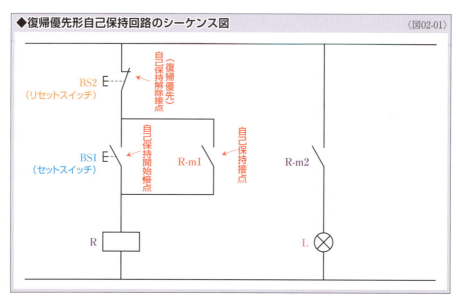

◆復帰優先形自己保持回路のシーケンス図　〈図02-01〉

己保持が開始されて、表示灯Lが点灯する。ボタンを押すのは一瞬でもかまわない。BS1を戻しても自己保持状態が続くが、リセットスイッチBS2を押すと、自己保持が解除され、表示灯Lが消灯する（各段階の動作は次ページで説明）。こうした通常の使い方をした場合の**タイムチャート**が〈図02-02〉の①の部分だ。なお、タイムチャートを見る際にはリセットスイッチBS2に注意が必要だ。セットスイッチBS1はメーク接点なので押すと閉路してグラフが高くなるが、リセットスイッチBS2はブレーク接点なので押すと開路してグラフが低い位置になる。

また、復帰優先形自己保持回路は、セットスイッチとリセットスイッチを同時に押すと、自己保持は行われず、電磁リレーは復帰状態が保たれる。電磁リレーの動作より復帰が優先されるため、復帰優先形というわけだ。たとえば、タイムチャートの②の部分のように、先にリセットスイッチBS2を押しておけば、セットスイッチBS1を押しても電磁リレーRは動作しない。また、タイムチャートの③の部分のように、自己保持を開始させるためにセットスイッチBS1を押し続けていても、リセットスイッチBS2を押せば自己保持は解除される。ただし、タイムチャートの④の部分のように、両方のスイッチを押していても、先にリセットスイッチBS2を戻せば、自己保持が開始されることになる。

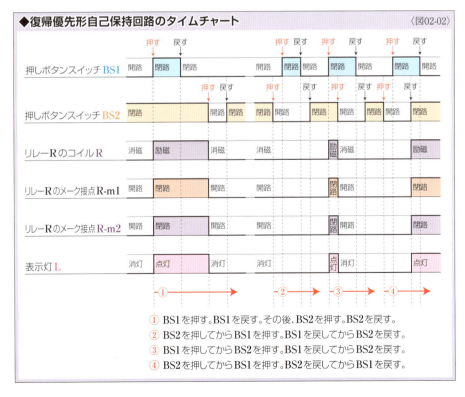

◆復帰優先形自己保持回路のタイムチャート　〈図02-02〉

① BS1を押す。BS1を戻す。その後、BS2を押す。BS2を戻す。
② BS2を押してからBS1を押す。BS1を戻してからBS2を戻す。
③ BS1を押してからBS2を押す。BS1を戻してからBS2を戻す。
④ BS2を押してからBS1を押す。BS2を戻してからBS1を戻す。

▶復帰優先形自己保持回路の動作

〈図02-01〉のような**復帰優先形自己保持回路**では、**セットスイッチ**と**リセットスイッチ**で自己保持の開始と解除を行うことになる。

▶セットスイッチBS１の操作（自己保持の開始と維持）

リセットスイッチBS2が加わっているが、自己保持回路の基本形（P137参照）と動作はまったく同じだ。〈図02-03〉のようにセットスイッチBS1を押せば自己保持が開始され、〈図02-04〉のようにセットスイッチBS1を戻しても自己保持状態が維持される。

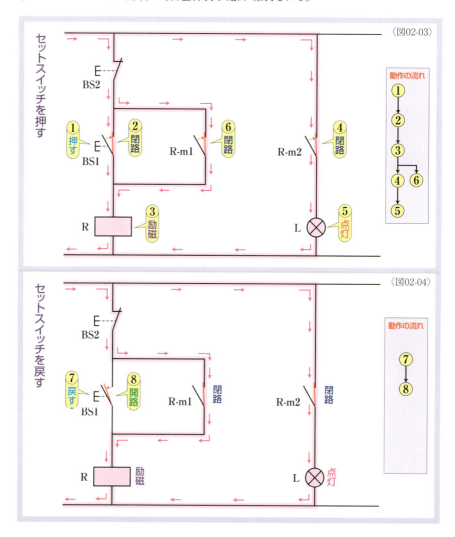

▶リセットスイッチBS2の操作(自己保持の解除)

　自己保持している状態で、①リセットスイッチBS2を押すと、〈図02-05〉のように、②ブレーク接点BS2が開路し、バイパス経路を電流が流れなくなり、③電磁リレーのコイルRが消磁される。これにより④出力接点R-m2が開路するので、⑤表示灯Lが消灯する。同時に、⑥自己保持接点R-m1が開路し、自己保持が解除される。

　⑦リセットスイッチBS2を戻すと、〈図02-06〉のように、⑧ブレーク接点BS2が閉路するが、並列部分のBS1とR-m1がともに開路しているため電流は流れず、電磁リレーRは復帰状態が保たれる。出力接点R-m2も開路したままなので表示灯Lは点灯しない。

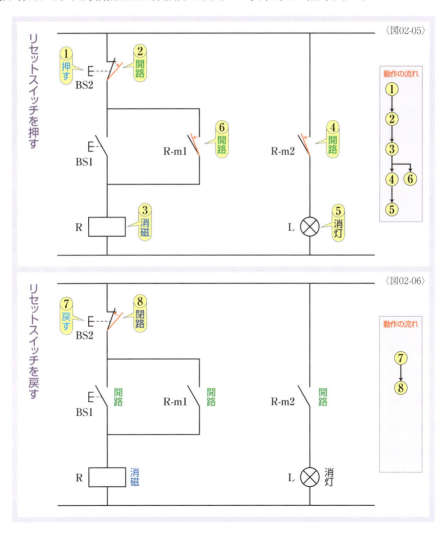

▶フェールセーフと自己保持回路

　自己保持回路は**自動制御**の多ステップ化(P148参照)に重要な役割を果たすが、**フェールセーフ**にも重要な役割を果たす。Chapter02で説明したように、操作用スイッチにはトグルスイッチやロッカースイッチといった**手動復帰形**(**オルタネイト形**)のスイッチがある。また、押しボタンスイッチにも手動復帰形のものがある。こうした**手動復帰形スイッチ**であれば、自己保持回路を使わなくても電磁リレーの動作状態を保持するすることができる。たとえば、138ページの〈図02-01〉の自己保持回路を、手動復帰形スイッチに置き換えると〈図02-07〉のような回路になる。〈図02-08〉のようにスイッチを操作して電磁リレーを動作させれば、スイッチから手を離しても動作状態が保持される。電磁リレーを復帰させる際には、再度スイッチを操作すればいい。手動復帰形スイッチにしたほうが、自己保持回路よりも部品点数が減り、回路もシンプルになるといったメリットがある。

　しかし、フェールセーフの観点からは手動復帰形スイッチには問題がある。異常や故障が起こっても危険が生じないようにするのがフェールセーフの基本的な考え方だ。たとえば、停電すると機械は停止するが、すぐに停電から復旧することもある。手動復帰形スイッチを使っていると、復旧と同時に機械がいきなり動作を再開してしまう。停電により中途半端な状態で停止した機械が、その状態から動作を再開すると危険なこともある。自己保持回路であれば、停電と同時に電磁リレーが復帰して自己保持接点が開路されるので、停電から復旧しても、機械が勝手に動作を再開することがない。安全を確保したうえで、機械の運転を再開できる。そのため、シーケンス制御回路では手動復帰形スイッチではなく、自動復帰形スイッチである押しボタンスイッチと自己保持回路の組み合わせが使われることが多い。

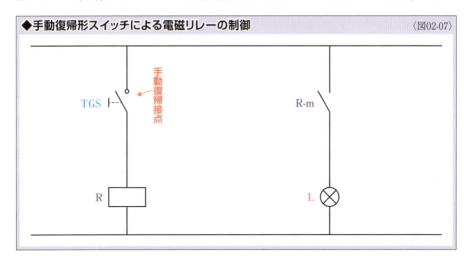

◆手動復帰形スイッチによる電磁リレーの制御　　〈図02-07〉

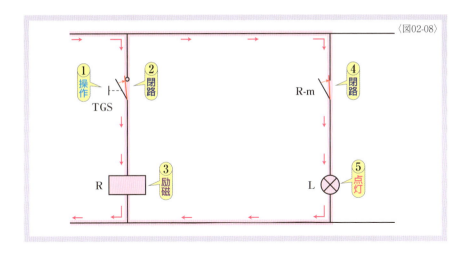

〈図02-08〉

▶フールプルーフと復帰優先形自己保持回路

　誤った操作をしても危険が生じないようにするのが**フールプルーフ**の基本的な考え方だ。ありえない操作に対しても安全を確保しなければならない。機械を緊急停止しなければならない時に、パニックにおちいると始動スイッチと停止スイッチの両方を押すことがあるかもしれない。こうした場合でも、**復帰優先形自己保持回路**であれば、セットスイッチよりリセットスイッチが優先されるため、機械を停止できる。〈図02-09〉のようにリセットスイッチを押してブレーク接点を開路にすれば、セットスイッチが閉路であっても、電磁リレーは復帰する。

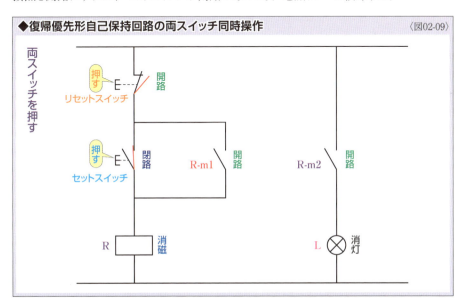

◆復帰優先形自己保持回路の両スイッチ同時操作　〈図02-09〉

Chapter 05 Section 03
動作優先形自己保持回路

［電磁リレーの動作が優先される自己保持回路］

　復帰優先形自己保持回路に対して、**セットスイッチ**と**リセットスイッチ**を同時に押すと電磁リレーの動作状態が保たれる**自己保持回路**を**動作優先形自己保持回路**という。**セット優先形自己保持回路**や**開始優先形自己保持回路**ともいう。前ページで説明したように、**フールプルーフ**には復帰優先形が適しているが、シーケンス制御回路のなかには異常を検出する回路のように動作を優先すべき回路もある。たとえば、警報装置を制御する回路であれば、動作状態を保持すべきなので、動作優先形自己保持回路を使う必要がある。

▶動作優先形自己保持回路の構成

　動作優先形自己保持回路では、自己保持回路のバイパス経路に**自己保持接点**と直列に**リセットスイッチ**のブレーク接点を配置する。このブレーク接点が**自己保持解除接点**になる。たとえば、電磁リレーRの自己保持回路の場合、〈図03-01〉のような位置にブレーク接点の押しボタンスイッチBS2を配置すれば動作優先形自己保持回路になる。ここではBS1が自己保持のセットスイッチになり、BS2が自己保持のリセットスイッチになる。

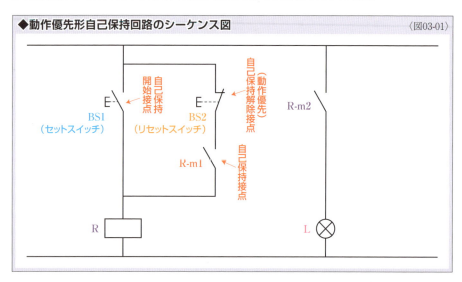

◆動作優先形自己保持回路のシーケンス図　〈図03-01〉

動作優先形自己保持回路の場合、セットスイッチBS1を押すと、自己保持が開始されて、表示灯Lが点灯し、BS1を戻しても自己保持状態が続く。リセットスイッチBS2を押すと、自己保持が解除され、表示灯Lが消灯する（各段階の動作は次ページで説明）。こうした通常の使い方をする場合は、復帰優先形自己保持回路の場合と違いはない。こうした通常の使い方が、〈図03-02〉の**タイムチャート**の①の部分だ。復帰優先形自己保持回路のタイムチャート〈図02-02〉の①の部分とまったく同じになっている（P139参照）。

　しかし、セットスイッチとリセットスイッチが同時に押された場合の動作は動作優先形自己保持回路と復帰優先形自己保持回路では異なったものになる。セットスイッチとリセットスイッチを同時に押すと、動作優先形ではセットスイッチの操作が優先される。たとえば、タイムチャートの②や④の部分のように、先にリセットスイッチBS2を押していても、セットスイッチBS1を押せば電磁リレーRは動作を開始する。また、タイムチャートの③の部分のように、セットスイッチBS1を押し続けていれば、リセットスイッチBS2を押しても電磁リレーRは動作の状態が続く。ただし、②の後半部分のように両方のスイッチを押していても、先にセットスイッチBS1を戻せば、リセットスイッチBS2によって電磁リレーRを復帰させることができる。

◆復帰優先形自己保持回路のタイムチャート　〈図03-02〉

① BS1を押す。BS1を戻す。その後、BS2を押す。BS2を戻す。
② BS2を押してからBS1を押す。BS1を戻してからBS2を戻す。
③ BS1を押してからBS2を押す。BS1を戻してからBS2を戻す。
④ BS2を押してからBS1を押す。BS2を戻してからBS1を戻す。

▶動作優先形自己保持回路の動作

〈図03-01〉のような**動作優先形自己保持回路**では、**セットスイッチ**と**リセットスイッチ**で自己保持の開始と解除を行うことになる。リセットスイッチBS2の位置が異なるが、通常の操作を行った場合の動作は復帰優先形自己保持回路とまったく同じだ。両方のスイッチを同時に操作した場合にのみ、復帰優先形と動作が異なる。

▶セットスイッチBS1の操作（自己保持の開始と維持）

〈図03-03〉のようにセットスイッチBS1を押せば自己保持が開始され、〈図03-04〉のようにセットスイッチBS1を戻しても自己保持状態が維持される。

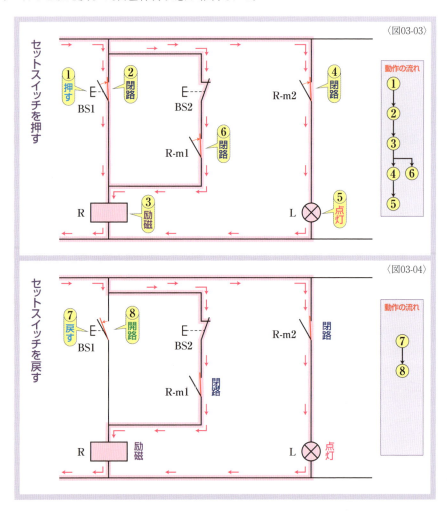

▶リセットスイッチBS2の操作（自己保持の解除）

　自己保持の解除の場合も、復帰優先形と同じように動作する。〈図03-05〉のようにリセットスイッチBS2を押せば自己保持が解除される。図は省略するが、リセットスイッチBS2を戻してもそのまま電磁リレーは復帰状態が維持される。

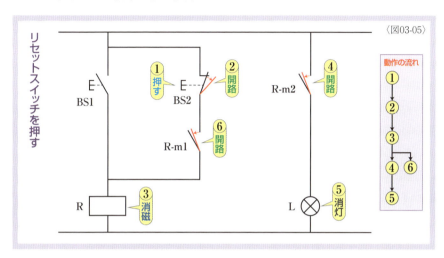

▶セットスイッチBS1とリセットスイッチBS2の同時操作

　両方のスイッチを押していると、リセットスイッチBS2が開路するので、バイパス経路は電流が流れないが、セットスイッチBS1が閉路するので、電磁リレーのコイルRに電流が流れて、動作状態になる。復帰ではなく、動作が優先されているのがわかる。

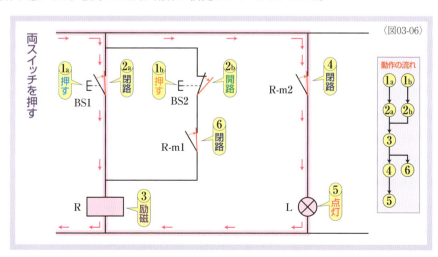

Chapter 05 | Section 04
自己保持回路の多ステップ化

［1つの自己保持回路が1つのステップを担当する］

　1つだけの動作を行うシーケンス制御もあるが、一般的には複数の動作が行われる。たとえば、工場の生産ラインであれば、A地点に置いた素材をB地点に移動させ、そこで加工が行われ、加工が終了したらC地点に移動させるといった具合に、複数の動作が連続して自動的に行われる。こうしたそれぞれの動作を**ステップ**といい、シーケンス制御は多くの場合、**多ステップ**になっている。最初のステップから最後のステップまでの一連の運転を**1サイクル運転**という。また、1サイクル運転後にスタート時の状態まで戻って終了する自動運転を**自動サイクル運転**といい、これを連続して行う自動運転を**連続サイクル運転**という。

　シーケンス制御のそれぞれのステップは、基本的に電磁リレーの**自己保持回路**にされている。1ステップが終了するごとに、次のステップを行う自己保持回路につないでいくことで、多ステップのシーケンス制御が可能になる。制御の内容によっては、複数のステップが並行して行われることもある。

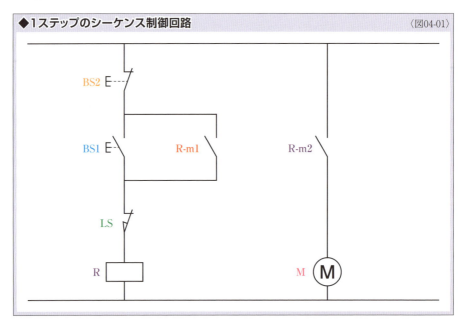

◆1ステップのシーケンス制御回路　〈図04-01〉

▶1ステップの自動制御回路

1ステップのシーケンス制御が行われることはあまりないが、たとえば〈図04-01〉のような対象物をA地点からB地点に電動機Mで移動させる自動制御が考えられる。復帰優先形自己保持回路にB地点への到達を検出するブレーク接点のリミットスイッチLSを加えたものだ。

始動スイッチBS1を押すと、電磁リレーRが動作し、接点R-m2が閉路することで電動機が動作を始める。同時に、接点R-m1が閉路することで電磁リレーの自己保持が開始されるので、始動スイッチを戻しても電動機は動作を続ける。対象物がB地点に到達すると、リミットスイッチLSが開路するので、自己保持が解除され、電動機が停止する。停止スイッチBS2を備えているが、これは作業中に緊急停止が必要になった場合に備えたものだ。停止スイッチを使わなくても、運転は自動的に終了される。

▶自己保持回路の機能拡張

自己保持回路は接点が追加されることで機能が拡張される。接点を追加する位置は、〈図04-02〉のように5カ所が考えられる。

①と③の位置は、どちらも自己保持回路全体の動作を決定する位置だ。この位置にある接点を開路すれば、電磁リレーRは必ず復帰する。

②の位置は、自己保持の開始を決定する位置だ。①と③の位置にある接点が閉路している状態で、②の位置にある接点を閉路すれば、自己保持を開始させることができる。

④と⑤の位置は、どちらも自己保持の続行を決定する位置だ。この位置にある接点を開路すると、自己保持が解除されるが、①、②、③の位置の接点が閉路であれば、電磁リレーRは動作する。

それぞれの位置に備えられる接点は1つとは限らない。**論理回路**のように複数の接点が直列や並列で組み合わされることもある。

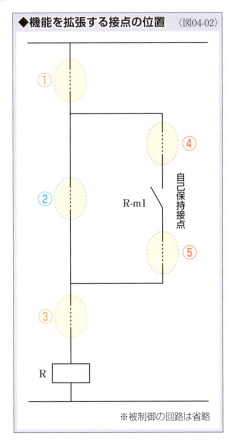

◆機能を拡張する接点の位置　〈図04-02〉

※被制御の回路は省略

▶自己保持回路のつなぎ方

自己保持回路をつないでシーケンス制御を**多ステップ**化するつなぎ方にはさまざまなものがあるが、たとえば〈図04-03〉のような回路を考えることができる。このシーケンス図は、シーケンス制御回路の一部を抜き出したもので、この前にはステップW、後にはステップZが存在している。また、図はシーケンス図の制御回路の部分であり、被制御の回路のグループは省略してある。個々の電磁リレーの接点はそれぞれに駆動装置などを制御している。

ステップYを中心に見ると、ステップYの自己保持の開始を決定する位置にあるのが接点LSyとRx-m2だ。この2つの接点はAND回路の関係にあり、両方の接点が閉路しなければ自己保持は開始されない。接点Rx-m2は、前のステップであるステップXの電磁リレーRxの接点であり、ステップXの進行中に閉路して、つなぎの準備をすることになる。いっぽう、リミットスイッチLSyはステップXの動作の完了を検出する。ステップYの開始の許可を行うともいえる。この接点LSyが閉路しなければ、ステップYの自己保持は開始されない。

ステップYの自己保持を解除するのがブレーク接点Rz-bだ。接点Rz-bは、次のステップであるステップZの電磁リレーRzの接点であり、ステップZが開始されると開路して、ステップYを終わらせる。

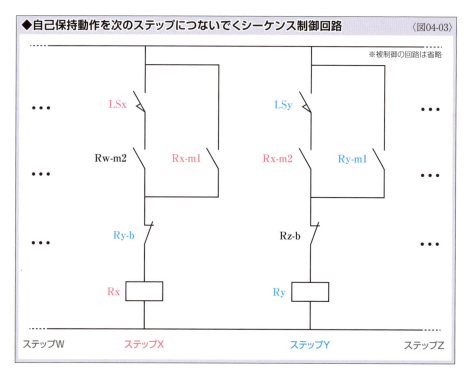

◆自己保持動作を次のステップにつないでくシーケンス制御回路　〈図04-03〉

▶ステップXの進行中

〈図04-03〉の回路で、ステップXからステップYへの自己保持回路のつなぎを考えてみる。ステップXが進行中の状態では、〈図04-04〉のように、電磁リレーRxは自身の接点Rx-m1を閉路することで自己保持している。図にはないが、電磁リレーRxの他のメーク接点が閉路することによってステップXの駆動装置などが動作している。

電磁リレーRxの自己保持の開始を決定する接点は、電磁リレーRwの接点Rw-m2とリミットスイッチLSxだが、Rw-m2は開路している。これは前のステップであるステップWが終了し、電磁リレーRwが復帰しているためだ。また、検出している動作によって異なるが、リミットスイッチLSxは開路していることが多い。ステップXの開始を許可する接点であって、ステップXの進行中ずっと閉路している必要はない。

いっぽう、次のステップへの準備として、電磁リレーRyの自己保持の開始を決定する接点Rx-m2が閉路している。この接点Rx-m2がステップXからステップYに自己保持回路をつなぐうえで、非常に重要な接点だといえる。接点Rx-m2と接点Rz-bは閉路しているが、リミットスイッチがLSyが閉路しなければ、電磁リレーRyは復帰状態が保たれていて、ステップYは始まらない。

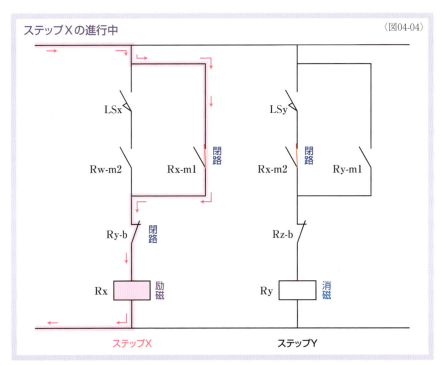

〈図04-04〉

▶ステップXからステップYへの移行

　ステップXの動作が進行しリミットスイッチLSyが動作すると、ステップXからステップYへの移行が開始される。①リミットスイッチLSyが閉路すると、接点Rx-m2と接点Rz-bが閉路しているので〈図04-05〉のように、②電磁リレーRyのコイルが励磁され、リレーRyの各接点が動作する。

　③自己保持接点Ry-m1が閉路すると、〈図04-06〉のように自己保持が開始される。図にはないが、リレーRyの他の接点が動作してステップYの駆動装置などが動き始める。

　ステップXの回路の側では〈図04-07〉のように、④リレーRyのブレーク接点Ry-bが開路するので、⑤電磁リレーRxのコイルが消磁されて各接点が復帰する。

　⑥リレーRxの自己保持接点Rx-m1が開路するが、この時点で、すでにバイパス経路は電流が流れていない。また、⑦ステップYの回路のメーク接点Rx-m2が開路する。この接点Rx-m2は、リレーRyの自己保持の開始を左右する接点だが、すでに自己保持接点Ry-m1が閉路しているので、電磁リレーRyは自己保持状態が続く。図にはないが、電磁リレーRxの他の接点が復帰することによってステップXの駆動装置などが停止する。これで、ステップYが動作を開始し、ステップXが動作を終了し、ステップXからステップYへのつなぎが完了したことになる。

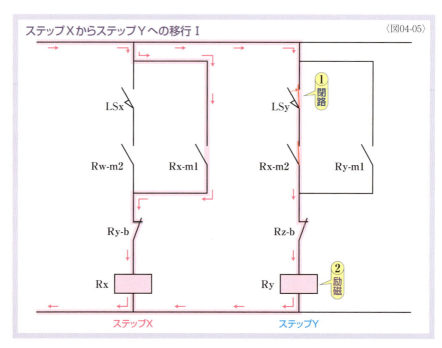

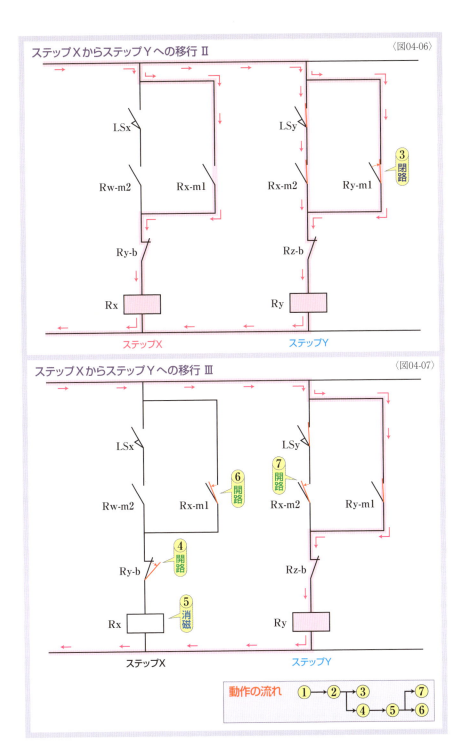

Chapter 05 | Section 05

自己保持回路の接点の増設

［接点が不足したら他の電磁リレーを利用する］

　自己保持回路はシーケンス制御には欠かせないものだが、自己保持のために電磁リレー自身のメーク接点を使用する。また、自己保持回路をつないで多ステップ化する際にもメーク接点やブレーク接点を使用する。電動機などの制御に使われる**電磁接触器**の場合は、主回路用の**主接点**とは別に、制御用の**補助接点**が備えられているが、補助接点はメーク接点とブレーク接点がそれぞれ1つの〔1a-1b〕が一般的であり、多くてもそれぞれ2つだ。そのため、制御の内容によっては補助接点だけでは接点が不足することがある。こうした場合には、他の電磁リレーを利用して、**接点の増設**を行えばいい。

　また、リレーシーケンス制御に使われる一般的な電磁リレーには4極形のものがあるので、接点が足りなくなることは少ないが、並行する複数のステップに自己保持回路をつないだり、複数の駆動装置や表示灯などを制御したりすると、電磁リレーの接点が不足することもある。こうした場合にも、他の電磁リレーを利用して接点の増設を行えばいい。

▶接点を増設する位置

　電磁リレーの接点を増設するもっとも簡単な方法は、元の電磁リレーのコイルと並列に、増設に使用する電磁リレーのコイルを接続する方法だ。〈図05-01〉は、電磁接触器MC1に電磁リレー R1を加えて接点を増設する回路だ。追加した電磁リレー R1が4極であれば、電磁接触器MC1の補助接点と合計して5極〔5a-5b〕の接点を使えるようになる。図では、電磁リレー R1のメーク接点R1-mを自己保持接点として使用しているが、電磁接触器MC1の補助接点を自己保持接点として使うことも可能だ。

　もう1つの方法は、一方の電磁リレーでもう一方の電磁リレーを制御する方法だ。先に説明したコイルを並列にする方法に対しては、直列の発想だといえるが、実際にコイルを直列にするわけではない。〈図05-02〉は、電磁リレー R2のメーク接点R2-m2で電磁接触器MC2を制御することで接点を増設する回路だ。コイルを並列する方法に比べると、利用できるメーク接点が1つ少なくなるが、この回路であれば電磁リレー R2の動作に関係なく、他の接点（図ではX-m）で電磁接触器MC2を制御することも可能だ。

◆接点を増設する回路1 〈図05-01〉

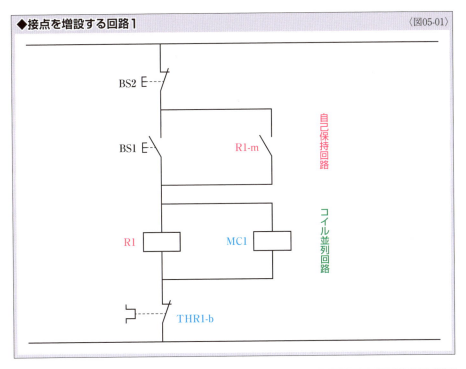

◆接点を増設する回路2 〈図05-02〉

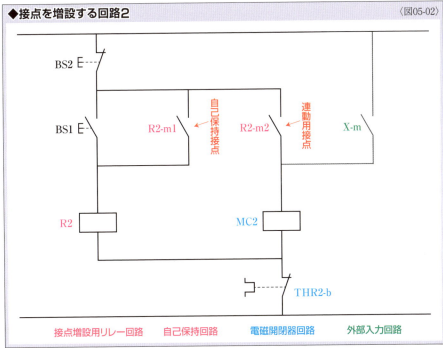

Chapter 05 Section 06
論理回路で操作する自己保持回路

［2つのスイッチで自己保持と解除を行う］

　自己保持回路は接点を追加することで機能を拡張することができる。ここでは復帰優先形自己保持回路のセットスイッチやリセットスイッチを、それぞれ2個の押しボタンスイッチで構成された論理回路にしているが、実際のシーケンス制御回路では、自己保持開始接点や自己保持解除接点が、検出用スイッチの接点になっていたり、他の電磁リレーの接点になっていたりすることもある。

▶2カ所から操作できる自己保持回路

　2カ所から操作できる自己保持回路はよく使われている。操作盤の操作スイッチとは別に機械の近くにも操作スイッチを備えたり、コンベア装置の両端に操作スイッチを備えたりするなど、さまざまな状況を考えることができる。自己保持回路を2カ所から操作できるようにする場

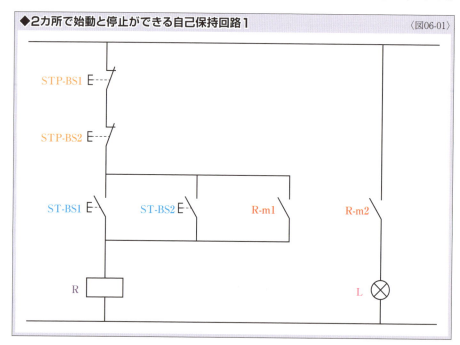

◆2カ所で始動と停止ができる自己保持回路1　　〈図06-01〉

合、自己保持のセットスイッチは2つのメーク接点の押しボタンスイッチST-BS1とST-BS2を並列にし、リセットスイッチは2つのブレーク接点の押しボタンスイッチSTP-BS1とSTP-BS2を直列にする。シーケンス図は〈図06-01〉のように描かれることが多いが、まだシーケンス図や回路図を見慣れていない人のために、セットスイッチの並列部分と自己保持回路のバイパス経路を分けて描くと〈図06-02〉のようになる。この図であれば、2つのセットスイッチと自己保持接点の関係がわかりやすいはずだ。

　自己保持開始接点はメーク接点が並列になっているので、まさしく**OR回路**（P116参照）だ。すでに説明しているので、回路の動作の説明は省略するが、どちらかの接点、もしくは両方の接点を閉路すれば、電磁リレーのコイルに電流が流れて自己保持が開始される。押しボタンスイッチを戻しても、自己保持状態が続く。

　いっぽう、**自己保持解除接点**はブレーク接点が直列だ。これは一種の**AND回路**（P114参照）だと考えることができる。2つの接点で構成されたAND回路の出力が〔1〕、つまりON（全体として閉路）になるのは、両方の接点が閉路している時だけだ。これを逆に考えれば、両方の接点が閉路している時以外は出力が〔0〕、つまりOFF（全体として開路）になる。ブレーク接点は復帰の状態が閉路なので、どちらかの接点、もしくは両方の接点を開路すれば、つまりスイッチを操作して動作状態にすれば出力が〔0〕になり、自己保持が解除される。

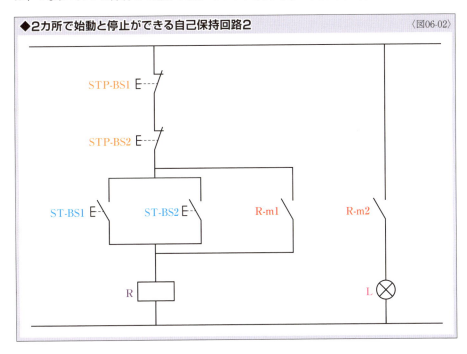

◆2カ所で始動と停止ができる自己保持回路2　〈図06-02〉

▶2つのスイッチ操作が必要な自己保持回路······

　2つのセットスイッチの両方を押さないと始動できない**自己保持回路**は、安全対策のためによく使われている。操作者の手が機械内にある状態で始動すると、手を挟まれたりして危険な機械の場合、2個の始動スイッチを片手では同時に押せないが、両手を使えば押せるように配置する。こうすることで、始動時には必ず両手を使うことになるので、手を挟まれることがなくなる。また、さらに離れた位置に2つの始動スイッチを配置し、1人では始動できないようにすることもある。始動には必ず2人が必要になり、安全を2人で確認したうえで始動することができる。

　自己保持回路を2つの始動スイッチを同時に押した時にだけ始動できるようにするには、〈図06-03〉のように2つのメーク接点の押しボタンスイッチST-BS1とST-BS2を直列にして自己保持のセットスイッチを構成させればいい。メーク接点が直列になっているので、これは**AND回路**（P114参照）だ。すでにAND回路で説明しているので、回路の動作の説明は省略するが、両方の接点が同時に閉路した時にだけ、電磁リレーのコイルに電流が流れて自己保持が開始される。もちろん、いったん始動すれば、どちらの押しボタンスイッチを戻しても、自己保持状態が続く。

　こうした、自己保持開始接点をAND回路にすることはシーケンス制御ではよく行われる。

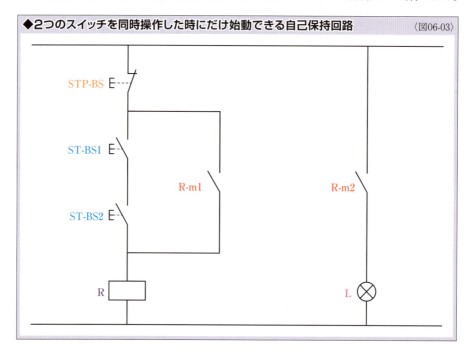

◆2つのスイッチを同時操作した時にだけ始動できる自己保持回路　〈図06-03〉

自己保持回路のつなぎ方(P150参照)で説明したように、**多ステップ**化では前のステップの電磁リレーのメーク接点と、リミットスイッチのメーク接点を直列にしている。AND回路にした場合、すべての条件が整った時にだけ自己保持が開始されるわけだ。

いっぽう、自己保持回路を2つの停止スイッチを同時に押した時にだけ停止できるようにするには、〈図06-04〉のように2つのブレーク接点の押しボタンスイッチSTP-BS1とSTP-BS2を並列にして自己保持のリセットスイッチを構成させればいい。これは一種の**OR回路**(P116参照)だと考えることができる。2つの接点で構成されたOR回路の出力が〔0〕、つまりOFF(全体として開路)になるのは、両方の接点が開路している時だけだ。ブレーク接点は復帰の状態が閉路なので、両方の接点を開路すれば、つまりスイッチを操作して動作状態にすれば出力が〔0〕になり、リレーが復帰して自己保持が解除される。

命令用スイッチでこうした回路が構成されることはあまりない。しいてあげるとすれば、警報装置の解除は、2人の人間が安全を確認してから行うといった場合が考えられる。しかし、実際のシーケンス制御では使われることもある。自己保持回路のつなぎ方の説明では、次のステップの電磁リレーのブレーク接点によって、それまで動作していたステップの自己保持を解除させているが、この接点に検出用スイッチのブレーク接点が並列で組み合わされることもある。こうすることで、すべての条件が整った時にだけ、自己保持が解除されるようになる。

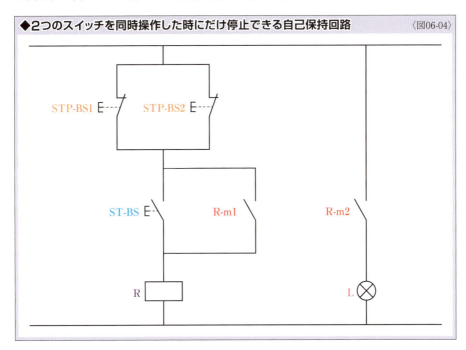

◆2つのスイッチを同時操作した時にだけ停止できる自己保持回路　〈図06-04〉

Chapter 05 Section 07
寸動回路

［自己保持回路をちょっとだけ動作させる］

　寸動とは、工作機械などの可動部分を位置調整の目的などでわずかに動かすことをいう。現場では、電動機をちょっとだけ動作させることから**チョイ回し**といったりもする。英語では**インチング**という。ちなみに、寸動の「寸」とは昔の長さの単位（1寸は約30mm）で、そこから「ごくわずかなこと」を意味するようになった。英語のインチングも、同じように長さの単位であるinch（1inchは25.4mm）に由来する。

　自動運転を行うために、始動スイッチは**自己保持回路**にするのが一般的だ。始動スイッチをちょっとだけ押しても寸動を行うことはできず、自動運転が始まってしまう。そのため、寸動が必要な機械の場合は、始動スイッチを含む自己保持回路に**寸動回路**を加える。寸動回路は、**インチング回路**ともいい、**チョイ回し回路**と呼ばれることもある。

　実は、**動作優先形自己保持回路**であれば、操作方法を工夫することで寸動が行える。〈図07-01〉のような動作優先形自己保持回路の場合、停止スイッチSTP-BS1を押し続けながら始動スイッチST-BS1をチョイ押しすれば、寸動が可能だ。始動スイッチST-BS1を押すと電磁リレーR1が動作するが、停止スイッチSTP-BS1が押されていれば自己保持用のバイ

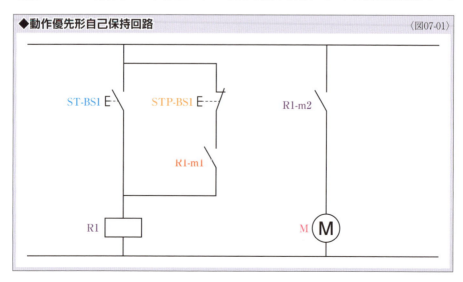

◆動作優先形自己保持回路　　　　　　　　　　　〈図07-01〉

パス経路が開路されているため、自己保持接点R1-m1が閉路しても自己保持が開始されない。しかし、始動も行う回路に動作優先形自己保持回路を採用することは**フールプルーフ**の観点からは好ましくない。

▶自動運転と寸動を切り換える回路

トグルスイッチやロッカースイッチといった**手動復帰形**（**オルタネイト形**）のスイッチを使って、自動運転と寸動を切り換えるのが〈図07-02〉の回路だ。始動スイッチST-BS2を寸動スイッチにも兼用する。**自動／寸動切換接点**TGS2の位置は、動作優先形自己保持回路のリセットスイッチのブレーク接点と同じ位置だ。

自動／寸動切換接点TGS2を閉路にすると、自動運転を選択したことになる。復帰優先形自己保持回路と同じ状態になるので、始動スイッチST-BS2を押せば自己保持が開始されて自動運転が始まる。いっぽう、自動／寸動切換接点TGS2を開路にすると、寸動を選択したことになる。始動スイッチST-BS2を押せば電磁リレー R2が動作するが、バイパス経路が開路されているため、自己保持接点R2-m1が閉路しても自己保持が開始されない。そのため、始動スイッチST-BS2を押している間だけ電磁リレー R2が動作し、寸動が行える。始動スイッチST-BS2を押し続けていても、停止スイッチSTP-BS2を同時に押せば電磁リレーは復帰するので、**フールプルーフも実現されている**。

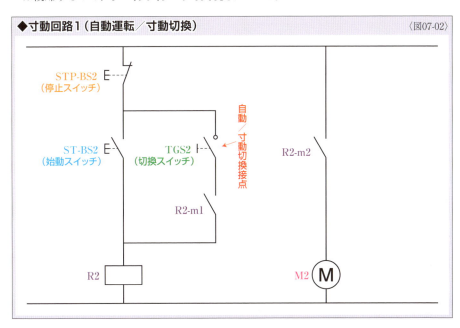

◆寸動回路1（自動運転／寸動切換）　〈図07-02〉

▶寸動スイッチを備える回路

　始動スイッチST-BS3と停止スイッチSTP-BS3とは別に**寸動スイッチ**ICH-BS3を備えているのが〈図07-03〉の回路だ。寸動スイッチには切換接点の押しボタンスイッチを使用している。復帰優先形自己保持回路に、自己保持用のバイパス経路とは別に、寸動用のバイパス経路を設け、そこに寸動スイッチのメーク接点ICH-BS3-mを配置している。いっぽう、寸動スイッチのブレーク接点ICH-BS3-bは、自己保持回路全体の動作を決定する位置に配置している。

　寸動スイッチICH-BS3を押すと、メーク接点ICH-BS3-mが閉路し、寸動用バイパス経路を通って電流が流れて電磁リレーR3が動作する。この時、自己保持接点R3-m1が閉路するが、寸動スイッチのブレーク接点ICH-BS3-bが開路しているので、自己保持が開始されることはない。寸動スイッチを戻せば、電磁リレーR3が復帰するので、寸動スイッチを押している間だけ寸動を行うことができる。

　寸動スイッチICH-BS3と停止スイッチSTP-BS3を同時に押した場合は、停止スイッチが開路することで回路全体に電流が流れなくなるので、電磁リレーは復帰する。また、寸動スイッチICH-BS3を押し続けていれば始動スイッチST-BS3を押しても自動運転は開始されないので**フールプルーフ**の観点からも問題のない回路だといえる。

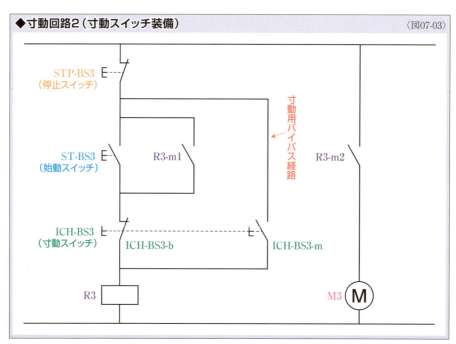

◆寸動回路2（寸動スイッチ装備）　〈図07-03〉

Chapter

06

優先回路

Section 01：優先回路 ・・・・・・・・・・・・ 164

Section 02：インタロック回路 ・・・・・・・・ 168

Section 03：新入力優先回路 ・・・・・・・・・ 176

Section 04：順序動作回路 ・・・・・・・・・・ 182

Section 05：順序停止回路 ・・・・・・・・・・ 186

Section 06：電源側優先回路 ・・・・・・・・・ 192

Chapter 06 | Section 01
優先回路

［他の回路に優先して動作することができる回路］

　優先回路とは、複数の回路のうち、優先回路に設定した回路が優先的に動作できる回路のことだ。たとえば、回路Xと回路Yの2つの回路のうち、回路Xを優先回路に設定した場合、回路Xが動作中は回路Yの始動スイッチを操作しても回路Yは動作しないが、回路Yの動作中に回路Xの始動スイッチを操作すると、回路Yが停止し回路Xが動作を開始する。Chapter06ではさまざまな種類の優先回路を説明するが、この優先回路が基本になっているといえる。優先回路は**禁止回路**（P124）を応用したものであり、優先回路に設定された回路から、他の回路に**禁止入力**を行っている。

▶優先回路の構成

　優先回路の基本形は〈図01-01〉のような回路だが、実際にシーケンス制御で使われる場合は、〈図01-02〉のようにそれぞれの回路が自己保持されていることが多い。ここでは回路Xを優先回路、回路Yを優先されない回路に設定している。回路Xを優先回路にしているのは、回路Yに備えられた電磁リレーRxのブレーク接点Rx-bだ。この接点は自己保持回路Y全体の動作を決定する位置にある。**禁止入力**を行う接点であるため、**禁止入力接点**とい

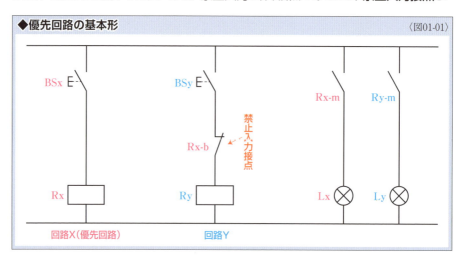

◆優先回路の基本形　〈図01-01〉

◆自己保持された優先回路　〈図01-02〉

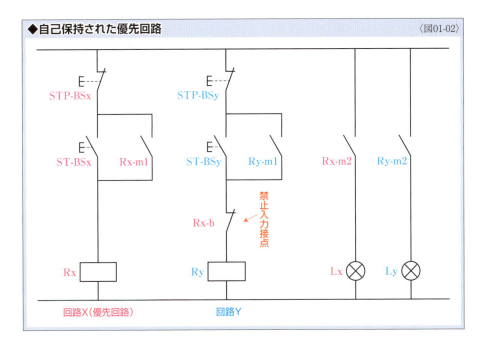

う。それぞれの動作については、次ページで説明するが、〈図01-03〉の**タイムチャート**の①の部分のように、回路Xが動作中は、ブレーク接点Rx-bが開路するため、回路Yが始動できなくなる。また、タイムチャートの②の部分のように、回路Yが動作中であっても、回路Xを始動させると、ブレーク接点Rx-bが開路して回路Yの自己保持が解除される。

◆自己保持された優先回路のタイムチャート　〈図01-03〉

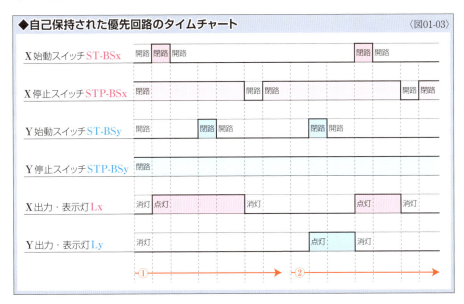

▶優先回路の動作

〈図01-02〉のような2入力の**優先回路**の動作は、復帰優先形自己保持回路が基本になっているので、それぞれの回路が動作状態にある時に、他方の始動スイッチを押すとどのように動作するかを説明する。

▶回路Xの動作中に、回路Yの始動スイッチを操作

回路Xが動作中は、〈図01-04〉のように電磁リレーRxのメーク接点Rx-m1が閉路して自己保持を行っている。同時に、ブレーク接点Rx-bが開路して、**禁止入力**が行われている。そのため、①回路Yの始動スイッチST-BSyを押して、②メーク接点を閉路させても、電磁リレーRyには電流が流れず、回路Xの動作がそのまま続く。

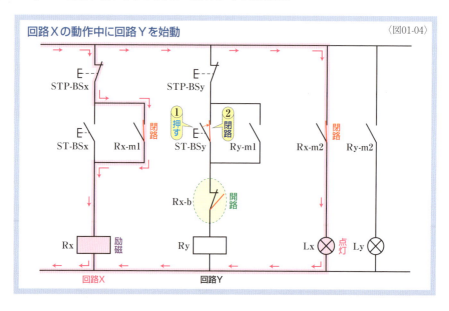

〈図01-04〉

▶回路Yの動作中に、回路Xの始動スイッチを操作

回路Yが動作中は、電磁リレーRyのメーク接点Ry-m1が閉路して自己保持されている。この状態で、〈図01-05〉のように①回路Xの始動スイッチST-BSxを押して、②メーク接点を閉路させると、③電磁リレーRxのコイルが励磁され、〈図01-06〉のように各接点が動作する。

回路Yの側では、④禁止入力接点Rx-bが開路し、⑤電磁リレーRyのコイルが消磁される。⑥出力接点Ry-m2が開路して、⑦表示灯Lyが消灯する。⑧自己保持接点Ry-m1も開路して、回路Yの自己保持が解除される。回路Xの側では、⑨回路Xの出力

接点Rx-m2が閉路して、⑩表示灯Lxが点灯する。また、⑪自己保持接点Rx-m1が閉路して、自己保持が開始される。図は省略するが、これで始動スイッチST-BSxを戻して開路しても、自己保持接点Rx-m1が閉路しているので、回路Xの自己保持が続く。

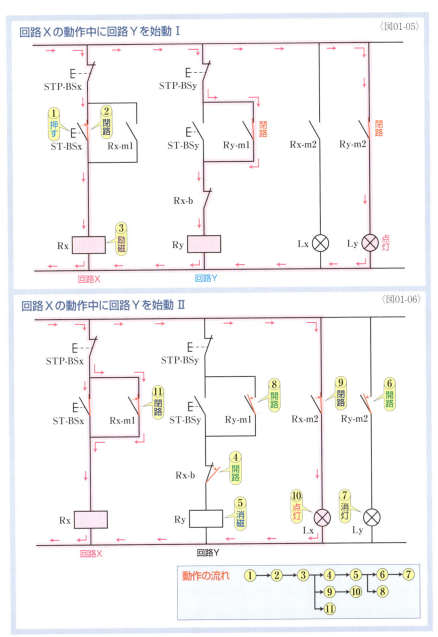

Chapter 06 | Section 02
インタロック回路

[複数の回路のうち先に動作した回路が優先される]

　複数の回路のうち、1つの回路が動作している時は、他の回路が動作できないようにした回路を**インタロック回路**という。たとえば、回路Xと回路Yの2つの回路のうち、回路Xが動作中は回路Yの始動スイッチを操作しても回路Yは動作せず、回路Yの動作中に回路Xの始動スイッチを操作しても回路Xは動作しない。それぞれの回路が他の回路に対して**優先回路**にされているといえる。優先回路が並列の関係にあるので、インタロック回路は、**並列優先回路**ともいう。また、先に動作した回路が優先されるので、**先優先回路**や**先入力優先回路、先行優先回路、先行入力優先回路、最初入力優先回路**などともいう。**先入力優先選択動作回路**や**最初入力優先選択動作回路**ともいう。さらに、相互に動作を禁止しあうので、**相手動作禁止回路**や**鎖錠回路**ともいう。**インタロック**は、電動機の正逆転制御回路（P238参照）にはほぼ確実に使われている。

◆インタロック回路　〈図02-01〉

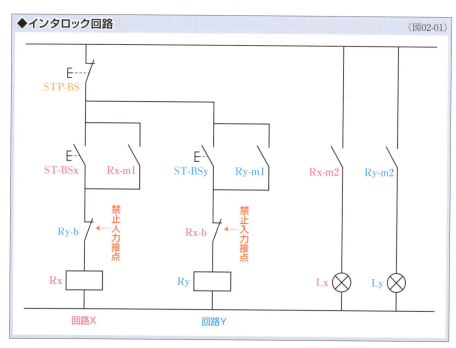

▶インタロック回路の構成

〈図02-01〉は回路Xと回路Yで構成される**インタロック回路**だ。**インタロック**は、〈図01-01〉の**優先回路**の基本形（P164参照）のように、自己保持をしない回路にも適用することができるが、実際のシーケンス制御では自己保持回路同士にインタロックをかけることが多い。また、〈図02-01〉の回路では、停止スイッチを1つにまとめている。〈図01-02〉の自己保持された優先回路（P165参照）のように、回路Xと回路Yそれぞれに停止スイッチを備えることも可能だが、実用上は停止スイッチは1つで必要十分なことが多い。たとえば、電動機の正逆転制御であれば、3つのスイッチはそれぞれ正転、逆転、停止になる。そのため、回路Xと回路Yを並列にしたうえで、停止スイッチSTP-BSにつないでいる。

インタロック回路は、優先回路を並列にしたものなので、回路Xの電磁リレー Rxのブレーク接点Rx-bが、回路Yの**禁止入力接点**として配置され、回路Yの電磁リレー Ryのブレーク接点Ry-bが、回路Xの禁止入力接点として配置されている。このそれぞれの禁止入力接点が、他方の回路が動作できないようにしている。動作は次ページで説明するが、**タイムチャート**〈図02-02〉の①の部分のように、回路Xが動作中は、始動スイッチST-BSyを押して閉路しても、回路Yは始動できない。逆に、回路Yが動作中は、タイムチャートの②の部分のように、始動スイッチST-BSxを押して閉路しても、回路Yは始動できない。

◆インタロック回路のタイムチャート 〈図02-02〉

停止スイッチ **STP-BS**	閉路			開路	閉路			開路	閉路
X 始動スイッチ **ST-BSx**	開路	閉路	開路				閉路	開路	
Y 始動スイッチ **ST-BSy**	開路		閉路	開路		閉路	開路		
Y 禁止入力接点 **Rx-b**	閉路	開路			閉路				
X 禁止入力接点 **Ry-b**	閉路					開路		閉路	
X 出力・表示灯 **Lx**	消灯	点灯		消灯					
Y 出力・表示灯 **Ly**	消灯					点灯		消灯	

①　　　　　②

169

▶インタロック回路の動作

〈図02-01〉のような**インタロック回路**は、それぞれの回路が相手の回路の対して**優先回路**になっているので、動作は優先回路の場合とまったく同じだ（P166参照）。〈図02-03〉のよ

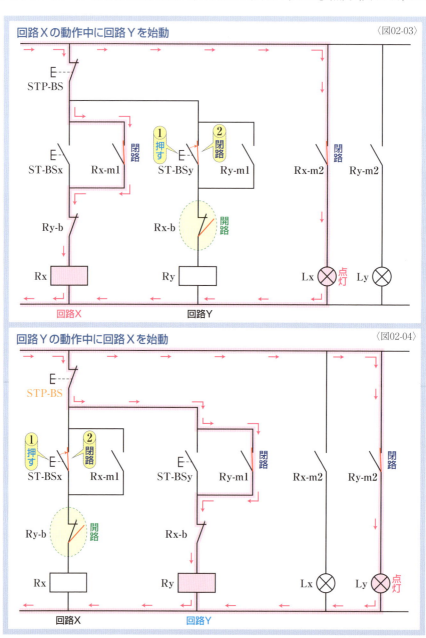

うに、回路Xが動作中は、**禁止入力接点**Rx-bが開路しているので、始動スイッチST-BSyを押して閉路しても、電磁リレーのコイルRyに電流が流れることはなく、回路Yは始動できない。逆に、回路Yが動作中は、〈図02-04〉のように禁止入力接点Ry-bが開路しているので、始動スイッチST-BSxを押して閉路しても、回路Xは始動できない。

▶動作時のインタロック回路

　ここまでで説明した**インタロック回路**は、1つの回路の動作中は他の回路が動作できないようにすることで安全を確保しているが、始動時の**フールプルーフ**は完璧であるとはいえないため、**動作時のインタロック回路**ということもある。**動作時のインタロック**は、電磁リレーが動作することで禁止入力接点を開路するため、両回路が停止している状態では禁止入力接点が閉路している。〈図02-05〉のように両方の始動スイッチを同時に押すと、両方の電磁リレーが励磁される瞬間がある。接点はこれから動き始めるわけだ。この時、禁止入力のブレーク接点が開路するより、出力であるメーク接点のほうが早く閉路すると、両回路の出力が同時にONになってしまう。瞬間的なものではあるが、たとえ一瞬であっても電動機の正逆転制御回路（P238参照）のように重大な問題が発生する回路もある。こうした回路では次ページで説明する**始動時のインタロック回路**が併用されることが多い。

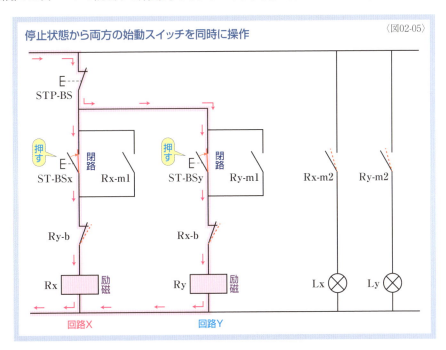

〈図02-05〉 停止状態から両方の始動スイッチを同時に操作

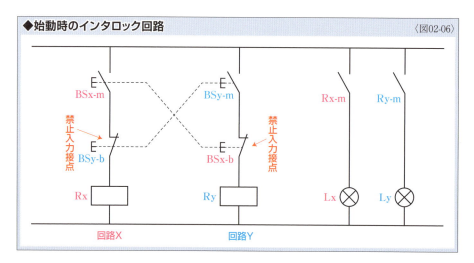

▶始動時のインタロック回路

　動作時のインタロックは電磁リレーのブレーク接点を**禁止入力接点**として利用するが、**始動時のインタロック**は始動スイッチのブレーク接点を禁止入力接点として利用する。もちろん、始動スイッチには始動のためのメーク接点が必要なので、2極形のスイッチを使用する。〈図02-06〉が、**始動時のインタロック回路**だ。回路Xの始動スイッチBSxのブレーク接点BSx-bを回路Yに挿入し、回路Yの始動スイッチBSyのブレーク接点BSy-bを回路Xに挿入してある。

　〈図02-07〉のように、回路Xの始動スイッチBSxを押すと、メーク接点BSx-mが閉路して電磁リレーのコイルRxに電流が流れて励磁され、表示灯Lxが点灯する。また、禁止入力

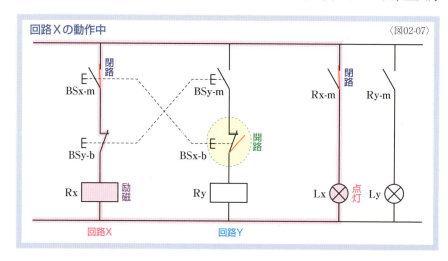

接点BSx-bも開路している。この状態で、回路Yの始動スイッチBSyを押して、BSy-mを閉路しても、禁止入力接点BSx-bが開路しているので、回路Yは動作しない。また、禁止入力接点BSy-bが開路するので、回路Xも動作を停止する。図は省略するが、回路Yの始動スイッチBSyを先に押した場合も同様だ。

▶始動時と動作時のインタロック回路

始動時のインタロックと**動作時のインタロック**の双方を適用した回路が〈図02-08〉だ。始動時の禁止入力接点と、動作時の禁止入力接点が、それぞれ相手側の回路に挿入されている。この回路であれば、一方の回路が動作している時は、もう一方の回路が動作できないのはもちろん、始動時に2つの始動ボタンを同時に押しても、どちらの回路も動作しないので、**フールプルーフ**も実現されている。

なお、同じ回路であっても回路が複雑になるほどさまざまな描き方ができる。ここでは、回路Xと回路Yが対称の回路になっていることをわかりやすくするために、停止スイッチの接続線を軸に回路Xと回路Yを左右対称に描いている。

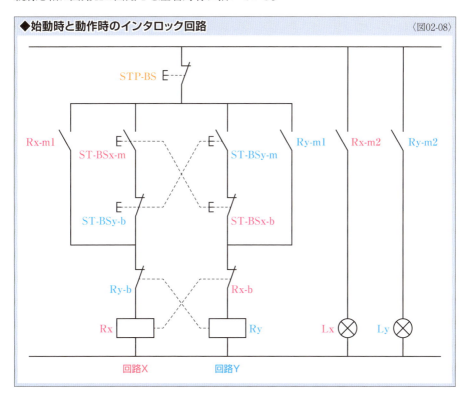

◆始動時と動作時のインタロック回路　〈図02-08〉

▶3回路以上のインタロック

　回路数が3以上であっても**インタロック**をかけることができる。回路数が3であれば、〈図02-09〉のように、相手回路の**禁止入力接点**を直列に配置すればいい。これで、動作している回路以外は始動できなくなる。

　しかし、回路数が増えれば増えるほど、1つの回路に配置される禁止入力接点の数が増えていく。5回路のインタロックであれば、各回路には4つの禁止入力接点が配置されることになり、それぞれの電磁リレーのブレーク接点を4つ使うことになる。5回路を超えると、一般的に使われている4極形の電磁リレーではブレーク接点が足りなくなる。もちろん、各回路にもう1つ電磁リレーを加えて接点の増設を行えば、問題は解消されるが、回路がどんどん複雑になり、配線も面倒になる。

　こうした場合には、〈図02-10〉のようなインタロック回路を使う方法もある。インタロックをかける各回路とは別に、ロック用の電磁リレー R_L を備えた回路を使用する。インタロックをかける各回路のメーク接点を並列のOR回路にすることで、いずれかの回路が動作すると、**ロック回路**も動作するようにする。いっぽう、各回路の自己保持開始接点と直列に、ロック用電

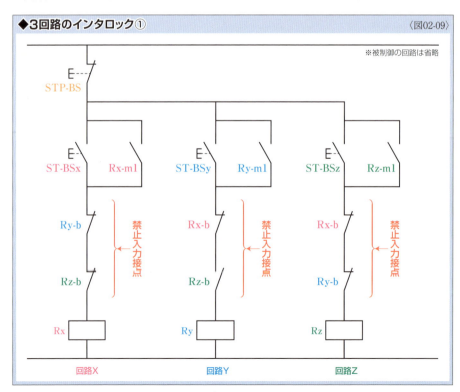

◆3回路のインタロック②　　　　　　　　　　　　　　　〈図02-10〉

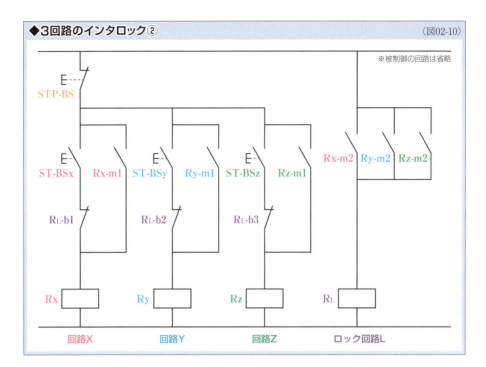

磁リレーのブレーク接点を配置してあるので、自己保持している回路以外の回路は始動スイッチを操作しても、動作できなくなる。このインタロック回路の場合は、4回路を超えると4極形の電磁リレーではブレーク接点が足りなくなるが、〈図02-11〉のようにしてロック回路の電磁リレーを増やせば接点を増設できる。インタロックをかける各回路で接点を増設するよりは、使用する電磁リレーの数を抑えられ、使用する接点の総数も減るので回路がシンプルになる。

◆ロック用電磁リレーの接点の増設　　　　　　　　　　〈図02-11〉

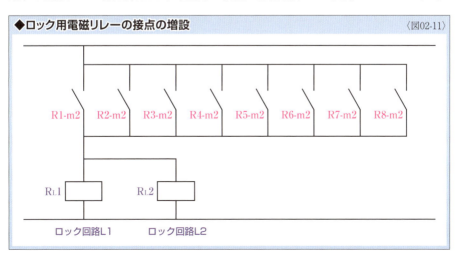

Chapter 06 | Section 03
新入力優先回路

[複数の回路のうち後に動作した回路が優先される]

インターロック回路は複数の回路のうち先に動作した回路が優先されたが、その逆の動作をする回路が**新入力優先回路**だ。複数の回路のうち、後から始動された回路が優先され、先に動作していた回路が停止する。新たに入力のあった回路が優先されるため、新入力優先回路と呼ばれるわけだ。たとえば、回路Xと回路Yの2つの回路のうち、回路Xが動作中に回路Yの始動スイッチを操作すると、回路Yが始動して回路Xが停止する。回路Yの動作中に回路Xの始動スイッチを操作すると、回路Xが始動して回路Yが停止する。新入力優先回路には、ほかにもさまざまな呼び方がある。後から入力のあった回路が優先されるともいえるので、**後優先回路**や**後入力優先回路**ともいう。また、最後に入力のあった回路が優先されるともいえるので、**最終入力優先回路**ともいう。このほか、**新入力優先選択動作回路**や**後入力優先選択動作回路**、**最終入力優先選択動作回路**ともいう。

◆新入力優先回路 〈図03-01〉

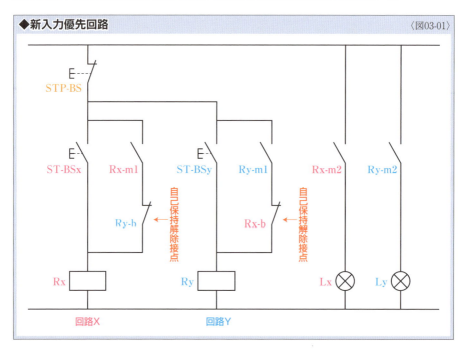

▶新入力優先回路の構成

　新入力優先回路は自己保持しない回路でも考えることができるが、実際のシーケンス制御では自己保持回路同士に適用されることが多い。〈図03-01〉は自己保持回路である回路Xと回路Yで構成される新入力優先回路だ。停止スイッチは1つにまとめてある。

　〈図03-01〉の回路は〈図02-01〉のインタロック回路（P168参照）に似ているが、電磁リレーのブレーク接点の位置が異なっている。インタロック回路では、電磁リレーのブレーク接点を相手回路全体の動作を決定する位置に備えているが、新入力優先回路では相手回路の自己保持の続行を決定する位置にブレーク接点を備えている。実際には、回路Xの電磁リレーRxのブレーク接点Rx-bが、回路Yの**自己保持解除接点**として、**自己保持接点**Ry-m1と直列に配置され、回路Yの電磁リレーRyのブレーク接点Ry-bが、回路Xの自己保持解除接点として、自己保持接点Rx-m1と直列に配置されている。このそれぞれの自己保持解除接点が、他方の回路の自己保持を解除する。動作は次ページで説明するが、**タイムチャート**〈図03-02〉の①の部分のように、回路Xが動作中に、回路Yの始動スイッチST-BSyを押して閉路にすると、回路Xが停止して、回路Yが始動する。逆に、回路Yが動作中は、タイムチャートの②の部分のように、始動スイッチST-BSxを押して閉路にすると、回路Yが停止して、回路Xが始動する。

◆新入力優先回路のタイムチャート　〈図03-02〉

▶新入力優先回路の動作

〈図03-01〉のような**新入力優先回路**は、回路Xと回路Yの構成が対称になっているので、回路Xの動作中に回路Yを始動した場合と、回路Yの動作中に回路Xを始動した場合の動作の内容は基本的に同じだ。ここでは、回路Xの動作中に回路Yを始動してみる。

回路Xが動作中は、〈図03-03〉のように、電磁リレーRxが自己保持接点Rx-m1を閉路して自己保持している。この時、自己保持解除接点Rx-bは開路している。この状態で、①回路Yの始動スイッチST-BSyを操作すると、〈図03-04〉のように、②メーク接点ST-BSyが閉路して、③電磁リレーRyのコイルが励磁され、〈図03-05〉のように各接点が動作する。

回路Xの側では、④自己保持解除接点Ry-bが開路し、⑤電磁リレーRxのコイルが消磁される。⑥出力接点Rx-m2が開路して、⑦表示灯Lxが消灯する。また、⑧回路Xの自己保持接点Rx-m1が開路するが、このバイパス経路はすでに電流が流れていない。さらに、⑨回路Yに備えられた自己保持解除接点Rx-bが閉路する。

回路Yの側では、リレーRyのコイルが励磁されたことで(③)、⑩出力接点Ry-m2が閉路して、⑪表示灯Lyが点灯する。また、⑫回路Yの自己保持接点Ry-m1が閉路するが、すぐにバイパス経路を電流が流れるわけではない。回路XのリレーRxが復帰して、回路Yの自己保持解除接点Rx-bが閉路した時点で(⑨)でバイパス経路を電流が流れるようになり、自己保持が開始される。

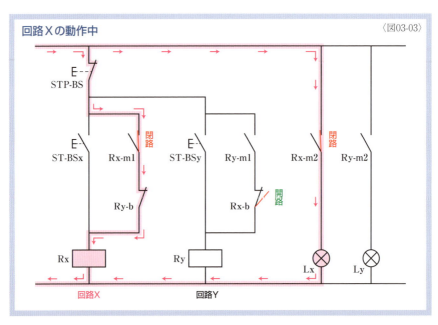

〈図03-03〉

図は省略するが、これで始動スイッチST-BSxを戻して開路しても、バイパス経路を電流が流れることで回路Xの自己保持が続く。

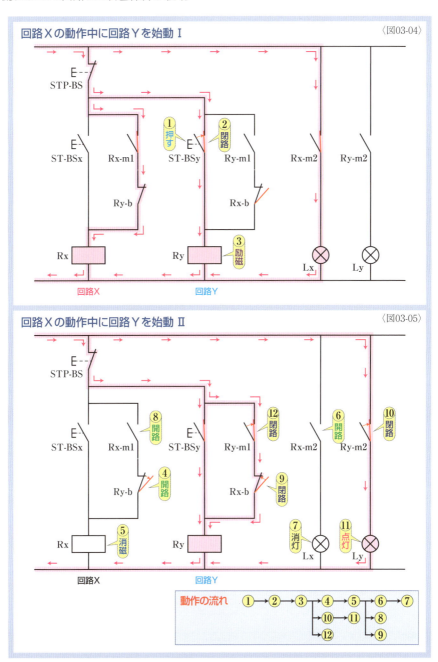

▶安全な新入力優先回路

　ここまでで説明した**新入力優先回路**はよく使われている回路だが、厳密に考えると、回路が切り換わる際に瞬間的に両回路の出力がONになる可能性が0ではない。たとえ一瞬であっても重大な問題が発生する回路の場合には、〈図03-06〉のような新入力優先回路が使われることもある。回路Xが動作中は〈図03-07〉のように、電磁リレーRxのメーク接点Rx-m1が閉路して自己保持していて、回路Yのブレーク接点Rx-bを開路している。

　〈図03-08〉のように、①回路Yの始動スイッチST-BSyを押すと、②ST-BSy-mが閉路するが、Rx-bが開路しているため、電磁リレーRyは動作しない。同時に、③ST-BSy-bが開路することで、④リレーRxが消磁されて各接点が復帰する。回路Xの側では、⑤出力接点Rx-m2が開路し、⑥表示灯Lxが消灯する。また、⑦自己保持接点Rx-m1も開路する。回路Yの側では、⑧ブレーク接点Rx-bが閉路することで、電流が流れるようになり、⑨リレーRyが励磁されて各接点が動作する。この時、リレーRxはすでに消磁している。⑩出力接点Ry-m2が閉路し、⑪表示灯Lyが点灯する。また、⑫自己保持接点Ry-m1が閉路し、自己保持が開始される。さらに、⑬ブレーク接点Ry-bが開路し、次の切り換えに備える。図は省略するが、これで始動スイッチST-BSyを戻しても、回路Yは動作を続ける。

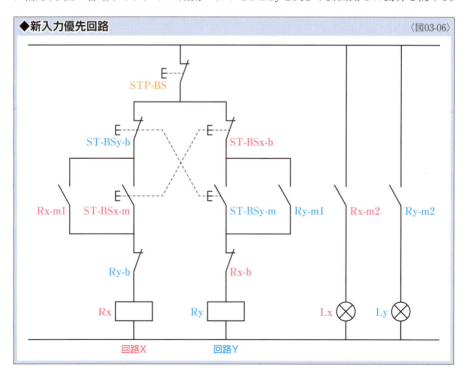

◆新入力優先回路　　　　　　　　　　　　　　　　　　　　　　〈図03-06〉

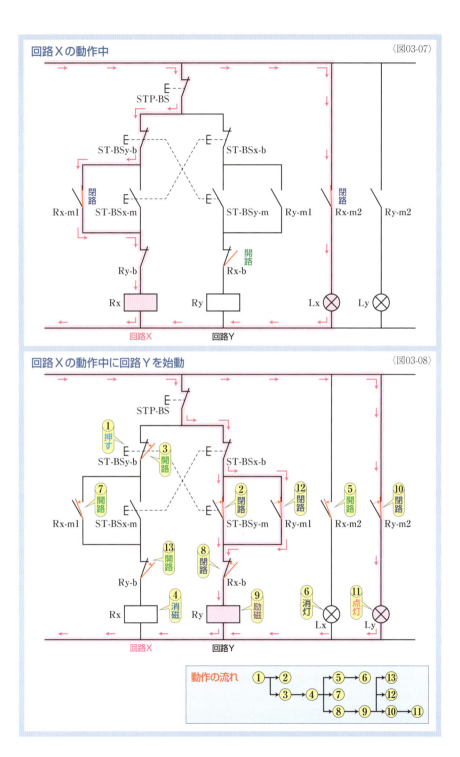

Chapter 06 | Section 04
順序動作回路

[決められた順序でしか始動できない回路]

　始動の順序が定められた複数の回路を、定められた順序以外の順では始動できないようにした回路を**順序動作回路**という。**順序始動回路**や単に**順序回路**ということもある。各回路が直列につながれるため、**直列優先回路**ともいう。たとえば、回路Ｘ、回路Ｙ、回路Ｚの始動順序がＸ→Ｙ→Ｚの順に定められた回路の場合、全体が停止している状態で、回路Ｙと回路Ｚの始動スイッチを操作しても、それぞれの回路は始動できず、回路Ｘであれば始動できる。続いて、回路Ｘだけが動作中に回路Ｚの始動スイッチを操作しても、回路Ｚは始動できないが、回路Ｙは始動できる。回路Ｘと回路Ｙが動作していれば、回路Ｚの始動が可能になる。複数のベルトコンベアをつないで使用する場合、下流のコンベアを先に始動させなければならないといったように、シーケンス制御される機械のなかには、始動に順序が求められる機械は数多い。なお、タイマを利用して自動的に順序始動させる回路（P218参照）もあるため、それぞれの回路に始動スイッチを備えている場合は、**手動順序動作回路**（**手動順序始動回路**、**手動順序回路**）と呼ばれることもある。

◆順序始動回路　〈図04-01〉

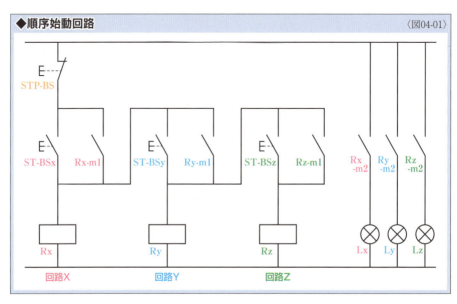

▶順序動作回路の構成と動作

順序動作回路は、電磁リレーの接点を他の回路を制御するために使うことなく構成できる。〈図04-01〉のように、それぞれの回路の接点部分を直列につないでいけば、順序動作回路になる。なお、縦書きシーケンス図では、信号が上から下に流れるようにするのが、シーケンス図の描き方のルールなので、本来は〈図04-02〉のように描かなければならないが、同じ形が連なり図が複雑にならない場合は、スペース節約のために〈図04-01〉のように描かれることも多い。

動作は次ページで説明するが、**タイムチャート**〈図04-03〉の①の部分のように、全回路が停止している状態で始動スイッチST-BSyやST-BSzを閉路しても回路Yや回路Zは始動できない。タイムチャートの②の部分のように、回路Xだけが動作中に始動スイッチST-BSzを閉路しても回路Zは始動できない。タイムチャートの③の部分のように、回路X→回路Y→回路Zの順序でしか始動できない。

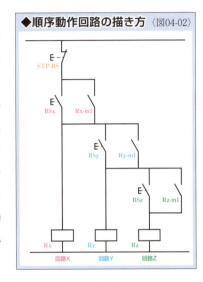

◆順序動作回路の描き方 〈図04-02〉

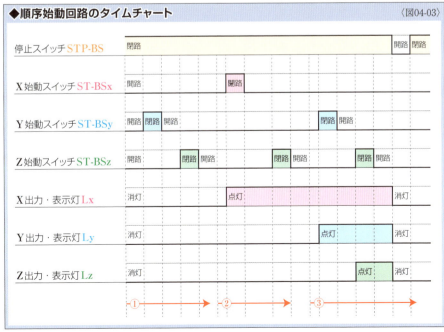

◆順序始動回路のタイムチャート 〈図04-03〉

▶全回路停止中に、回路YとZの始動スイッチを操作

　全回路停止中に、回路Yの始動スイッチST-BSyや回路Zの始動スイッチST-BSzを操作して閉路にしても、回路XのST-BSxとRx-m1が開路しているので、始動できない。

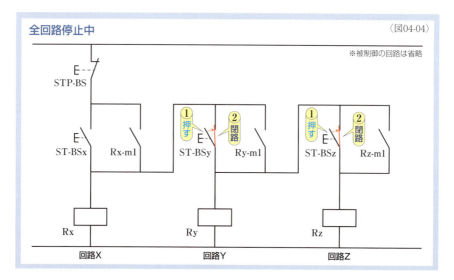

〈図04-04〉

▶回路X動作中に、回路Zの始動スイッチを操作

　回路Xが始動して自己保持を開始すると接点Rx-m1が閉路するが、始動スイッチST-BSzを閉路しても、回路YのST-BSyとRy-m1が開路しているので、回路Zは始動できない。

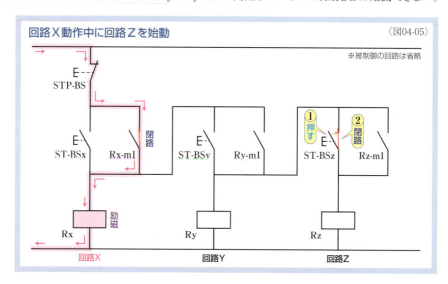

〈図04-05〉

▶回路X動作中に、回路Yの始動スイッチを操作

　回路Xが動作すると接点Rx-m1が閉路しているため、始動スイッチST-BSyを閉路すれば、電磁リレーのコイルRyが励磁され、回路Yが始動し、自己保持が開始される。

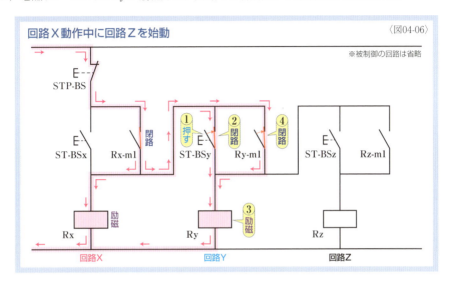

〈図04-06〉

▶回路Xと回路Yが動作中に、回路Zの始動スイッチを操作

　回路Xと回路Yが動作すると接点Rx-m1とRy-m1が閉路しているため、始動スイッチST-BSzを閉路すれば、電磁リレーのコイルRzが励磁され、回路Zが始動する。

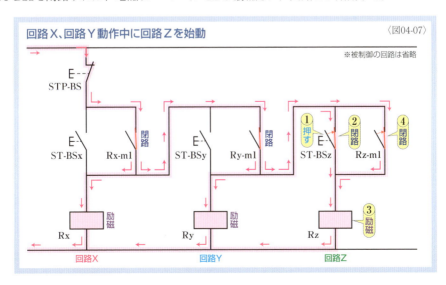

〈図04-07〉

Chapter 06 | Section 05
順序停止回路

[決められた順序でしか停止できない回路]

前のChapterで説明した〈図04-01〉の**順序動作回路**(P182参照)は、各回路の停止スイッチを1つにまとめてあるので、停止スイッチを押すと全回路が同時に停止する。しかし、シーケンス制御される機械のなかには、停止に順序が求められる機械もある。特に、始動に順序が求められる機械では、逆順序での停止が求められることが多い。こうした機械の制御に用いられるのが**順序停止回路**だ。停止の順序が定められた複数の回路を、定められた順序以外の順では停止できないようにしてある。タイマを利用して自動的に順序停止させる回路もあるため、各回路に停止スイッチを備えている場合は**手動順序停止回路**ともいう。

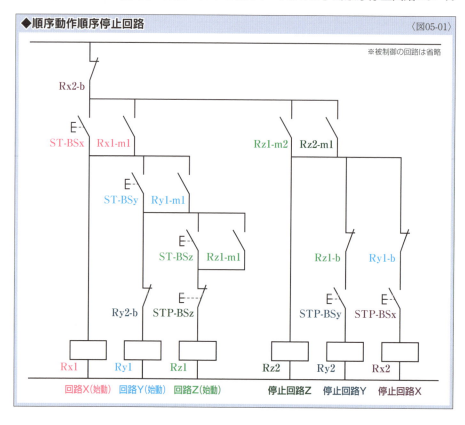

◆順序動作順序停止回路 〈図05-01〉

▶順序動作順序停止回路の構成と動作

シーケンス図の描き方は異なっているが、〈図05-01〉は前のChapterで説明した**順序動作回路**に、**順序停止回路**を加えた**順序動作順序停止回路**だ。右側に加えられた3つの電磁リレーを含む回路が、順序停止を行う回路だ。電磁リレーRz2を含む回路は、停止回路Zとしているが、この回路は、回路Zが動作したことを記憶している回路だと考えることができる。また、停止回路Yに備えられた電磁リレーRz1のブレーク接点Rz1-bと、停止回路Xに備えられた電磁リレーRy1のブレーク接点Ry1-bは、それぞれ**禁止入力接点**として各回路の停止が行えないようにしている。

▶全回路動作中に、回路Xの停止スイッチを操作

順序動作により始動し全回路が動作中は、電磁リレーRz1のメーク接点Rz1-m2が閉路することで、電磁リレーRz2を励磁し、自己保持接点Rz2-m1を閉路している。この状態で回路Xの停止スイッチSTP-BSxを押して閉路しても、Ry1-bが開路しているため、何も変化は起こらない。回路Yの停止スイッチSTP-BSyを操作した場合も同様だ。

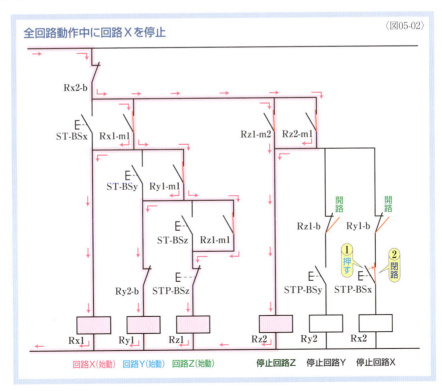

〈図05-02〉全回路動作中に回路Xを停止

▶全回路動作中に、回路Zの停止スイッチを操作

　全回路が動作中に操作することができる停止スイッチは、回路Zのものだけだ。〈図05-03〉のように、①回路Zの停止スイッチSTP-BSzを押すと、②ブレーク接点STP-BSzが開路して電流が流れなくなるため、③電磁リレーRz1のコイルが消磁され、各接点が復帰する。

　ブレーク接点STP-BSzが開路した時点でバイパス経路を電流が流れなくなっているが、④回路Zの自己保持接点Rz1-m1が開路することで、停止スイッチSTP-BSzを戻して閉路させても、再び電磁リレーRz1が励磁されて、回路Zが動作することがなくなる。電磁リレーRz1の復帰によって、⑤停止回路Zの動作を開始させた接点Rz1-m2も開路するが、すでに自己保持接点Rz2-m1が閉路しているため、停止回路Zは動作を続ける。これは、回路Xと回路Yの停止の準備だといえる。また、⑥停止回路Yの禁止入力であるブレーク接点Rz1-bが閉路して、禁止を解除し、回路Yの停止の準備が整う。

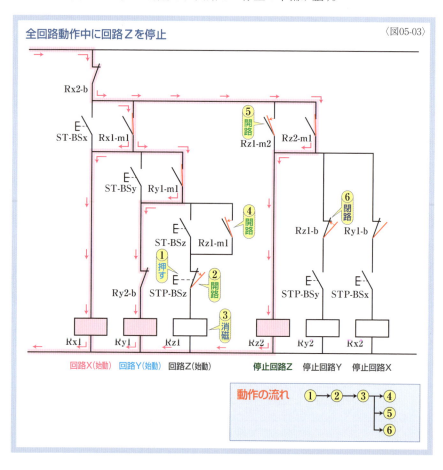

〈図05-03〉全回路動作中に回路Zを停止

▶回路Xと回路Yの動作中に、回路Yの停止スイッチを操作

　回路Zが停止しても、停止回路Xの禁止入力接点Ry1-bは開路しているため、回路Xの停止スイッチSTP-BSxを操作しても、何も変化は起こらない。この状態で操作することができる停止スイッチは、回路Yのものだけだ。〈図05-04〉のように、①回路Yの停止スイッチSTP-BSyを押すと、②メーク接点STP-BSyが閉路して、③停止回路Yの電磁リレーRy2のコイルが励磁される。これにより、④回路Yに備えられたブレーク接点Ry2-bが開路して電流が流れなくなるため、⑤電磁リレーRy1のコイルが消磁され、各接点が復帰する。

　ブレーク接点Ry2-bが開路した時点でバイパス経路を電流が流れなくなっているが、⑥回路Yの自己保持接点Ry1-m1が開路することで、停止スイッチSTP-BSyを戻して開路させ、電磁リレーRy2が消磁され、ブレーク接点Ry2-bが復帰しても、回路Yが動作することがなくなる。また、電磁リレーRy1の復帰によって、⑦停止回路Zの禁止入力であるブレーク接点Ry1-bが閉路して、禁止を解除し、回路Xの停止の準備が整う。

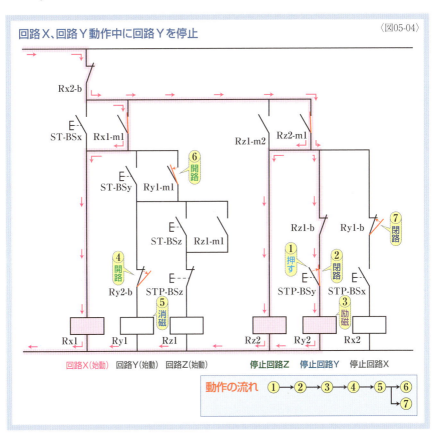

〈図05-04〉回路X、回路Y動作中に回路Yを停止

▶回路Xの動作中に、回路Xの停止スイッチを操作

最後に残った回路Xは、当然のごとく回路Xの停止スイッチで停止を行う。〈図05-05〉のように、①回路Xの停止スイッチSTP-BSxを押すと、②メーク接点STP-BSxが閉路して、③停止回路Xの電磁リレー Rx2のコイルが励磁される。これにより、〈図05-06〉のように、④ブレーク接点Rx2-bが開路する。この接点Rx2-bは、上側の電源母線に唯一つながっている接続線上にあるので、ここが開路すればすべての回路が停止するので、全回路が始動前の状態に戻ることになる。

念のために各電磁リレーの復帰する状況を見ていくと、まず、⑤回路Xの電磁リレー Rx1が消磁され、⑥自己保持接点Rx1-m1が開路する。また、⑦停止回路Zの電磁リレー Rz2が消磁され、⑧自己保持接点Rz2-m1が開路する。さらに、⑨停止回路Xの電磁リレー Rx2が消磁される。つまり、電磁リレー Rx2は動作すると、自分自身のブレーク接点が開路することによって、必ず瞬時に復帰するリレーということだ。最終的に、⑩ブレーク接点Rx2-bが閉路して、全回路が完全にリセットされる。この状態で操作することができるスイッチは、始動スイッチST-BSxだけになる。

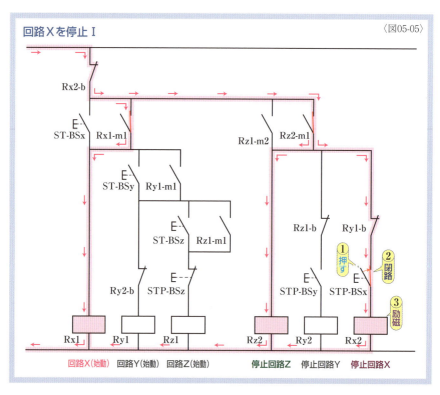

〈図05-05〉

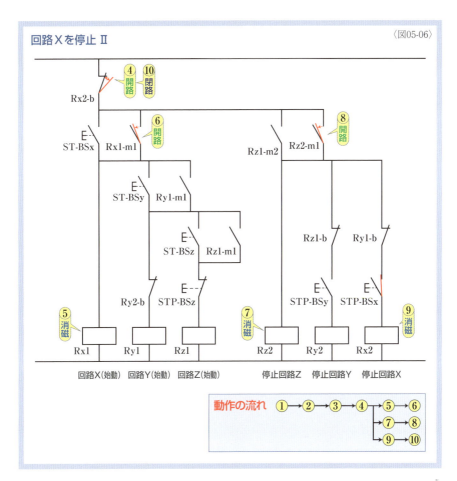

　なお、回路Xを停止するブレーク接点Rx2-bの位置は、回路Yの場合と同じように、自己保持回路の並列部分と電磁リレーのコイルの間（シーケンス図ではRy2-bの左隣の接続線上）でもかまわないように見える。実際、〈図05-07〉のようにブレーク接点Rx2-bを配置すれば、電磁リレーRx2の動作によって、回路Xの電磁リレーRx1を復帰させることができる。しかし、電磁リレーRx1は復帰するが、停止回路Zの電磁リレーRz2と停止回路Xの電磁リレーRx2の動作が続いてしまう。すべての回路を完全にリセットするには、現状のRx2-bの位置である必要がある。

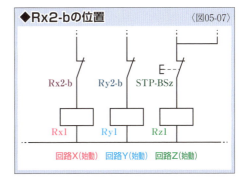

Chapter 06 | Section 06
電源側優先回路

[優先順位の高い回路だけが動作できる]

複数の回路に優先順位を定め、優先順位の高い回路だけが単独で動作できるようにした回路が**電源側優先回路**だ。順序動作回路の場合は、定められた順序にしたがえばすべての回路を動作させることができるが、電源側優先回路では動作できる回路は常に1つだけになる。たとえば、優先順位の高いほうから順に回路X、回路Y、回路Zの場合、全体が停止している状態であれば、どの回路も単独で始動することができる。しかし、回路Yが動作していると、回路Zは始動できず、回路Xを始動すると、回路Yが停止する。回路Xが動作中は、回路Yも回路Zも始動できない。もっとも優先順位の低い回路Zが動作中は、回路Xも回路Yも始動することができる。回路の構造上、優先順位の高い回路ほど、電源の近くに配置されることになるので、電源側優先回路と呼ばれるわけだ。優先順位の低い回路ほど下流になる。また、構造上は各回路が直列に配置されるので、電源側優先回路も**直列優先回路**と呼ばれることがある。

◆電源側優先回路 〈図06-01〉

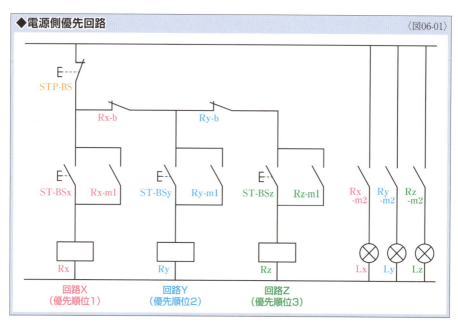

▶電源側優先回路の構成

　電源側優先回路は自己保持しない回路でも考えることができるが、実際のシーケンス制御では自己保持回路に適用されることが多い。〈図06-01〉は優先順位の高いほうから順に自己保持回路X、Y、Zで構成される電源側優先回路だ。停止スイッチは1つにまとめてある。回路Xの電磁リレーRxのブレーク接点Rx-bが、回路Yと回路Zの**禁止入力接点**として配置され、それより下流への電流を制御している。同じく、回路Yの電磁リレーRyのブレーク接点Ry-bが回路Zの禁止入力とされている。もっとも優先順位の低い回路Zの電磁リレーRzのブレーク接点は使う必要がない。

　動作は次ページで説明するが、**タイムチャート**〈図06-02〉の①の部分のように、全回路が停止している状態であれば、どの回路も単独で始動させることができる。しかし、②の部分のように回路Zの動作中は、それより優先順位の高い回路Yの始動スイッチST-BSyを操作すると、回路Zが停止し回路Yが動作する。③の部分のように回路Yが動作中に、回路Zの始動スイッチST-BSzを操作しても変化は起こらないが、回路Xの始動スイッチST-BSxを操作すると、回路Yが停止して回路Xが動作する。また、④の部分のように回路Xの動作中は、回路Yも回路Zも始動できない。タイムチャートには示していないが、回路Zの動作中に、回路Xを始動した場合は、回路Zが停止して回路Xが動作する。

◆電源側優先回路のタイムチャート　〈図06-02〉

▶電源側優先回路の動作

〈図06-01〉の**電源側優先回路**の動作は、難しいものではない。〈図06-03〉のように、優先順位がもっとも高い回路Xの動作中は、電磁リレーRxのブレーク接点Rx-bが開路しているので、回路Yも回路Zも始動することができない。また、〈図06-04〉のように、回路Yの動作中は、電磁リレーRyのブレーク接点Ry-bが開路しているので、回路Zは始動することができないが、始動スイッチST-BSxを押して閉路にすると回路Xが始動し、ブレーク接点Rx-bが開路することで、回路Yが停止する。

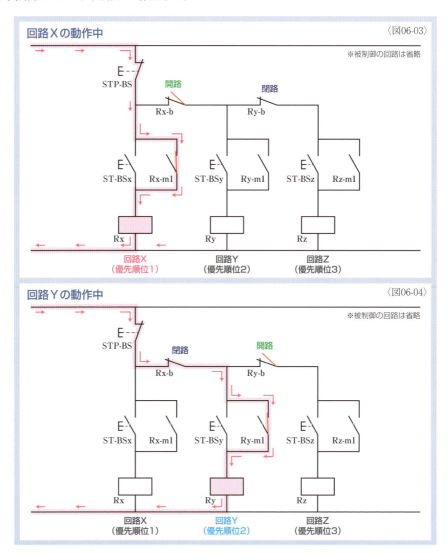

タイマ回路

Section 01：タイマの基本動作 ・・・・・・・・・ 196
Section 02：一定時間後動作回路 ・・・・・・・・ 200
Section 03：一定時間動作回路 ・・・・・・・・・ 204
Section 04：遅延動作一定時間後復帰回路 ・・・ 208
Section 05：繰り返し動作回路 ・・・・・・・・・ 210
Section 06：タイマ順序動作回路 ・・・・・・・ 218
Section 07：タイマによるステップのつなぎ回路 ・・ 222

Chapter 07 | Section 01
タイマの基本動作

[設定した時間が経過してから接点が動作する]

　シーケンス制御では、一定時間ごとに動作の変化が求められることがある。こうした制御に使われるのが**タイマ**だ。**限時リレー**や**限時継電器**ともいい、設定した時間が経過してから接点が動作したり復帰したりする。こうしたタイマを使った回路を**タイマ回路**や**限時回路**という。タイマの動作の基本形は**限時動作形**（**限時動作瞬時復帰形、オンディレイ形**）と**限時復帰形**（**瞬時動作限時復帰形、オフディレイ形**）であり、両方の機能を備えた**限時動作限時復帰形**（**オンオフディレイ形**）もある。現在では、この3種類以外の制御が可能な高機能タイマもある。基本形のタイマを使った場合には他の電磁リレーと回路を組むことで可能になる制御を、高機能タイマだけで行えることもある。しかし、本書はシーケンス制御の基礎知識として、あくまでも基本形のタイマを使った回路を説明する。

　タイマの接点の図記号は、限時動作形／限時復帰形／限時動作限時復帰形それぞれに異なった**遅延動作機能**の**限定図記号**を加えたものを使用する。ちなみに、限時動作形の限定図記号はゆっくり降下していくパラシュートをイメージしたものだといわれている。また、現在では**タイマの駆動部**にコイルが使われていないこともあるが、駆動部の図記号は電磁リレーと同じようにコイルの図記号が伝統的に使われている。言葉でも、「タイマを励磁する」や「タイマを消磁する」と表現されることもあるが、本書ではタイマの駆動部に電流が流れている状態を「**付勢**」、電流が流れていない状態を「**消勢**」と表現する。このほか、「駆動／停止」といった表現が使われることもある。なお、「付勢」や「駆動」といった表現は、電磁リレーにも使うことができる。

◆タイマの図記号（いずれもメーク接点） 〈図01-01〉

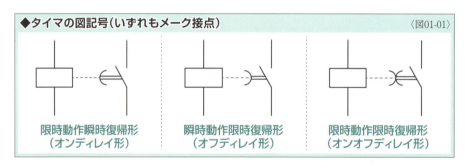

| 限時動作瞬時復帰形 | 瞬時動作限時復帰形 | 限時動作限時復帰形 |
| （オンディレイ形） | （オフディレイ形） | （オンオフディレイ形） |

▶限時動作瞬時復帰形タイマの基本回路

限時動作瞬時復帰形タイマは、その名の通り、**動作**は**限時**であるため、タイマが**付勢**されてもすぐには接点が動作せず、設定時間だけ遅れて接点が動作する。いっぽう、**復帰**は**瞬時**であるため、タイマが**消勢**されると同時に接点が復帰する。

〈図01-02〉は**限時動作形タイマ**の基本回路だ。**タイムチャート**〈図01-03〉のように、押しボタンスイッチBS1を操作していない状態では、表示灯RL1が消灯し、表示灯GL1が点灯している。スイッチを押してBS1を閉路にすると、**タイマの駆動部**TLR1が付勢されるが、すぐには接点は動作しない。設定時間t_1が経過後に**限時メーク接点**TLR1-mが閉路して表示灯RL1が点灯し、**限時ブレーク接点**TLR1-bが開路して表示灯GL1が消灯する。

接点が動作している時間は、押しボタンスイッチBS1によって決まる。BS1を戻して開路にすれば、タイマの駆動部TLR1が消勢され、両接点が瞬時に復帰する。メーク接点TLR1-mが開路することで表示灯RL1が消灯し、ブレーク接点TLR1-bが閉路することで表示灯GL1が点灯する。

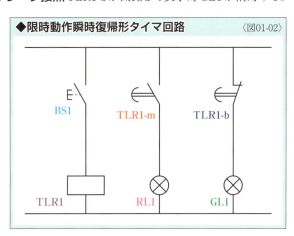

◆限時動作瞬時復帰形タイマ回路　〈図01-02〉

◆限時動作瞬時復帰形タイマ回路のタイムチャート　〈図01-03〉

▶瞬時動作限時復帰形タイマの基本回路

瞬時動作限時復帰形タイマは、**動作**は**瞬時**であるため、電磁リレーと同じように、タイマが**付勢**されると同時に接点が動作する。いっぽう、**復帰**は**限時**であるため、タイマが**消勢**されてもすぐには接点が復帰せず、設定時間だけ遅れて接点が復帰する。

〈図01-04〉は**限時復帰形タイマ**の基本回路だ。**タイムチャート**〈図01-05〉のように、押しボタンスイッチBS2を操作していない状態では、表示灯RL2が消灯し、表示灯GL2が点灯している。スイッチを押してBS2を閉路にすると、**タイマの駆動部**TLR2が付勢されると同時に接点が動作する。メーク接点TLR2-mが閉路して表示灯RL2が点灯し、ブレーク接点TLR2-bが開路して表示灯GL2が消灯する。

押しボタンスイッチBS2を戻して開路にしても、両接点はすぐには復帰しない。タイマの駆動部TLR2が消勢された瞬間から、設定時間t_2が経過した後に両接点が復帰する。メーク接点TLR2-mが開路することで表示灯RL2が消灯し、ブレーク接点TLR2-bが閉路することで表示灯GL2が点灯する。

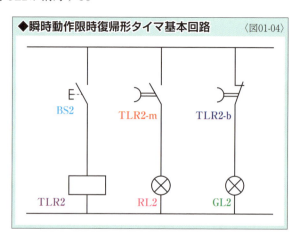

◆瞬時動作限時復帰形タイマ基本回路 〈図01-04〉

◆瞬時動作限時復帰形タイマ基本回路のタイムチャート 〈図01-05〉

▶限時動作限時復帰形タイマの基本回路

限時動作限時復帰形タイマは、限時動作形と限時復帰形の両方の機能を備えていて、設定時間だけ遅れて**動作**し、設定時間だけ遅れて**復帰**する。設定時間は動作と復帰それぞれに設定することができる。

〈図01-06〉は限時動作限時復帰形タイマの基本回路だ。**タイムチャート**〈図01-07〉のように、押しボタンスイッチBS3を操作していない状態では、表示灯RL3が消灯し、表示灯GL3が点灯している。スイッチを押してBS3を閉路にすると、**タイマの駆動部**TLR3が**付勢**されるが、すぐには接点は動作しない。設定時間t_3が経過後にメーク接点TLR3-mが閉路して表示灯RL3が点灯し、ブレーク接点TLR3-bが開路して表示灯GL3が消灯する。

押しボタンスイッチBS3を戻して開路にしても、両接点はすぐには復帰しない。タイマの駆動部TLR3が**消勢**された瞬間から、設定時間t_4が経過した後に両接点が復帰する。メーク接点TLR3-mが開路して表示灯RL3が消灯し、ブレーク接点TLR3-bが閉路して表示灯GL3が点灯する。

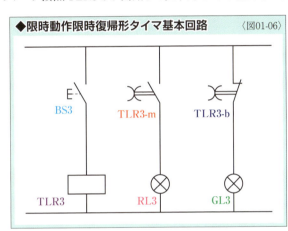

◆限時動作限時復帰形タイマ基本回路 〈図01-06〉

◆限時動作限時復帰形タイマ基本回路のタイムチャート 〈図01-07〉

Chapter 07 | Section 02
一定時間後動作回路

[始動スイッチの操作に遅れて動作する回路]

始動スイッチを操作すると、設定時間後に動作が開始され、停止スイッチを操作するまで動作が続く回路を、**一定時間後動作回路**や**遅延動作回路**という。一定時間後動作回路は、**限時動作瞬時復帰形タイマ**の機能そのものといえる回路だ。前のSectionでは、タイマの基本動作を押しボタンスイッチによる制御で説明したが、現実のシーケンス制御回路では**自己保持回路**によってタイマの付勢と消勢が行われることが多い。

▶一定時間後動作回路1の構成と動作

限時動作瞬時復帰形タイマの基本回路（P197参照）の押しボタンスイッチを電磁リレーの自己保持回路に置き換えると、〈図02-01〉のような**一定時間後動作回路**になる。始動スイッチを押してST-BSを閉路にすると、電磁リレーRが励磁され、自身のメーク接点R-m1によって自己保持が開始される。同時にメーク接点R-m2が閉路することで、タイマの駆動部TLRが付勢され、設定時間の計時が始まる。始動スイッチを戻してST-BSを開路しても、

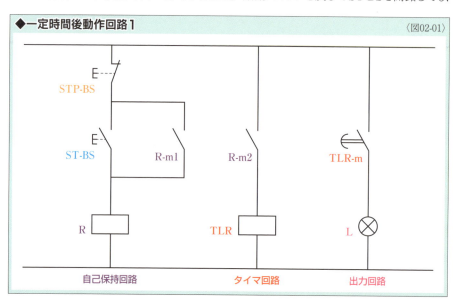

◆一定時間後動作回路1　〈図02-01〉

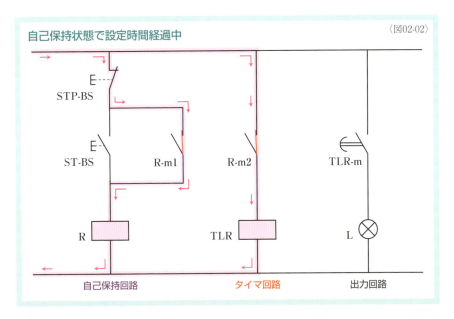

〈図02-02〉自己保持状態で設定時間経過中

自己保持されているので、〈図02-02〉の状態で電磁リレーRの動作とタイマTLRの付勢が続く。設定時間が経過すると、タイマの限時メーク接点TLR-mが閉路し、出力である表示灯Lが点灯する。停止スイッチを押してSTP-BSを開路にすれば、電磁リレーRの自己保持が解除され、メーク接点R-m2が開路することで、タイマTLRが消勢され、表示灯Lが消灯する。これら一連の動作を**タイムチャート**にすると、〈図02-03〉のようになる。

◆一定時間後動作回路のタイムチャート 〈図02-03〉

▶一定時間後動作回路2の構成と動作

前ページで説明した**一定時間後動作回路**でも、問題なく動作するが、実際には〈図02-04〉のように電磁リレーのコイルとタイマの駆動部を並列にした回路が使われることが多い。この回路にすれば、使用する電磁リレーの接点の数を1つ少なくできる。なお、まだシーケンス図や回路図を見慣れていない人のために〈図02-04〉では、並列部分をわかりやすく描いているが、実際には〈図02-05〉のように描かれることが多い。この回路では、〈図02-06〉のような状態で、自己保持しながら設定時間の経過を待つことになる。

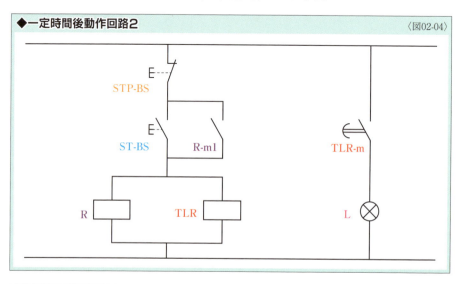

◆一定時間後動作回路2　　　　　　　　　　　　　　　　〈図02-04〉

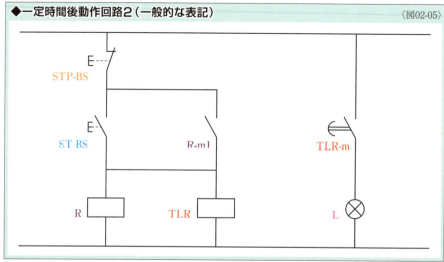

◆一定時間後動作回路2（一般的な表記）　　　　　　　　〈図02-05〉

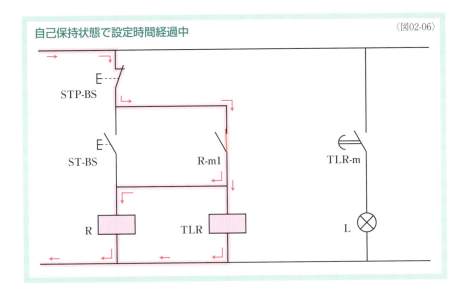

〈図02-06〉自己保持状態で設定時間経過中

▶一定時間後動作回路3の構成

　タイマのなかには**限時接点**とは別に**瞬時接点**を備えているものもある。このタイマ自身のメーク接点で自己保持を行えば、〈図02-07〉のようにもっともシンプルな一定時間後動作回路を構成できる。ただし、タイマの瞬時接点は一般的には1つなので、前後のステップとの連動のために複数の接点が求められる場合には、電磁リレーを併用する一定時間後動作回路にする必要がある。

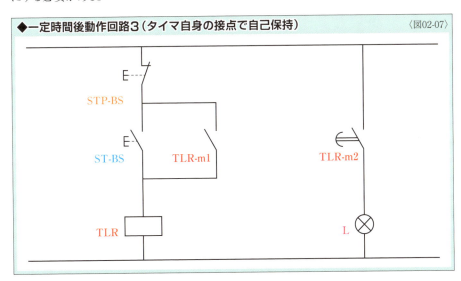

◆一定時間後動作回路3（タイマ自身の接点で自己保持）〈図02-07〉

Chapter 07 Section 03
一定時間動作回路

［設定時間だけ動作して自動的に停止する回路］

　始動スイッチを操作すると、動作が開始され、設定時間だけ動作が続くと、自動的に停止する回路を、**一定時間動作回路**という。一定の間隔だけ動作するので、**間隔動作回路**ともいう。また、1回だけ動作が行われた後に自動的に終了するので**1ショット回路**ともいう。**限時動作瞬時復帰形タイマ**のブレーク接点を利用することで、一定時間後に動作を終了させている。

▶一定時間動作回路の構成

　一定時間動作回路も、〈図03-01〉のように電磁リレーの接点を使ってタイマを制御する回路と、〈図03-02〉のように電磁リレーのコイルとタイマの駆動部を並列にしてまとめて自己保持する回路を考えることができる。どちらの場合も、電磁リレーRの自己保持によって、表示灯Lの点灯を継続させているが、自己保持を解除できる位置にタイマのブレーク接点TLR-bを

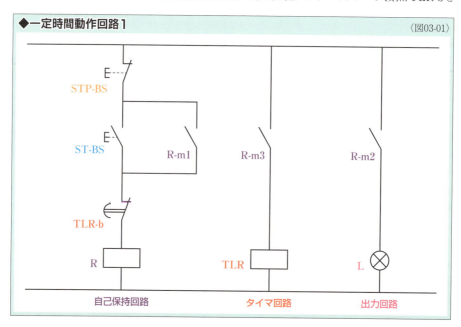

◆一定時間動作回路1　〈図03-01〉

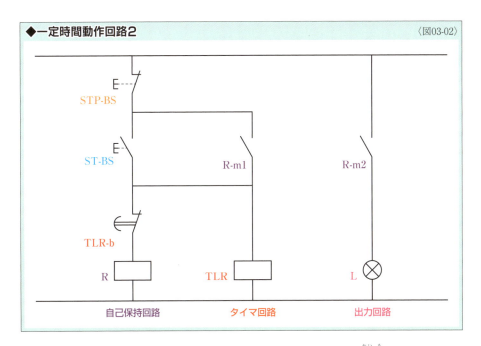

備えている。そのため、設定時間経過後にはブレーク接点TLR-bが開路して自己保持が解除され自動的に動作が終了する。念のために停止スイッチを備えているが、設定時間が経過すれば始動前の状態に自動的に戻るので、通常は停止スイッチを使用することはない。動作は次ページで説明するが、一定時間動作回路の一連の動作を**タイムチャート**にすると、〈図03-03〉のようになる。タイムチャートでは停止スイッチは省略してある。

▶一定時間動作回路の動作

〈図03-02〉の**一定時間動作回路**は、電磁リレーRとともにタイマTLRを自己保持することが動作の基本になっている。電磁リレーRとタイマTLRが並列になっているだけなので、電磁リレー単独での自己保持と動作に大きな違いはない。〈図03-04〉のように、①始動スイッチを押して、②メーク接点ST-BSを閉路にすると、③電磁リレーのコイルRに電流が流れて励磁される。同時に、④タイマの駆動部TLRにも電流が流れて付勢され、設定時間の計時が開始される。また、電磁リレーRが励磁されたことにより、⑤リレーのメーク接点R-m2が閉路して、⑥出力である表示灯Lが点灯する。さらに、⑦メーク接点R-m1が閉路することで、自己保持の準備が整う。⑧始動スイッチを戻して、⑨メーク接点ST-BSを開路にすると、メーク接点R-m1によって電磁リレーRとタイマTLRの自己保持が続く。

設定時間が経過すると、〈図03-05〉のように、⑩タイマのブレーク接点TLR-bが限時復帰して開路する。これにより、⑪電磁リレーのコイルRに電流が流れなくなり消磁される。すると、〈図03-06〉のように、⑫リレーのメーク接点R-m2が開路して、⑬表示灯Lが消灯する。同時に、⑭リレーのメーク接点R-m1が開路して自己保持が解除され、⑮タイマの駆動部TLRにも電流が流れなくなり消勢される。つまり、タイマTLRは自身の接点TLR-bによって

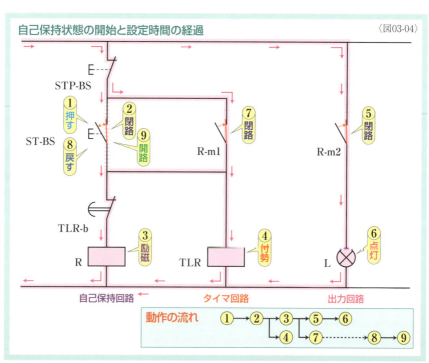

消勢されることになる。タイマ TLR が消勢されると、ブレーク接点 TLR-b が復帰して閉路する。これにより、回路全体が始動前の状態に戻る。

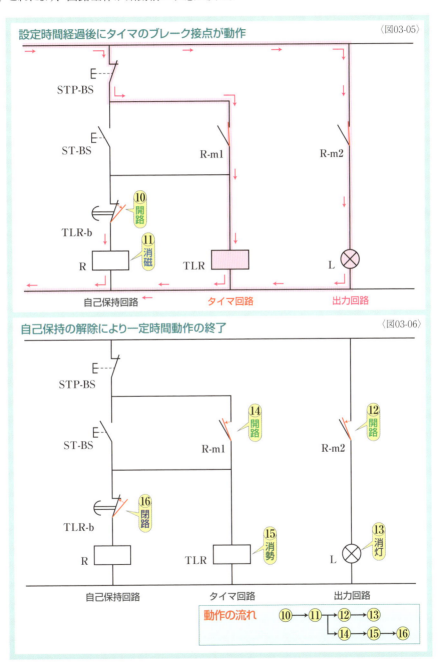

Chapter 07 Section 04
遅延動作一定時間後復帰回路

[設定待ち時間後に始動し設定運転時間だけ動作する回路]

　一定時間後動作回路と一定時間動作回路をあわせた回路が**遅延動作一定時間後復帰回路**だ。始動スイッチを操作すると、設定した**待ち時間**後に運転が開始され、設定した**運転時間**後に自動的に停止する。時刻を設定するわけではないが、運転の開始と終了の時刻を定めることができるので、**定時始動定時停止回路**といわれることもある。

▶遅延動作一定時間後復帰回路の構成と動作

　〈図04-01〉のような**遅延動作一定時間後復帰回路**では、2つのタイマを使用する。一方は**一定時間後動作回路**として待ち時間を担当する待ち時間用タイマTLR1であり、もう一方は**一定時間動作回路**として運転時間を担当する運転時間用タイマTLR2だ。また、電磁リレーは待ち時間を含めて回路が機能している時間すべてを自己保持する始動用電磁リレーSTRと、実際に出力を制御する運転用電磁リレーRの2つのリレーを使用する。

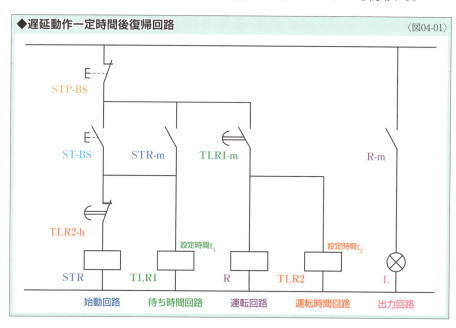

◆遅延動作一定時間後復帰回路　〈図04-01〉

始動スイッチST-BSを操作すると、始動用電磁リレーのコイルSTRが励磁され、メーク接点STR-mが閉路して自己保持が開始される。同時に始動用電磁リレーSTRと並列に接続された待ち時間用タイマの駆動部TLR1も付勢され、待ち時間t_1の計時が始まる。

　待ち時間t_1が経過すると、待ち時間用タイマTLR1のメーク接点TLR1-mが閉路する。これにより運転用電磁リレーのコイルRが励磁され、メーク接点R-mが閉路することで、出力である表示灯Lが点灯する。また、運転用電磁リレーRと並列に接続された運転時間用タイマの駆動部TLR2も付勢され、運転時間t_2の計時が始まる。

　運転時間t_2が経過すると、運転時間用タイマTLR2のブレーク接点TLR2-bが開路する。これにより始動用電磁リレーのコイルSTRが消磁されて、メーク接点STR-mが開路し、自己保持が解除される。結果、待ち時間用タイマの駆動部TLR1が消勢され、メーク接点TLR1-mが開路する。すると、運転用電磁リレーのコイルRが消磁され、メーク接点R-mが開路することで、表示灯Lが消灯する。また、運転時間用タイマの駆動部TLR2も消勢され、ブレーク接点TLR2-bが閉路して初期状態に戻る。

◆遅延動作一定時間後復帰回路のタイムチャート　〈図04-02〉

Chapter 07 | Section 05
繰り返し動作回路

［一定の周期で動作と停止を繰り返す回路］

多ステップで一連の動作を繰り返す**連続サイクル運転**の回路はすべて**繰り返し動作回路**といえるが、一般的に繰り返し動作回路といった場合には、一定の周期で動作と停止を繰り返す回路のことをいう。**繰り返し運転回路**ともいう。たとえば、始動スイッチを操作すると、5分間動作し、3分間停止することを繰り返すような制御だ。こうした制御は運転/停止を繰り返すわけだが、逆に始動スイッチを操作すると、3分間の待ち時間の後、5分間動作し、また待ち時間になるといった制御もある。こうした制御は停止/運転を繰り返すことになる。繰り返し動作回路は、さまざまな構成の回路を考えることができるが、ここでは現実のシーケンス制御でよく使われている回路を説明する。

▶繰り返し動作回路（運転/停止）の構成と動作

〈図05-01〉は運転/停止の順で繰り返す**繰り返し動作回路**だ。電磁リレーは、繰り返しを制御する回路全体を保持する始動用電磁リレー STR、出力を制御する運転用電磁リレ

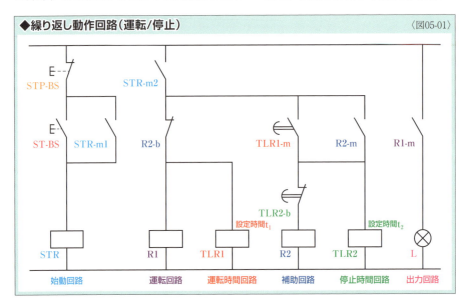

◆繰り返し動作回路（運転/停止）　　〈図05-01〉

ー R1、タイマの動作を補助する補助用電磁リレー R2の合計3つの電磁リレーを使用する。タイマは運転時間用タイマTLR1と、停止時間用タイマTLR2を使用する。**運転時間**はタイマTLR1の設定時間t_1であり、**停止時間**はタイマTLR2の設定時間t_2になる。

▶始動（動作の開始）

①始動スイッチを押して、②メーク接点ST-BSを閉路にすると、③始動用電磁リレーのコイルSTRに電流が流れて励磁される。これにより、④メーク接点STR-m1が閉路して、始動回路の自己保持の準備が整う。また、⑤メーク接点STR-m2が閉路して、実際に制御を行う回路に電流が流れるようになる。

⑥運転用電磁リレーのコイルR1が励磁されることで、⑦メーク接点R1-mが閉路し、⑧出力である表示灯Lが点灯する。運転用電磁リレーのコイルR1と並列にされた⑨運転時間用タイマの駆動部TLR1も付勢され、運転時間t_1の計時が始まる。

すでに自己保持接点であるメーク接点STR-m1が閉路しているので、⑩始動スイッチを戻して、⑪メーク接点ST-BSを開路にしても、電磁リレー STRは動作状態が続く。閉路しているメーク接点STR-m2を通じて、実際に制御を行う電磁リレー R1、R2、タイマTLR1、TLR2の回路に電流が流れ続ける。

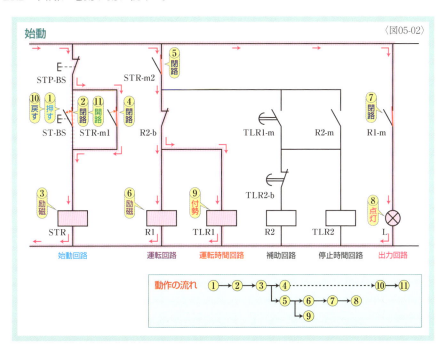

〈図05-02〉

▶運転状態→停止状態（タイマTLR１の運転時間経過後）

　ランプLが点灯するとタイマTLR1の計時が開始される。タイマTLR1に設定された運転時間t_1が経過すると、運転状態から停止状態への移行が開始される。

　運転時間t_1が経過すると、〈図05-03〉のように、①タイマTLR1のメーク接点TLR1-mが閉路して、②補助用電磁リレーのコイルR2に電流が流れて励磁される。同時に、③タイマの駆動部TLR2にも電流が流れて付勢され、停止時間t_2の計時が開始される。

　電磁リレーのコイルR2が励磁されると、〈図05-04〉のように、2つの接点が動作する。④リレーのメーク接点R2-mが閉路することで、電磁リレーR2とタイマTLR2の自己保持が開始される。また、⑤リレーのブレーク接点R2-bが開路する。これにより、⑥電磁リレーのコイルR1に電流が流れなくなって消磁され、⑦タイマの駆動部TLR1にも電流が流れなくなり消勢される。タイマTLR1がリセットされたわけだ。

　電磁リレーのコイルR1が消磁されると、〈図05-05〉のように、⑧リレーのメーク接点R1-mが開路することで、⑨出力である表示灯Lが消灯する。また、タイマの駆動部TLR1が消勢されたことで、⑩タイマTLR1のメーク接点TLR1-mが開路する。これでタイマTLR1が完全に復帰し、次の運転時間の計測に備えることができる。

　繰り返しにおける運転状態は、運転用電磁リレーR1と運転時間用タイマTLR1が動作することで保持されたが、繰り返しにおける停止状態は、補助用電磁リレーR2と停止時間用タイマTLR2が動作することで保持される。また、始動用電磁リレーSTRは、繰り返し動作が続いている間は常に動作している。

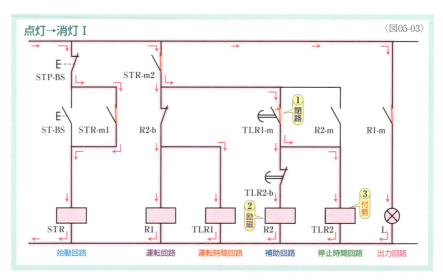

動作から停止への移行に際しては、タイマTLR1は自身のメーク接点TLR1-mの限時動作によって、最終的に自身を復帰させることになる。しかし、自身の接点によってタイマの駆動部TLR1を消勢しているわけではない。タイマのメーク接点TLR1-mの動作は、電磁リレーR2の動作を介して、タイマの駆動部TLR1を消勢しているので、確実にメーク接点TLR1-mの復帰が行われる。

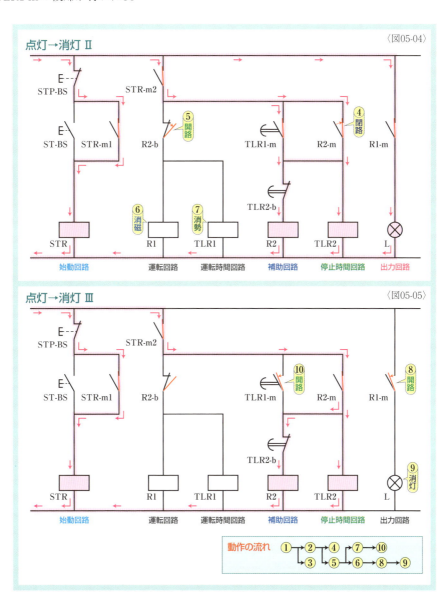

▶停止状態→運転状態(タイマTLR2の停止時間経過後)

　タイマTLR2に設定された停止時間t_2が経過すると、停止状態から運転状態への移行が開始される。〈図05-06〉のように、①タイマTLR2のブレーク接点TLR2-bが開路して、②補助用電磁リレーのコイルR2が消磁される。

　すると、〈図05-07〉のように、③メーク接点R2-mが開路して、④タイマの駆動部TLR2が

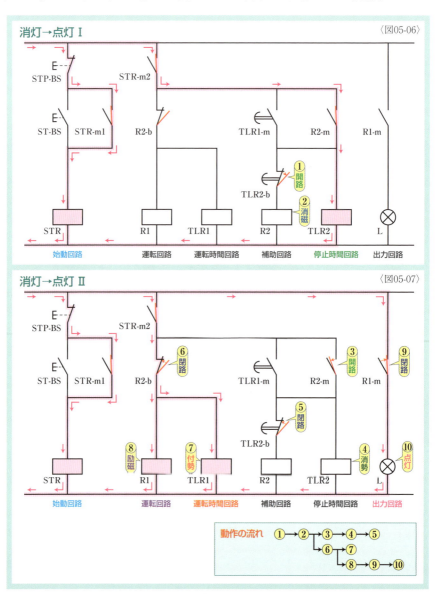

消勢され、⑤ブレーク接点TLR2-bが閉路する。これでタイマTLR2がリセットされたことになる。また、⑥ブレーク接点R2-bが閉路して、⑦運転用電磁リレーのコイルR1が励磁され、⑧メーク接点R1-mが閉路して、⑨表示灯Lが点灯する。コイルR1と並列にされた⑩運転時間用タイマTLR1が付勢され、運転時間t_1の計時が開始される。

これで始動時の〈図05-02〉と同じ運転状態になり、以降は運転と停止の繰り返しが続いていくことになる。これらの動作を**タイムチャート**にまとめると、〈図05-08〉のようになる。図とタイムチャートは省略するが、停止スイッチSTP-BSを操作すれば、始動用電磁リレーSTRの自己保持が解除され、すべての回路に電流が流れなくなり、繰り返し運転が終了する。

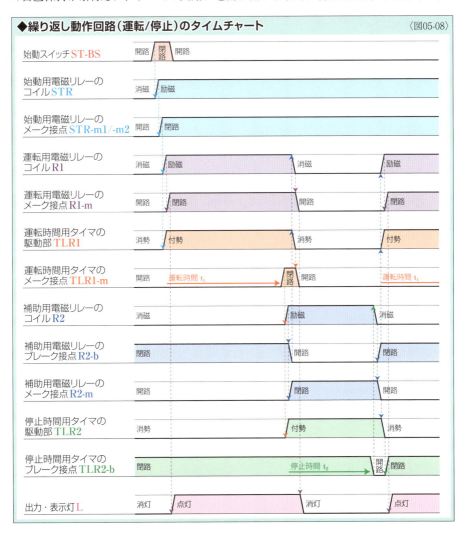

◆繰り返し動作回路（運転/停止）のタイムチャート 〈図05-08〉

▶繰り返し動作回路（停止/運転）の構成

〈図05-09〉は停止/運転の順で繰り返す**繰り返し動作回路**だ。**遅延動作一定時間後復帰回路**（208参照）は、始動スイッチを操作すると、設定した**待ち時間**後に運転が開始され、設定した**運転時間**後に自動的に停止するが、繰り返し動作回路の場合は終了せず、待ち時間後に再び運転が開始される。回路の動作が似ているため、遅延動作一定時間後復帰回路を発展させることで、繰り返し動作回路を構成することができる。

電磁リレーは、繰り返しを制御する回路全体を保持する始動用電磁リレーSTR、出力を制御する運転用電磁リレーRを使用する。タイマは停止時間用タイマTLR1と、運転時間用タイマTLR2を使用する。停止時間はタイマTLR1の設定時間t_1であり、運転時間はタイマTLR2の設定時間t_2になる。

図による動作の説明は省略するが、始動スイッチST-BSを操作して、始動用リレーSTRを自己保持させると、繰り返し動作回路の運転が開始される。しかし、停止状態から始まるため、メーク接点STR-m2が閉路しても、電流が流れるのはタイマの駆動部TLR1だけだ。これにより停止時間t_1の計時が開始される。

停止時間t_1が経過すると、停止時間用タイマのメーク接点TLR1-mが閉路し、運転用電磁リレーのコイルRと運転時間用タイマの駆動部TLR2に電流が流れるようになる。電磁リレーRが励磁されると、メーク接点R-m2が閉路して、出力である表示灯Lが点灯して運転状態になる。同時にタイマTLR2によって運転時間t_2の計時が開始される。また、運転

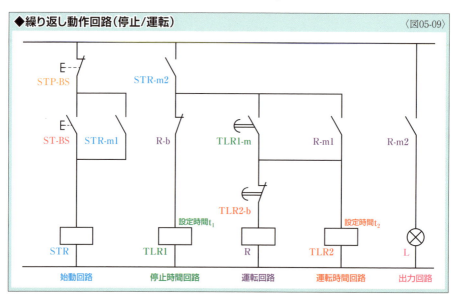

◆繰り返し動作回路（停止/運転）　　〈図05-09〉

用電磁リレーが励磁されると、メーク接点R-m1を閉路して自己保持を行い、ブレーク接点R-bを開路して、停止時間用タイマの駆動部TLR1を消勢する。これによりタイマTLR1がリセットされたことになる。結果として、メーク接点TLR1-mが開路するが、運転用電磁リレーRは自己保持しているため、運転状態が続く。

運転時間t_2が経過すると、運転時間用タイマのブレーク接点TLR2-bが開路し、運転用電磁リレーのコイルRに電流が流れなくなる。これにより表示灯Lが消灯して停止状態になる。メーク接点R-m1が開路することで、運転時間用タイマTLR2がリセットされる。いっぽう、ブレーク接点R-bが閉路することで、停止時間用タイマTLR1が励磁され、停止時間t_1の計時が始まる。

これで始動時と同じ停止状態になり、以降は停止/運転の繰り返しが続いていくことになる。これらの動作を**タイムチャート**にまとめると、〈図05-10〉のようになる。

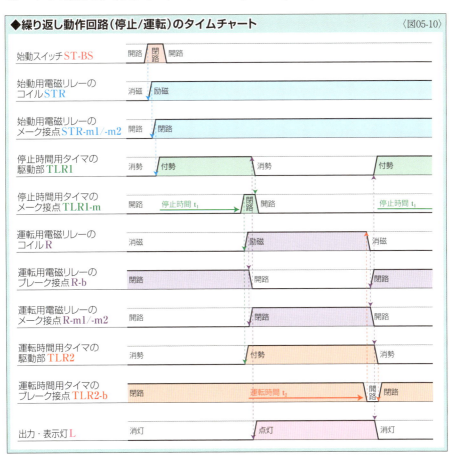

Chapter 07 | Section 06

タイマ順序動作回路

[決められた順序とタイミングで始動する回路]

　Chapter06で説明した**手動順序動作回路**（P182参照）は、複数の回路が定められた順序以外の順では始動できない回路だが、**タイマ順序動作回路**は複数の回路を定められた順序と時間の間隔で自動的に始動していく回路だ。**タイマ順序始動回路**や**タイマ順序回路**ということもある。また、**限時順序動作回路**や**限時順序始動回路**、**限時順序回路**ともいう。たとえば、始動スイッチを操作するとただちに回路Xが始動し、30秒後に回路Yが始動し、さらに1分後に回路Zが始動するといった回路だ。

▶タイマ順序動作回路の構成

　タイマ順序動作回路は、**一定時間後動作回路**を発展させたものだといえる。〈図02-05〉で説明した一定時間後動作回路（P200参照）では、タイマのメーク接点で出力を制御しているが、〈図06-01〉のようなタイマ順序動作回路の場合は、タイマのメーク接点TLRx-mで2番目に動作すべき回路Yを制御し、設定時間後に始動させている。また、〈図02-05〉の一

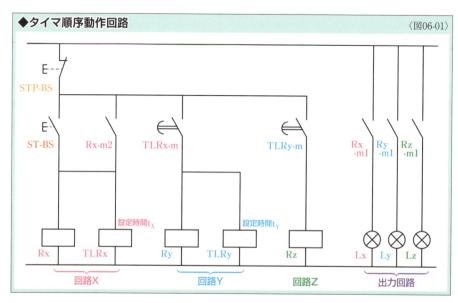

定時間後動作回路では、自己保持のためだけに電磁リレーが使われているが、〈図06-01〉のタイマ順序動作回路では、電磁リレーRxで出力Lxを制御することで、始動スイッチを操作するとただちに動作するようにしている。2番目に始動する回路Yでも同じように、電磁リレーRyで出力を制御し、タイマTLRyで次に始動する回路Zを制御している。ただ、電磁リレーRyは自己保持する必要がない。回路Xの自己保持が続いている限り、回路Yを始動するタイマのメーク接点TLRx-mが閉路しているためだ。回路の動作は次ページで説明するが、**タイムチャート**にまとめると〈図06-02〉のようになる。

◆タイマ順序動作回路のタイムチャート 〈図06-02〉

219

▶タイマ順序動作回路の動作

〈図06-01〉の**タイマ順序動作回路**は、電磁リレーとタイマの並列が基本になっている。電磁リレーが出力を制御し、タイマが次に始動する回路を制御する。

〈図06-03〉のように、①始動スイッチを押して、②メーク接点ST-BSを閉路にすると、③電磁リレーのコイルRxに電流が流れて励磁され、④タイマの駆動部TLRxにも電流が流れて付勢される。設定時間t_Xの計時が開始される。この設定時間後に回路Yが始動することになる。

電磁リレーのコイルRxが励磁されると、⑤リレーのメーク接点Rx-m1が閉路して、⑥出力である表示灯Lxが点灯する。同時に、⑦メーク接点Rx-m2が閉路することで、自己保持の準備が整う。⑧始動スイッチを戻して、⑨メーク接点ST-BSを開路にしても、メーク接点Rx-m2によって自己保持されている電磁リレーRxとタイマTLRxの動作状態が続く。

設定時間t_Xが経過すると、〈図06-04〉のように、⑩タイマTLRxのメーク接点TLRx-mが閉路して、⑪電磁リレーのコイルRyに電流が流れて励磁される。これにより、⑫リレーのメーク接点Ry-m1が閉路して、⑬出力である表示灯Lyが点灯する。また、メーク接点TLRx-mが閉路すると、⑭タイマの駆動部TLRyにも電流が流れて付勢され、設定時間t_Yの計時が開始される。

設定時間t_Yが経過すると、〈図06-05〉のように、⑮タイマTLRyのメーク接点TLRy-mが

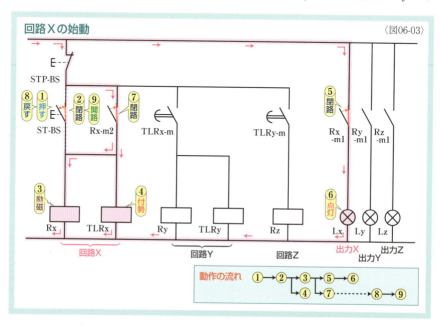
〈図06-03〉回路Xの始動

閉路して、⑯電磁リレーのコイルRzに電流が流れて励磁される。これにより、⑰リレーのメーク接点Rz-m1が閉路して、⑱出力である表示灯Lzが点灯する。これにより、定められた順番とタイミングで全回路が始動したことになる。

　図は省略するが、停止スイッチSTP-BSを押して開路にすれば、すべての制御回路に電流が流れなくなり、初期状態に戻る。

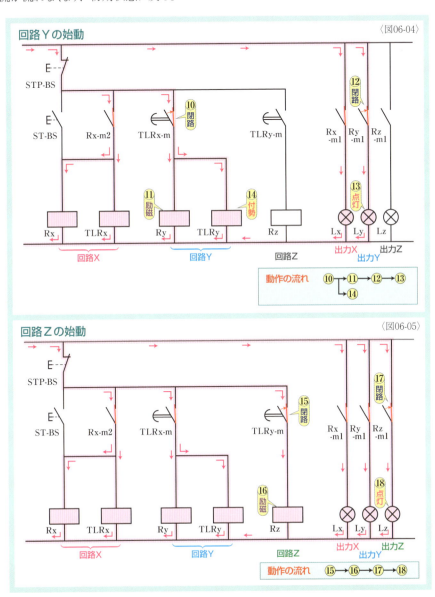

Chapter 07 | Section 07
タイマによるステップのつなぎ回路

［設定時間後にステップが移行する回路］

　Chapter05の「自己保持回路の多ステップ化（P148参照）」では、リミットスイッチの動作によって新たなステップが始動し、それまで動作していたステップが終了するというステップのつなぎ方を説明したが、現実のシーケンス制御では、時間経過によって次のステップに移行する自動制御もよく使われている。こうした場合には、**タイマによるステップのつなぎ回路**が使われる。たとえば、始動スイッチを操作するとステップXが始動し、30秒後にステップXが終了してステップYが始動、さらに1分後にステップYが終了してステップZが始動するといった動作が行われる回路だ。

　Section06で説明しているように、順次回路が始動していき最終的にはすべての回路が動作する回路を本書では**タイマ順序動作回路**（P218参照）としているが、タイマによるステップのつなぎ回路もタイマ順序動作回路と呼ばれることもある。実際にタイマによって順番に回路が始動していくが、ステップのつなぎ回路の場合は、新しいステップを始動すると、それまで動作していたステップが終了する。動作しているステップは常に1つだ。

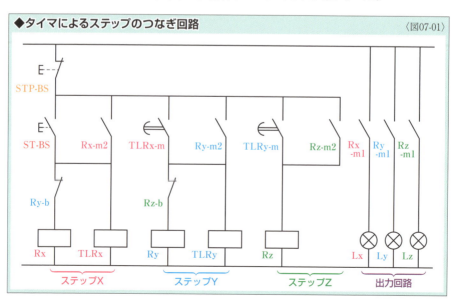

◆タイマによるステップのつなぎ回路　〈図07-01〉

▶タイマによるステップのつなぎ方

タイマによるステップのつなぎ回路は、同じ名称で呼ばれることもある**タイマ順序動作回路**を発展させたものだと考えることができる。各ステップの基本形は、出力を制御する電磁リレーと動作する時間を制御するタイマを並列にしたものだ。タイマによるステップのつなぎ回路の場合は、移行時に前のステップを終了させる必要があるので、電磁リレーのブレーク接点を利用して、前のステップの電磁リレーを復帰させている。また、タイマ順序動作回路では、最初に始動した回路の自己保持によってすべての回路の動作状態が保持されるが、タイマによるステップのつなぎ回路では、動作しているステップは常に1つなので、それぞれのステップが自己保持できるようにしてある。

▶ステップXの始動

①始動スイッチを押して、②メーク接点ST-BSを閉路にすると、③電磁リレーのコイルRxに電流が流れて励磁され、④タイマの駆動部TLRxにも電流が流れて付勢される。電磁リレーのコイルRxが励磁されると、⑤リレーのメーク接点Rx-m1が閉路して、⑥出力である表示灯Lxが点灯する。同時に、⑦メーク接点Rx-m2が閉路することで、自己保持の準備が整う。⑧始動スイッチを戻して、⑨メーク接点ST-BSを開路にしても、メーク接点Rx-m2によって自己保持されている電磁リレーRxとタイマTLRxの動作状態が続く。

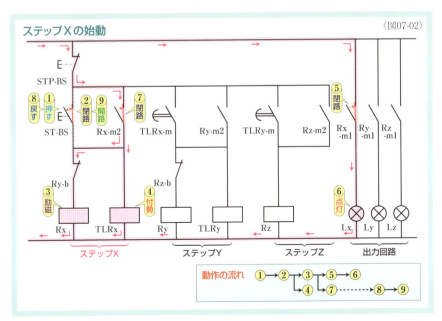

〈図07-02〉

▶ステップYの始動（タイマTLRxの設定時間経過後）

ステップXの動作が開始してから、タイマTLRxの設定時間t_Xが経過すると、ステップXからステップYへの移行が開始される。

設定時間t_Xが経過すると、〈図07-03〉のように、①タイマTLRxのメーク接点TLRx-mが閉路して、②電磁リレーのコイルRyに電流が流れて励磁される。同時に、③タイマの駆動部TLRyにも電流が流れて付勢され、設定時間t_Yの計時が開始される。これによりステップZの始動の準備が始まったといえる。

電磁リレーのコイルRyが励磁されると、〈図07-04〉のように、電磁リレーRyの3つの接点が動作する。④リレーのメーク接点Ry-m1が閉路することで、⑤出力である表示灯Lyが点灯する。また、⑥メーク接点Ry-m2が閉路することで、電磁リレーRyとタイマTLRyの自己保持が開始される。さらに、⑦リレーのブレーク接点Ry-bが開路する。これにより、⑧電磁リレーのコイルRxに電流が流れなくなり消磁される。

電磁リレーのコイルRxが消磁されると、〈図07-05〉のように、2つの接点が復帰する。⑨リレーのメーク接点Rx-m1が開路することで、⑩出力である表示灯Lxが消灯する。また、⑪メーク接点Rx-m2が開路することでステップXの自己保持が解除される。これにより、⑫タイマの駆動部TLRxが消勢され、⑬タイマTLRxのメーク接点TLRx-mが開路する。

ステップXからステップYの移行に際しては、タイマTLRxは自身のメーク接点TLRx-mの限時動作によって、最終的に自身を復帰させることになる。しかし、自身の接点によってタイマの駆動部TLRxを消勢しているわけではない。タイマのメーク接点TLRx-mの動作は、

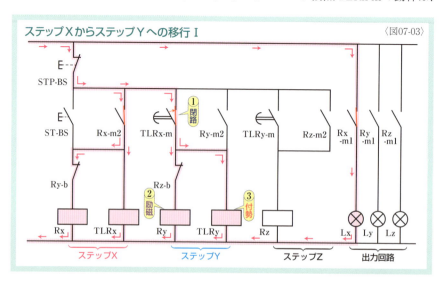

〈図07-03〉 ステップXからステップYへの移行Ⅰ

電磁リレーRyの動作→電磁リレーRxの復帰を経て、タイマの駆動部TLRxを消勢しているので、確実にメーク接点TLRx-mの復帰が行われる。こうした一連の動作にわずかな時間が必要になるため、ステップXからステップYへの移行の途中に、表示灯LxとLyの両方に電流が流れている時間が瞬間的だがある。詳しくは、タイムチャート（P227参照）で確認するとわかりやすい。

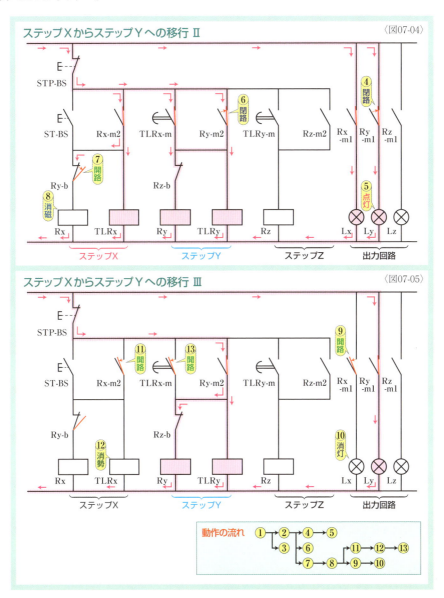

▶ステップZの始動（タイマTLRyの設定時間経過後）

　ステップYの動作が開始してから、タイマTLRyの設定時間t_Yが経過すると、ステップYからステップZへの移行が開始される。文章での動作の説明は省略するが、基本的にはステップXからステップYへの移行の際と同じだ。〈図07-06〉と〈図07-07〉の丸数字の順に追っていけば、どのように移行していくかがわかる。ステップYへの移行との違いとしては、ス

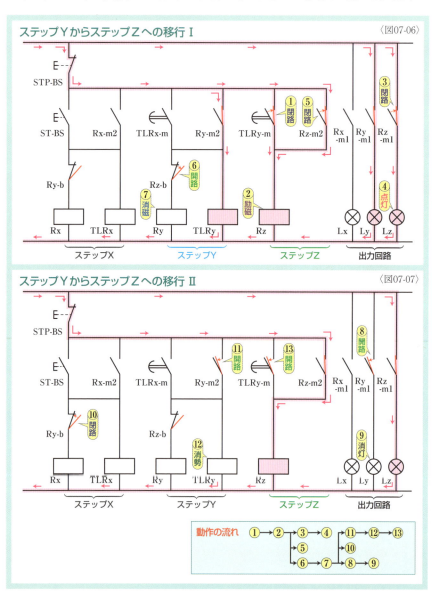

テップZは最後に始動するステップなので、次のステップへつなぐためのタイマがないことぐらいだ。

　タイマによるステップのつなぎ回路のステップからステップへの移行を**タイムチャート**にまとめると、〈図07-08〉のようになる。

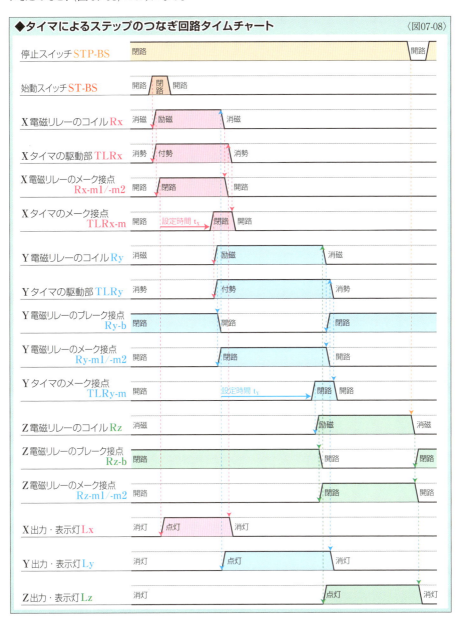

▶タイマによるステップのつなぎ回路の発展形

〈図07-01〉のような**タイマによるステップのつなぎ回路**は、最後に始動したステップZは停止スイッチを操作するまで動作するが、〈図07-09〉のようにステップZにタイマを備えれば、設定時間後に終了する**自動サイクル運転**の回路になる。また、〈図07-10〉のようにステップZの設定時間後にステップXが始動するようにすれば、**連続サイクル運転**の回路になる。

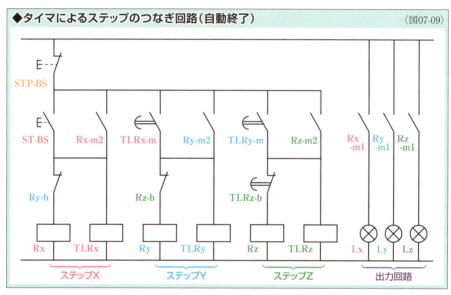

◆タイマによるステップのつなぎ回路（自動終了）　〈図07-09〉

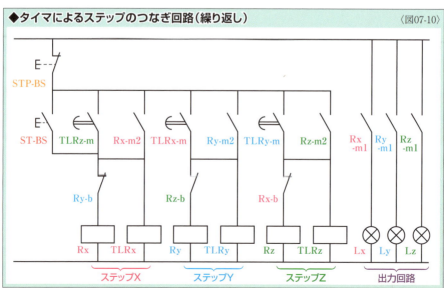

◆タイマによるステップのつなぎ回路（繰り返し）　〈図07-10〉

電動機制御回路

Section 01：電動機制御の主回路と制御回路 ・・・ 230
Section 02：三相誘導電動機の始動制御回路 ・・・ 232
Section 03：三相誘導電動機の正逆転制御回路 ・・・ 238
Section 04：三相誘導電動機の減電圧始動制御回路 244
Section 05：単相誘導電動機の始動制御回路 ・・・ 254

Chapter 08 | Section 01
電動機制御の主回路と制御回路

[電動機の回路と制御の回路に分けられる]

リレーシーケンス制御で使われる**三相誘導電動機**は、200Vの**三相交流**を使用するものが一般的だ。こうした電動機を制御するシーケンス制御回路は、**主回路**と**制御回路**で構成される。主回路とは、制御対象である電動機を駆動する回路のことだ。

制御回路は、主回路の200Vをそのまま使用することもあるが、制御内容が高度で複雑な場合などには、**変圧器**で24Vや12Vに**変圧**して使う。こうすることで、安全が確保され、大容量の負荷によって生じる電圧変動の影響を受けないようにすることができる。制御機器に応じて直流に**整流**することや、主回路とは別の電源を使用することもある。

▶主回路と制御回路

電源は電力会社から供給される三相交流の**動力幹線**からとる。動力幹線から分岐させたら、**主回路**と**制御回路**の双方を保護するために**過電流遮断器**を備える。過電流遮断器には**主電源スイッチ**としても使用できる**配線用遮断器**（MCCB）が使われることが多いが、**カバー付ナイフスイッチ**が使われることもある。この過電流遮断器以降で制御回路を分岐させる。制御回路には三相3線のうち2線を使用する。通常はS相が**接地**されているため、R相とS相またはT相とS相を使うのが一般的だ（本書ではR相とS相を使用）。

電動機を直接制御する電磁リレーには**電磁接触器**（MC）を使用し、負荷が大きすぎたり故障したりした時の異常電流によって電動機が焼損しないように、過電流保護装置である**サーマルリレー**（THR）を配する。一般的には、電磁接触器とサーマルリレーが一体化された**電磁開閉器**が使われる。電磁接触器は、主回路に主接点、制御回路にコイルと補助接点が備えられ、サーマルリレーは、主回路にヒータ、制御回路に接点が備えられる。サーマルリレーによって主回路と制御回路の保護が協調されているので、制御回路専用の保護は必要ないといえるが、**ヒューズ**などで制御回路が保護されることもある。特に、主回路の配線用遮断器の容量が大きな場合には、ヒューズを配することが多い。なお、サーマルリレーのヒータは3相すべてに備えられることもあるが、2相に備えるだけでもすべての相の異常を検出できるため、2相だけに備えられることが多い。

◆ 電動機制御の主回路と制御回路 〈図01-01〉

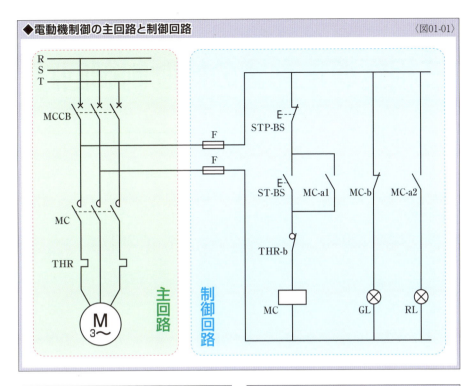

◆ 交流低圧の制御回路 〈図01-02〉

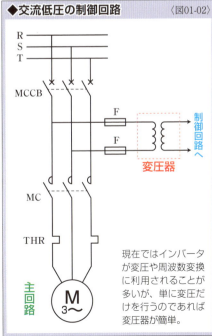

現在ではインバータが変圧や周波数変換に利用されることが多いが、単に変圧だけを行うのであれば変圧器が簡単。

◆ 直流低圧の制御回路 〈図01-03〉

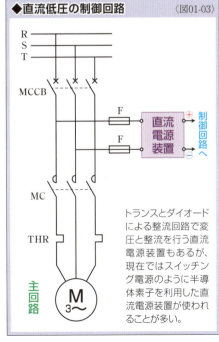

トランスとダイオードによる整流回路で変圧と整流を行う直流電源装置もあるが、現在ではスイッチング電源のように半導体素子を利用した直流電源装置が使われることが多い。

Sec. 01 電動機制御の主回路と制御回路

Chapter 08 | Section 02
三相誘導電動機の始動制御回路

[自己保持回路によって電動機を運転する]

　大形の**三相誘導電動機**では難しいが、小形の三相誘導電動機であれば、直接定格電圧をかけて始動することができる。これを**全電圧始動法**や**直入れ始動法**という。大形の誘導電動機の始動法についてはSection04で説明する(P244参照)。全電圧始動法による**三相誘導電動機の始動制御回路**は、非常に簡単だ。基本は**自己保持回路**であり、この回路に電動機を保護するために**サーマルリレー**を加えている。また、通常は運転状態を示す**表示灯回路**が加えられる。表示灯回路は、運転中は赤色表示灯が点灯し、停止中は緑色表示灯が点灯するようにする。

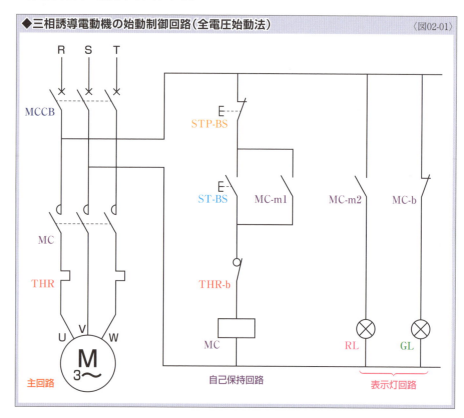

◆三相誘導電動機の始動制御回路(全電圧始動法)　〈図02-01〉

▶三相誘導電動機の始動制御回路の構成 · · · · · · · · ·

〈図02-01〉は**全電圧始動法**による**三相誘導電動機の始動制御回路**だ。動力幹線を分岐したら最初に**主電源スイッチ**を兼用する**配線用遮断器**MCCBを配し、そのうえで**主回路**と**制御回路**に分岐させている。

主回路は**電磁接触器**の**主接点**MC、**サーマルリレーのヒータ**THR、電動機で構成される。いっぽう、制御回路は始動スイッチST-BS、停止スイッチSTP-BS、電磁接触器MCで構成される自己保持回路にサーマルリレーのブレーク接点THR-bを加えている。**自己保持接点**には電磁接触器の**補助接点**のうち、メーク接点であるMC-m1を使用している。表示灯回路も電磁接触器の補助接点を使用し、運転を示す赤色表示灯RLにはメーク接点MC-m2、停止を示す緑色表示灯GLにはブレーク接点MC-bを使用している。一連の動作は次ページで説明するが、**タイムチャート**にすると、〈図02-02〉のようになる。

◆三相誘導電動機の始動制御回路（全電圧始動法）のタイムチャート　　〈図02-02〉

配線用遮断器 MCCB	開路	閉路				開路
停止スイッチ STP-BS	閉路			開路	閉路	
始動スイッチ ST-BS	開路	閉路	開路			
電磁接触器のコイル MC	消磁	励磁		消磁		
電磁接触器の主接点 MC	開路	閉路		開路		
電磁接触器の補助接点 メーク接点 MC-m1/-m2	開路	閉路		開路		
電磁接触器の補助接点 ブレーク接点 MC-b	閉路	開路		閉路		
電動機 M	停止	運転		停止		
赤色表示灯 RL	消灯	点灯		消灯		
緑色表示灯 GL	消灯	点灯	消灯		点灯	消灯
サーマルリレーの ブレーク接点 THR-b	閉路					

Sec.
02
三相誘導電動機の始動制御回路

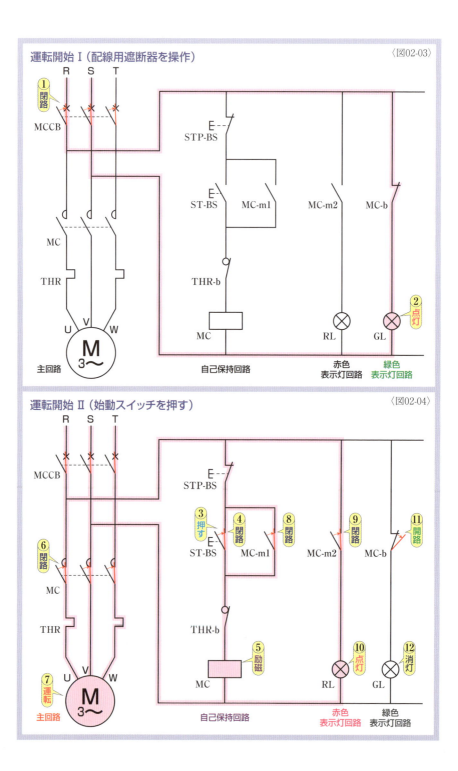

▶三相誘導電動機の始動制御回路の動作

　三相誘導電動機の始動制御回路は自己保持回路が基本になっているので、複雑な動作はない。電磁接触器の主接点と3つの補助接点の動作を考えればよい。

▶電動機の運転開始

　配線用遮断器の操作ハンドルを操作してMCCBを閉路にすると、〈図02-03〉のように緑色表示灯GLが点灯して、運転開始の準備が整う。〈図02-04〉のように始動スイッチST-BSを押して接点を閉路にすると、電磁接触器MCが励磁され、主接点MCが閉路して電動機が動作を開始する。同時に補助接点MC-m1が自己保持の準備を整え、MC-m2が赤色表示灯RLを点灯させ、MC-bが緑色表示灯GLを消灯させる。〈図02-05〉のようにスイッチST-BSを戻しても、電磁接触器MCの自己保持によって電動機の運転状態が保たれる。

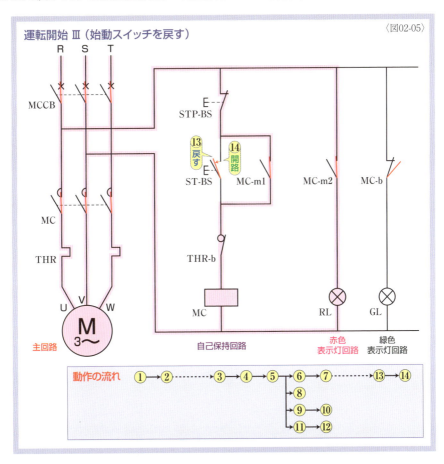

▶電動機の運転終了

電動機の運転を停止するためには、停止スイッチを操作すればよい。〈図02-06〉のように停止スイッチを押してブレーク接点STP-BSを開路にすれば、電磁接触器MCが消磁され、主接点MCが開路して電動機が停止する。同時に補助接点MC-m1が自己保持を解除し、MC-m2が赤色表示灯RLを消灯させ、MC-bが緑色表示灯GLを点灯させる。スイッチSTP-BSを戻しても、電磁接触器MCの自己保持が解除されているので、電動機の停止状態が保たれる。この状態で始動スイッチST-BSを押せば、電動機の運転が再開される。

電動機に過電流が流れた際の動作もまったく同じだ。過電流によるヒータの発熱でブレーク接点THR-bが開路すれば、電動機への電流が電磁接触器によって遮断される。

図は省略するが、完全に制御回路を停止するのであれば、配線用遮断器の操作ハンドルを操作して、MCCBを開路させればよい。

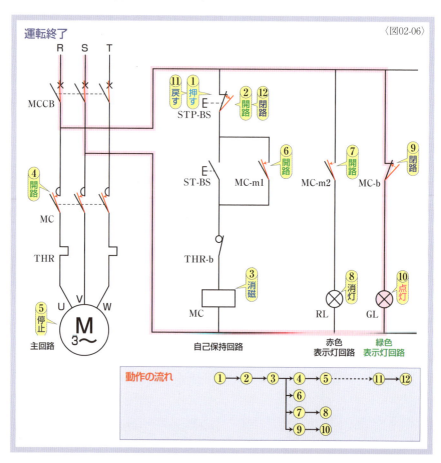

〈図02-06〉

▶サーマルリレーの警報回路

　停止スイッチを操作して正常に電動機の運転を終了させた場合は、始動スイッチを操作すれば運転を開始することができるが、運転中に異常が発生して**サーマルリレー**によって電動機が停止した場合は、始動スイッチを操作しても運転が開始できない。**リセットボタン**を操作しなければ、接点を復帰させることができない。もちろん、復帰させる前には、異常の原因を取り除く必要がある。

　制御盤の近くに操作者がいて、誰も停止スイッチを操作していないのに電動機が停止したのであれば、異常が発生したことがすぐにわかる。しかし、操作者が機械から離れていると、誰かが停止させたのか異常によって停止したのかがわからない。どちらの場合も電動機が停止していて、緑色表示灯が点灯している。違いを明白にしたい場合は**サーマルリレーの警報回路**を加える。サーマルリレーの接点には、メーク接点も用意されているので、〈図02-07〉のように、青色表示灯BLとブザーBZを並列にして、サーマルリレーのメーク接点THR-mで制御すれば、異常の発生を操作者に知らせることができる。サーマルリレーのリセットスイッチを操作するまで、表示灯BLが点灯し続けブザーが鳴り続く。

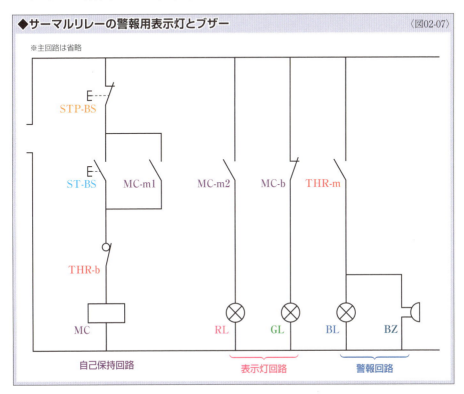

◆サーマルリレーの警報用表示灯とブザー　〈図02-07〉

Chapter 08 | Section 03

三相誘導電動機の正逆転制御回路

［電動機の回転方向をかえる制御］

　シーケンス制御される機械では、往復運動が求められることがある。コンベア、リフト、シャッタなどでは、**電動機**の回転方向をかえることによって、往復運動を実現している。こうした電動機の**正方向回転（正転）**と**逆方向回転（逆転）**を切り換える制御を、**電動機の正逆転制御**や**電動機の可逆運転制御**という。ちなみに、電動機の出力軸の反対側から見て、出力軸が時計方向に回転することを正転という。**三相誘導電動機**の**正逆転制御回路（可逆運転制御回路）**は、正転用の始動制御回路と逆転用の始動制御回路の組み合わせが基本形になるが、安全のために必ず**インタロック**をかける必要がある。

▶三相誘導電動機の正転と逆転 ・・・・・・・・・・・・・・・

　三相交流の3つの**相**の順番のことを**相順**や**相回転**という。それぞれの相は、電源側では**R相/S相/T相**で示され、負荷側では**U相/V相/W相**で示されることが多い。相順にしたがって、電源と**三相誘導電動機**をR相-U相、S相-V相、T相-W相の組み合わせで接続すると正転する。電動機を逆転させる場合は、正転の状態から2相を入れかえればよい。どの2相を入れかえてもかまわないが、たとえばR相-W相、S相-V相、T相-U相の組み合わせにすると、電動機が逆転する。正転と逆転の相の組み合わせをまとめると〈図03-01〉のようになる。

　正逆転切換回路は2台の**電磁接触器**を使用して〈図03-02〉のような回路を構成することが多い。正転用電磁接触器F-MCの**主接点**が閉路するとR相-U相、S相-V相、T相-W相がそれぞれ接続されて、電動機が正転する。逆転用電磁接触器R-MCの主接点が閉路するとR相-W相、S相 V相、T相 U相がそれぞれ接続されて、電動機が逆転する。この回路でもっとも注意すべき点は、両方の電磁接触器の主接点を閉路させないことだ。たとえ一瞬であっても、両主接点が閉路すると、R相とT相が負荷のない状態でつながり**短絡**（P66参照）してしまう。非常に大きな電流が流れ、配線や接点が焼損してしまう。こうした**電源短絡事故**を防ぐために、正逆転制御回路では誤った操作を行っても両主接点が同時に閉路しないようにしなければならない。

◆三相誘導電動機の正転と逆転　　　　　　　　　〈図03-01〉

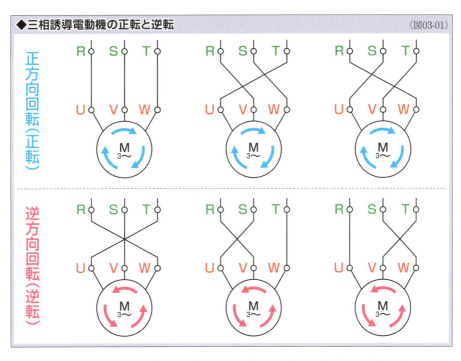

◆三相誘導電動機の正逆転回路　　　　　　　　　〈図03-02〉

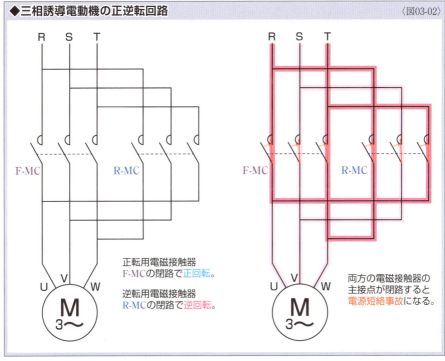

正転用電磁接触器
F-MCの閉路で正回転。

逆転用電磁接触器
R-MCの閉路で逆回転。

両方の電磁接触器の
主接点が閉路すると
電源短絡事故になる。

▶三相誘導電動機の正逆転制御回路の構成······

〈図03-03〉は**全電圧始動法**による**三相誘導電動機**の**正逆転制御回路**だ。**正転用電磁接触器**F-MCと**逆転用電磁接触器**R-MCと、それぞれの**始動制御回路**が基本になっているが、瞬間的であっても両電磁接触器が動作状態になると**電源短絡事故**が生じるため、両回路に**始動時のインタロック**と**動作時のインタロック**をかけている。電動機を保護する**サーマルリレー**THRは1台で両回路を保護できるので、通常は**電磁開閉器**1台と**電磁接触器**1台を使用する。もちろん、回路全体の保護のために**主電源スイッチ**を兼用する**配線用遮断器**MCCBを使用する。操作スイッチは、**正転用始動スイッチ**F-ST-BSと**逆転用始動スイッチ**R-ST-BSをそれぞれの回路に備え、停止スイッチSTP-BSは1つにまとめている。**インタロック**がかかっているため、回転方向をかえる際にはいったん停止スイッチを操作する必要がある。表示灯回路は正転を示す赤色表示灯RL、逆転を示す橙色表示灯OL、停止を示す緑色表示灯GLを使用している。動作は以降のページで説明するが、**タイムチャート**は〈図03-05〉のようになる。

なお、〈図03-03〉ではサーマルリレーのブレーク接点THR-bを上の電源母線寄りに配置しているが、実際には〈図03-04〉のように下の電源母線寄りに配置されることがある。下の電源母線寄りには負荷を配置するというシーケンス図のルールが守られないことになるが、電磁開閉器の内部配線の都合上、こうした配置になってしまう。

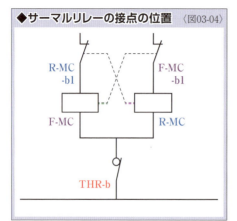

◆サーマルリレーの接点の位置　〈図03-04〉

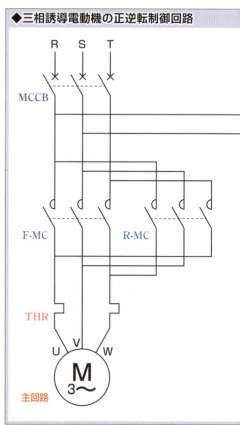

◆三相誘導電動機の正逆転制御回路

◆三相誘導電動機の正逆転制御回路のタイムチャート　〈図03-05〉

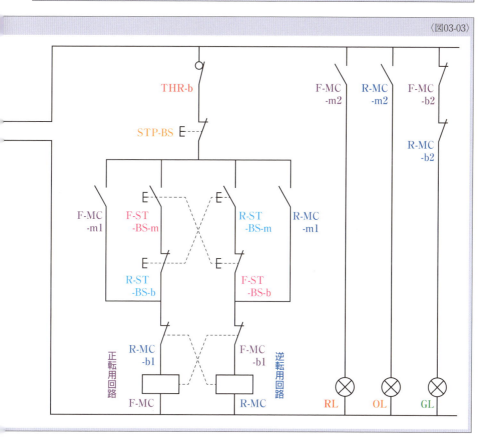

〈図03-03〉

▶三相誘導電動機の正逆転制御回路の動作……

〈図03-03〉のような**全電圧始動法**による**三相誘導電動機**の**正逆転制御回路**では、**始動時のインタロック**のために、始動スイッチのメーク接点F-ST-BS-mとR-ST-BS-mを**自己保持開始接点**とし、ブレーク接点F-ST-BS-bとR-ST-BS-bを相手回路の**禁止入力接点**としている。スイッチを操作すると自身の回路を始動すると同時に、相手の回路が始動できないようにしている。〈図03-06〉のように、誤って両方の始動スイッチを押したとしても、両方の電磁接触器が同時に動作することは決してない。

また、**動作時のインタロック**のために、それぞれの電磁接触器の補助ブレーク接点F-MC-b1とR-MC-b1が、相手回路の禁止入力接点として配されている。正転運転中であれば〈図03-07〉のようにF-MC-b1が開路し、逆転運転中であれば〈図03-08〉のようにR-MC-b1が開路している。そのため、運転中にいきなり回転方向をかえようとして、回転方向が逆の始動スイッチを操作しても、何も起こらない。

運転中を示す表示灯RLとOLは、それぞれの電磁接触器の補助メーク接点で点灯させている。いっぽう、停止中を示す表示灯GLは、両電磁接触器の補助ブレーク接点を直列にして制御している。そのため、双方の電磁接触器が復帰している時にだけ点灯する。

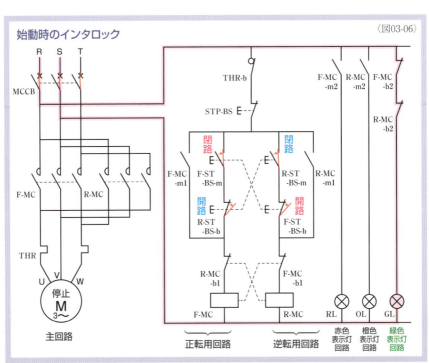
〈図03-06〉

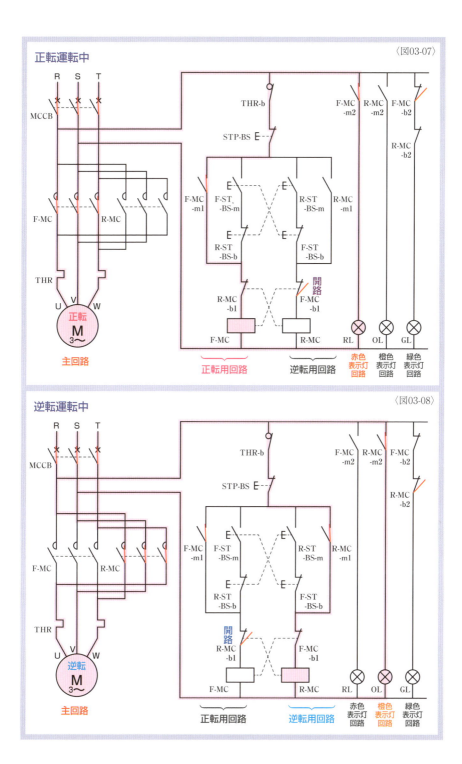

Chapter 08 | Section 04

三相誘導電動機の減電圧始動制御回路

［電動機の始動の際に電圧を切り換える回路］

三相誘導電動機に定格の電圧をかけて始動すると、定格電流の数倍の始動電流というものが流れてしまう。大形の電動機の場合、この始動電流によって配線に電圧降下などが生じて電源に悪影響を与えるとともに、電動機を発熱させたり機械的衝撃を与えたりする。そのため、大形の三相誘導電動機では始動時の電圧を下げて始動電流を抑える減電圧始動法が用いられる。減電圧始動法には、リアクトル始動法、始動補償器始動法などもあるが、よく使われているのがスターデルタ始動法だ。

減電圧始動法を用いる場合、始動時には電動機にかかる電圧を下げておき、一定時間後に全電圧運転に切り換える必要がある。手動で切り換えることも可能だが、タイマを使ったシーケンス制御を採用すれば、自動制御で切り換えを行うことができる。

▶デルタ結線とスター結線

三相誘導電動機には3組のコイルが使われているが、この3組のコイルと三相交流電源の結線には、〈図04-01〉のようなデルタ結線とスター結線の2種類がある。デルタ結線は、Δ結線とも表記され、3組のコイルが三角形になるため三角結線ともいい、△結線とも表記される。いっぽう、スター結線は、3組のコイルが星形になるため星形結線ともいい、結線の形状からY結線や人結線とも表記される。三相交流の電圧は、商用電源であれば3線それぞれの線間電圧を示していて、三相交流200Vなら各線間電圧が200Vになっている。電動機をデルタ結線した場合、各コイルの相電圧は線間電圧と等しいので、各コイルに200Vがかかる。説明は省略するが、スター結線した場合は、各コイルの相電圧が線間電圧の$\frac{1}{\sqrt{3}}$になる。つまり、各コイルには約115Vがかかる。結線方法によってコイルにかかる電圧が異なることを利用した減電圧始動法がスターデルタ始動法だ。

全電圧始動法が使える三相誘導電動機の場合、3つのコイルはデルタ結線してあり、端子はU/V/Wの3つだが、スターデルタ始動法の使用が望ましい電動機の場合は、U/V/W/X/Y/Zの6つ端子があり、電動機の外部で結線が行えるようにされている。シーケンス制御でスターデルタ始動法を行う場合は、〈図04-02〉のような回路を構成する。始動用電磁

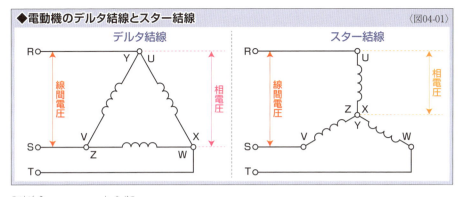

接触器ST-MCは不可欠なものではないが、安全のために使われることが多い。**スター結線運転用電磁接触器**Y-MCと始動用電磁接触器ST-MCの主接点を閉路にすれば電動機は**スター結線運転**になり、**デルタ結線運転用電磁接触器**Δ-MCと始動用電磁接触器ST-MCの主接点を閉路にすれば電動機は**デルタ結線運転**になる。

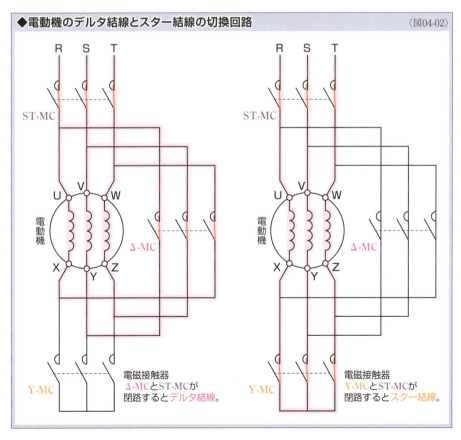

▶三相誘導電動機のスターデルタ始動制御回路の構成

〈図04-03〉は**三相誘導電動機**の**スターデルタ始動制御回路**だ。**限時動作瞬時復帰形タイマ**を利用して**スター結線運転**と**デルタ結線運転**を切り換えている。この**スターデルタ切換用タイマ**TLRのほかに、前ページの〈図04-02〉で説明したように**始動用電磁接触器**ST-MC、**スター結線運転用電磁接触器**Y-MC、**デルタ結線運転用電磁接触器**Δ-MCの3つの電磁接触器を使用している。始動用電磁接触器ST-MCは、主接点で主回路を制御すると同時に、補助メーク接点で制御回路全体を自己保持して動作状態を保っている。スター結線運転用電磁接触器Y-MCはスターデルタ切換用タイマのブレーク接点TLR-bで制御されているので、始動と同時に動作し、設定時間が経過すると復帰する。いっぽう、デルタ結線運転用電磁接触器Δ-MCはスターデルタ切換用タイマのメーク接点TLR-bで制御されているので、設定時間後に動作する。これにより、タイマTLRの設定時間後にスター結線からデルタ結線に切り換わる。電動機の出力や使われている環境によっても異なるが、設定時間は10〜20秒程度のことが多い。

また、電磁接触器Y-MCとΔ-MCの主接点がどちらも閉路になると、**電源短絡事故**が生じてしまうため、スター結線回路とデルタ結線回路には**動作時のインタロック**をかけている。電磁接触器Y-MCの補助ブレーク接点Y-MC-bを、デルタ結線回路に**禁止入力接点**として配し、電磁接触器Δ-MCの補助ブレーク接点Δ-MC-bを、スター結線回路に禁止入力接点として配している。

表示灯はスター結線運転を示す橙色表示灯OL、通常運転であるデルタ結線運転を示す赤色表示灯RL、停止を示す緑色表示灯GLを使用している。橙色表示灯OLは電磁接触器Y-MCの補助メーク接点Y-MC-m、赤色表示灯RLは電磁接触器Δ-MCの補助メーク接点Δ-MC-m、緑色表示灯GLは電磁接触器ST-MCの補助ブレーク接点ST-MC-bで制御している。

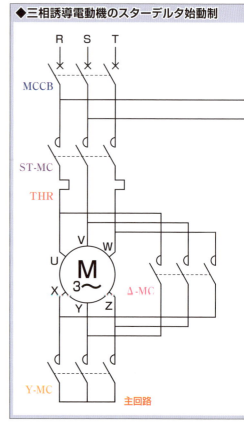

◆三相誘導電動機のスターデルタ始動制

〈図04-04〉 ◆三相誘導電動機のスターデルタ始動制御回路のタイムチャート

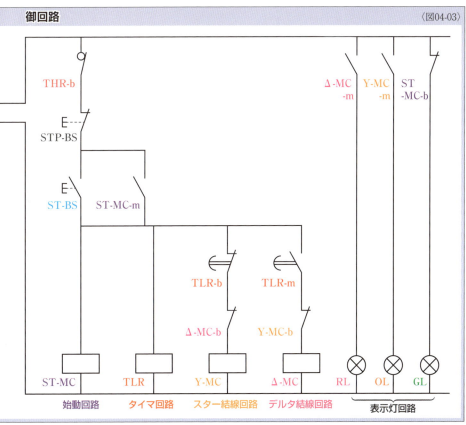

〈図04-03〉 御回路

▶三相誘導電動機のスターデルタ始動制御回路の動作

〈図04-03〉のような**三相誘導電動機**の**スターデルタ始動制御回路**は、タイマを使った回路だが、それほど動作が複雑なわけではない。しかし、同時に複数の電磁接触器が動作したり復帰したりするうえ、それぞれの主接点と補助接点が開路したり閉路したりするので、並行して生じる変化が数多い。

〈図04-05〉のように、①配線用遮断器の操作ハンドルを操作してMCCBを閉路にすると、②緑色表示灯GLが点灯して、運転開始の準備が整う。この状態から、③始動スイッチを押して、④接点ST-BSを閉路にすると、⑤始動用電磁接触器のコイルST-MCの励磁、⑥タイマの駆動部TLRの付勢、⑦スター結線運転用電磁接触器のコイルY-MCの励磁が同時に始まる。この時点でタイマTLRによって設定時間の計時が開始される。

始動用電磁接触器の励磁によって⑧主接点ST-MCが閉路し、スター結線用電磁接触器の励磁によって⑨主接点Y-MCが閉路することで、⑩電動機が**スター結線運転**を開始する。さらに、始動用電磁接触器では、⑪補助メーク接点ST-MC-mが閉路して自己保持の準備を整え、⑫補助ブレーク接点ST-MC-bが開路して、⑬緑色表示灯GLを消灯させる。スター結線運転用電磁接触器では、⑭補助ブレーク接点Y-MC-bが開路してデルタ結線回路にインタロックをかけ、⑮補助メーク接点Y-MC-mが閉路して、⑯橙色表示灯OLを点灯させる。⑰始動スイッチを戻して、⑱接点ST-BSを開路しても、自己保持接点ST-MC-mによって、制御回路全体が保持されているので、スター結線運転が継続される。

タイマの設定時間が経過すると、〈図04-06〉のように、⑲限時ブレーク接点TLR-bが開路し、⑳限時メーク接点TLR-mが閉路するが、禁止入力接点Y-MC-bが開路しているためデルタ結線運転用電磁接触器のコイルΔ-MCはすぐには励磁されない。いっぽう、TLR-bの開路によって、㉑スター運転用電磁接触器のコイルY-MCはすぐに消磁され、㉒主接点Y-MCが開路し、㉓電動機のスター結線運転が停止する。また、㉔補助メーク接点Y-MC-mが開路して、㉕橙色表示灯OLが消灯し、㉖補助ブレーク接点Y-MC-bが閉路する。これによりインタロックが解除されたことになり、デルタ結線回路に電流が流れるようになり、㉗デルタ運転用電磁接触器のコイルΔ-MCが励磁され、㉘主接点Δ-MCが閉路して、㉙電動機が**デルタ結線運転**を開始する。また、㉚補助メーク接点Δ-MC-mが閉路して、㉛赤色表示灯RLが点灯する。さらに、㉜補助ブレーク接点Δ-MC-bが開路してスター結線回路にインタロックをかける。これで、スター結線運転からデルタ結線運転への移行が完了し、そのままデルタ結線運転が継続される。なお、移行の際に電動機のスター結線運転が停止すると説明したが、瞬間的に電流が流れなくなるだけで、慣性で回り続けている。

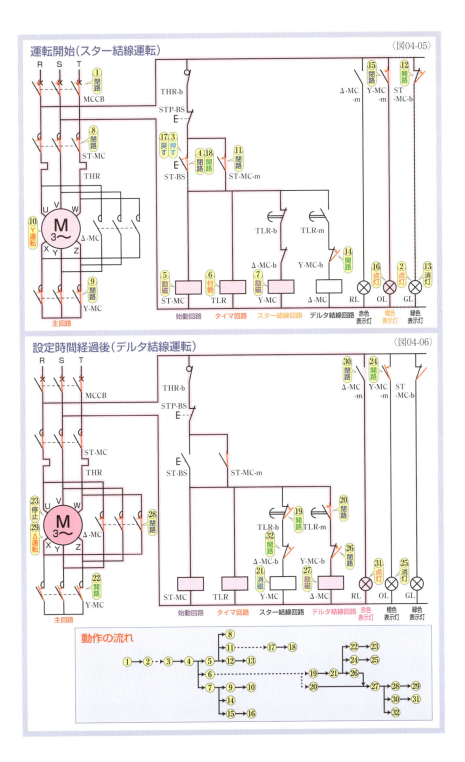

▶三相誘導電動機のスターデルタ始動制御回路の改善

スターデルタ始動制御回路は、ここまでで説明してきた〈図04-03〉（P246～247参照）のような回路で問題なく動作することが多いが、実際に回路を組んで始動してみると、デルタ結線運転に移行できず、配線用遮断器が切れてしまうことがある。つまり、電源短絡事故が起こってしまうことがあるわけだ。また、前日までは正常に使えていたのに、ある日突然、始動できなくなることもあるが、もう一度操作してみると正常に始動でき、数日後に再び始動できなくなるなど、電源短絡事故に再現性がないこともある。本書では省略したが、この回路を遅れ時間を考慮に入れたタイムチャートで検証しても、問題点は見つからないはずだ。

こうしたタイムチャートでは、接点が動作や復帰に要する時間を考慮に入れているわけだが、どの電磁リレーの接点の所要時間も同じにしているし、メーク接点もブレーク接点も同じように捉えている。しかし、現実の電磁リレーの動作や復帰に要する時間は、その構造やばねの強さ、慣性、残留磁気（電流が停止してもコイルに残る磁気）など、さまざまな要素の影響を受ける。そのため、メーク接点とブレーク接点で所要時間が異なるのはもちろん、製品ごとによっても異なるし、同じ型番の製品であっても個体差があったりする。同じ電磁リレーの2つのメーク接点でも、厳密にいえば所要時間に差がある。また、電磁リレーの接点は機械的な動作を伴うため、経年変化による磨耗や劣化で所要時間が変化したり、ばらつきが生じたりすることもある。

こうした接点が動作や復帰に要するわずかな時間の違いが、すべて運の悪いほうに作用すると〈図04-03〉のスターデルタ始動制御回路では電源短絡事故が起こってしまう。これは、電磁接触器Y-MCの復帰とΔ-MCの動作の時間差が小さいことが原因なので、電磁接触器Δ-MCの動作開始を遅らせれば

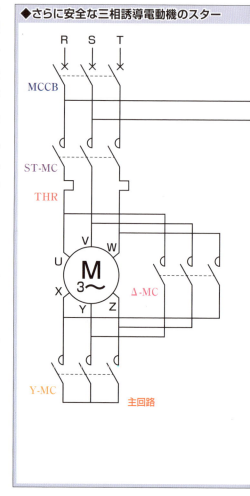

◆さらに安全な三相誘導電動機のスター

改善することができる。たとえば、〈図04-07〉のように、〈図04-03〉の回路でΔ-MCのコイルがあった位置に別の電磁リレーのコイルRを配置し、その電磁リレーのメーク接点R-mで電磁接触器Δ-MCを制御するようにすればよい。これにより、電磁リレーのコイルRの励磁に要する時間と、接点R-mの動作に要する時間だけ、Δ-MCの動作開始を遅らせることができ、スター結線運転からデルタ結線運転に安全に移行することができるようになる。

こうした問題は、スターデルタ始動制御回路以外でも起こることがある。遅れ時間を考慮に入れたタイムチャートは完璧なものとはいえないので、設計した回路で、同時に生じると危険な状態になる複数の接点の動きが小さな時間差で生じる場合には、安全のために時間差を大きくする対策を考えるようにすべきだ。

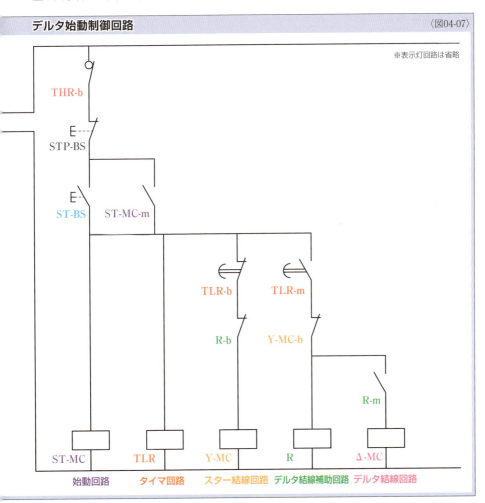

〈図04-07〉 デルタ始動制御回路

▶三相誘導電動機のリアクトル始動制御回路の構成

　三相誘導電動機のスターデルタ始動制御回路は、外付の装置が不要で電磁接触器だけで始動回路を構成できるが、始動トルクが小さいうえ、スター結線運転からデルタ結線運転に切り換わる際には一瞬電流が途切れ、電動機が空転状態になるので、トルクの段付が発生することもある。切り換わる瞬間に始動電流によるショックが起こることもある。そのため、滑らかな加速が求められる用途では、**リアクトル始動法**が用いられることが多い。なお、始動トルクが求められる場合は、**始動補償器始動法（コンドルファ始動法）**が用いられる。

　リアクトル始動法では、始動時には**リアクトル**を通して電動機に電流を流す。リアクトルとはコイルの一種で、交流に対して**電気抵抗**のようにふるまう。電動機とリアクトルが直列になるので、**始動電流**を抑えることができる。電動機の回転が上昇したら、リアクトルをバイパスさせて、全電圧が電動機にかかるようにする。シーケンス制御による自動制御で始動を行う場合は、2台の電磁接触器と1台のタイマを使用する。

　〈図04-08〉は実際の三相誘導電動機の**リアクトル始動制御回路**だ。主回路は、始動用電磁接触器ST-MCが動作すると、リアクトルX_Lを通して電動機に電流が流れ、運転用電磁接触器RUN-MCが動作すると、リアクトルX_Lをバイパスして電動機に電流が流れる構造になっている。制御回路は、始動用電磁接触器ST-MCが自己保持回路にされ、運転中は制御回路全体を保持している。運転用電磁接触器RUN-MCは減電圧全電圧切換用タイマTLRによる**一定時間後動作回路**にされている。表示灯は**減電圧運転**を示す橙色表示灯OL、通常運転である**全電圧運転**を示す赤色表示灯RL、停止を示す緑色表示灯GLを使用している。

　詳しい動作の説明は省略するが、始動スイッチST-BSを操作すると、始動用電磁接触器ST-MCが動作してリアクトルX_Lを介した減電圧運転が開始されると同時に、タイマ

◆三相誘導電動機のリアクトル始動制御回路

R　S　T

MCCB

ST-MC

X_L

RUN-MC

THR

U　V　W

M
3〜

主回路

◆ 三相誘導電動機のリアクトル始動制御回路のタイムチャート 〈図04-09〉

TLRが付勢されて設定時間の計時が始まる。設定時間が経過すると、運転用電磁接触器RUN-MCが動作してリアクトルX_Lがバイパスされ、全電圧運転に移行する。

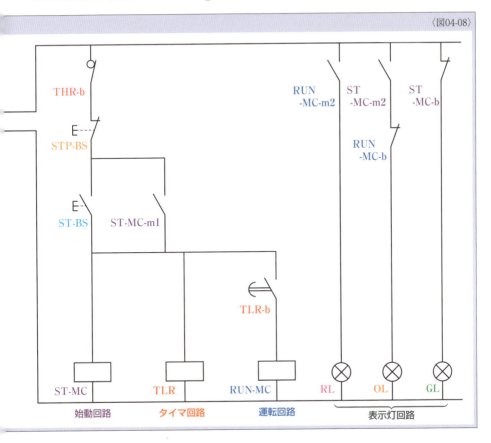

Chapter 08 | Section 05
単相誘導電動機の始動制御回路

［単相誘導電動機を制御する回路］

　産業用途でも大きな出力が求められなかったり、三相交流が得られない環境では、**単相誘導電動機**が使われることがある。おもに使われているのは**コンデンサモータ**とも呼ばれる**コンデンサ形単相誘導電動機**や、**分相始動形単相誘導電動機**だ。これらの電動機は**全電圧始動法**で始動することができる。また、分相始動形は逆転させることができないため、**正転/逆転**が求められる場合はコンデンサ形を使う必要がある。

▶コンデンサモータの正転と逆転

　三相交流はそれぞれの**周期**が1/3ずつずれているので**回転磁界**を作ることができるが、単相誘導電動機では**主コイル**と**補助コイル**を備え、補助コイルの周期をずらすことで回転磁界を作り出して始動できるようにしている。分相始動形ではリアクタンスで周期をずらし、コンデンサ形ではコンデンサで周期をずらしている。コンデンサ形単相誘導電動機にはさまざまな構造のものがあり、逆転に対応していないものもあるが、逆転が可能な場合は、〈図05-01〉のようにコンデンサがつながれている補助コイルへの配線を入れかえると、逆転させることができる。

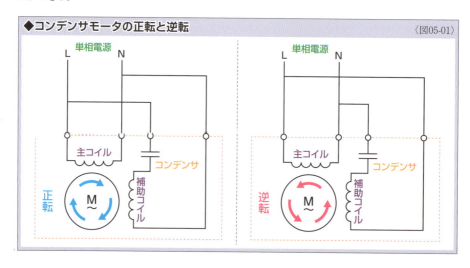

◆コンデンサモータの正転と逆転　〈図05-01〉

▶単相誘導電動機の始動制御回路の構成と動作

　単相誘導電動機を制御するシーケンス制御回路の場合も、三相誘導電動機の場合と同じように**主回路**と**制御回路**で構成する。回路全体を保護する**過電流遮断器**も不可欠であり、**主電源スイッチ**としても使用できる**配線用遮断器**(もしくは**カバー付ナイフスイッチ**)を配する。電動機を直接制御する電磁リレーには**単相用電磁接触器**を使用し、過電流保護装置である**サーマルリレー**によって電動機を保護する。電磁接触器とサーマルリレーが一体化された**単相用電磁開閉器**もある。

　正転だけを行う**単相誘導電動機の始動制御回路**の構成は、三相誘導電動機の場合とまったく同じだ(P232参照)。〈図05-02〉のように、最初に配線用遮断器MCCBを配し、そのうえで主回路と制御回路に分岐させる。主回路は電磁接触器の主接点MC、サーマルリレーのヒータTHR、電動機で構成される。いっぽう、制御回路は始動スイッチST-BS、停止スイッチSTP-BS、電磁接触器MCで構成される自己保持回路にサーマルリレーのブレーク接点THR-bを加えている。表示灯回路は電磁接触器の補助接点で制御する。

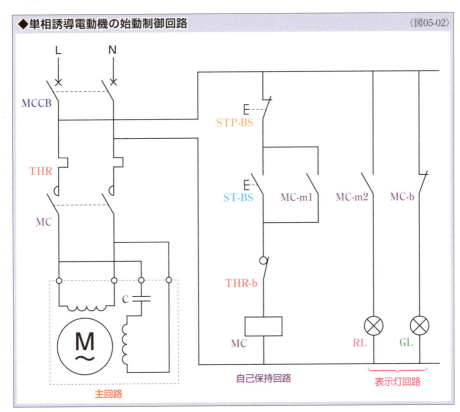

◆単相誘導電動機の始動制御回路　〈図05-02〉

▶コンデンサモータの正逆転制御回路の構成と動作

　コンデンサモータの正逆転切換回路は、3台の単相用電磁接触器を使用して〈図05-03〉のような回路を考えることができる。1台の電磁接触器で始動を制御し、残る2台で補助コイルの2線を入れかえることが可能だ。しかし、実際には〈図05-04〉の主回路のように2台の三相用電磁接触器を使用することが多い。それぞれの電磁接触器の1相で主コイルを制御し、残る2相で補助コイルの2線を入れかえることができる。こうすることで使用する電磁リレーの数を減らせるので、制御回路を簡素化することが可能だ。

　コンデンサモータの正逆転制御回路の場合も、三相誘導電動機の正逆転制御回路（P240参照）の場合と同じように、正転用電磁接触器F-MCと逆転用電磁接触器R-MCと、それぞれの始動制御回路が基本になっているが、瞬間的であっても両電磁接触器が動作状態になると電源短絡事故が生じるため、両回路に始動時のインタロックと動作時のインタロックをかけている。始動時のインタロックのために始動スイッチのメーク接点F-ST-BS-mとR-ST-BS-mを自己保持開始接点

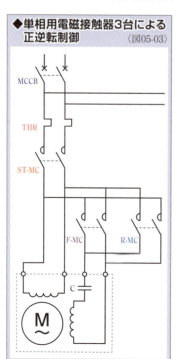

◆単相用電磁接触器3台による
　正逆転制御　　　　〈図05-03〉

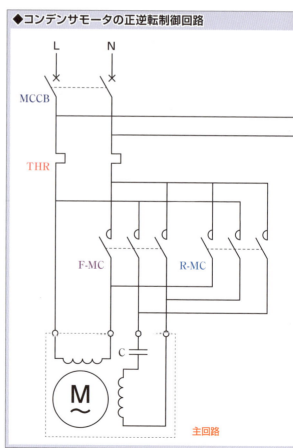

◆コンデンサモータの正逆転制御回路

主回路

とし、ブレーク接点F-ST-BS-bとR-ST-BS-bを相手回路の**禁止入力接点**としている。いっぽう、動作時のインタロックのために、それぞれの電磁接触器の補助ブレーク接点F-MC-b1とR-MC-b1を、相手回路の禁止入力接点としている。

　また、回路全体の保護のために、最初に**主電源スイッチ**を兼用する**配線用遮断器**MCCBを配し、そのうえで主回路と制御回路を分岐させている。表示灯回路は正転を示す赤色表示灯RL、逆転を示す橙色表示灯OL、停止を示す緑色表示灯GLを使用し、それぞれ電磁接触器の補助接点で制御している。

　次ページの〈図05-05〉のように正転運転中であればF-MC-b1が開路し、逆転運転中であれば〈図05-06〉のようにR-MC-b1が開路する。そのため、運転中にいきなり回転方向をかえようとして、回転方向が逆の始動スイッチを操作しても、何も起こらない。回転方向をかえる際にはいったん停止スイッチを操作する必要がある。

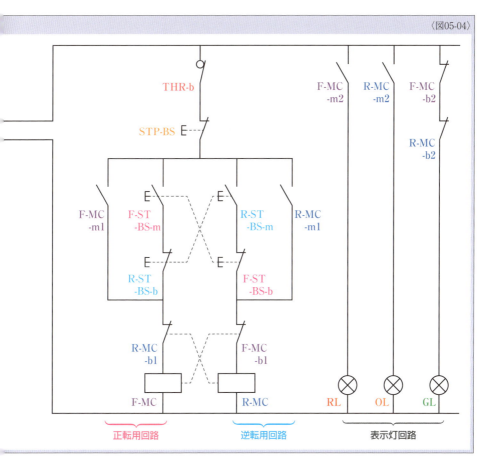

〈図05-04〉

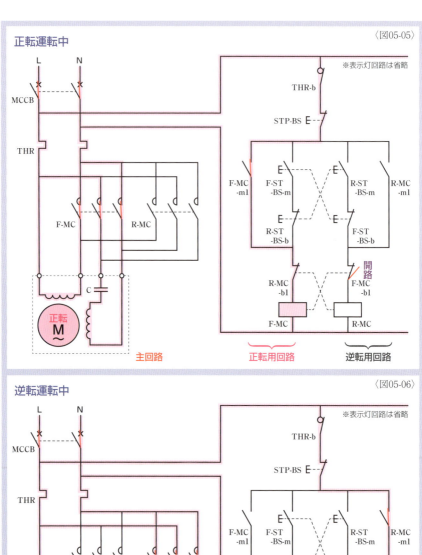

〈図05-05〉

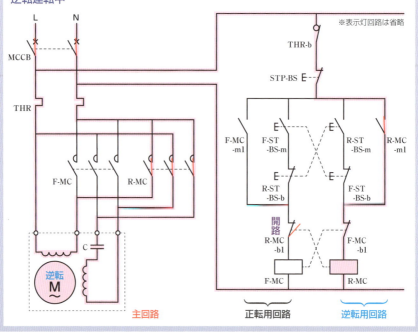

〈図05-06〉

シーケンス制御の応用回路

Section 01：オルタネイト回路 ・・・・・・・・・ 260
Section 02：早押しクイズ回答機回路 ・・・・・ 266
Section 03：カウンタ回路 ・・・・・・・・・・・ 268
Section 04：給水制御回路 ・・・・・・・・・・・ 270
Section 05：電動機のタイマ交互運転回路 ・・・ 276
Section 06：研削盤の制御回路 ・・・・・・・・・ 282
Section 07：荷役リフトの制御回路 ・・・・・・ 288
Section 08：非常停止回路 ・・・・・・・・・・・ 294

Chapter 09 Section 01
オルタネイト回路

［1つの押しボタンスイッチでON/OFFが行える］

電磁リレーには動作状態を保持できる**ラチェットリレー**というタイプもあるが、一般の**電磁操作自動復帰形**の電磁リレーであっても、複数個を組み合わせることで、入力があるたびに出力がONとOFFを繰り返す回路を作ることができる。こうした回路を**オルタネイト回路**や**フリップフロップ回路**、**ラチェット回路**という。一般的にシーケンス制御回路の始動スイッチには、**フェールセーフ**の観点から押しボタンスイッチのような**自動復帰形スイッチ**が使われるため、始動スイッチとは別に停止スイッチを備える必要がある。しかし、オルタネイト回路を利用すれば、自動復帰形の押しボタンスイッチであっても**オルタネイト形押しボタンスイッチ**のように、1つのスイッチで始動と停止が行える。

オルタネイト回路は、過去の入力と新たな入力との組み合わせで出力が決まる回路だ。真理値で考えてみると、過去の入力が〔0〕の状態で新たな入力〔1〕があると、出力が〔1〕になるが、過去の入力が〔1〕の状態で新たな入力〔1〕があると、出力が〔0〕になる。つまり、オルタネイト回路は過去の入力を記憶できる回路だといえる。

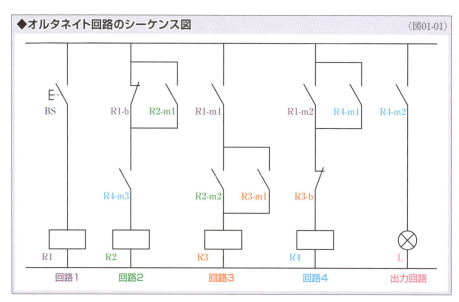

◆オルタネイト回路のシーケンス図　〈図01-01〉

▶オルタネイト回路の構成と動作

　オルタネイト回路には〈図01-01〉のような回路を考えることができる。4個の電磁リレーで合計10個の接点を使っているが、シーケンス図を見ただけでは動作が理解しにくい。実際の動作は次ページ以降で説明するが、タイムチャートにすると〈図01-02〉のようになる。

◆オルタネイト回路のタイムチャート　〈図01-02〉

▶オルタネイト回路のON操作

　出力がOFFの状態で**オルタネイト回路**の押しボタンスイッチを操作すると、ON操作になる。〈図01-03〉のように、①スイッチを押して、②メーク接点BSを閉路にすると、③電磁リレーのコイルR1が励磁され、3つの接点が動作する。④ブレーク接点R1-bは開路するが、この段階では接点R1-bが含まれる回路2の状態に影響を与えることはない。⑤メーク接点

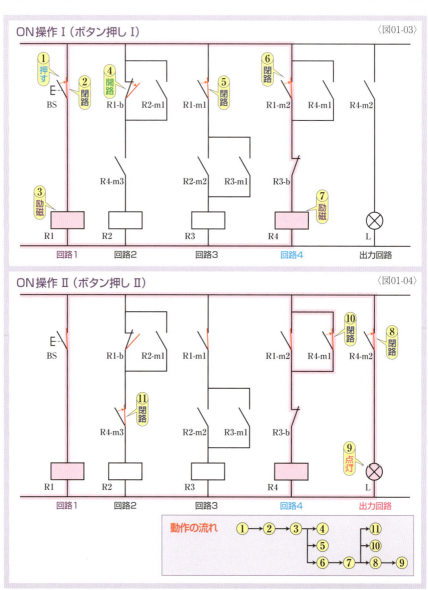

R1-m1は閉路するが、この段階では接点R1-m1が含まれる回路3の状態に影響を与えることはない。⑥メーク接点R1-m2が閉路すると、⑦電磁リレーのコイルR4が励磁される。

電磁リレーのコイルR4が励磁されると、〈図01-04〉のように3つの接点が動作する。⑧メーク接点R4-m2が閉路すると、⑨表示灯Lが点灯する。つまり、出力がONになる。また、⑩メーク接点R4-m1が閉路することで、電磁リレーR4の自己保持の準備が整う。⑪メーク接点R4-m3も閉路するが、この段階では接点R4-m3が含まれる回路2の状態に影響を与えることはない。

〈図01-05〉のように、⑫指を離して押しボタンスイッチを戻して、⑬メーク接点BSを開路にすると、⑭電磁リレーのコイルR1が消磁され、3つの接点が復帰する。⑮メーク接点R1-m2が開路するが、自己保持によって電磁リレーR4は動作状態が保たれる。⑯メーク接点R1-m1も開路するが、この段階では接点R1-m1が含まれる回路3の状態に影響を与えることはない。⑰ブレーク接点R1-bが閉路すると、⑱電磁リレーのコイルR2が励磁され、2つの接点が動作する。⑲メーク接点R2-m1が閉路し、電磁リレーR2の自己保持の準備を整える。⑳メーク接点R2-m2も閉路するが、この段階ではR2-m2が含まれる回路3の状態に影響を与えることはない。結果、回路4が自己保持によって出力がONの状態を保持している。また、回路2の動作が過去の入力が〔1〕であったことを記憶しているといえる。

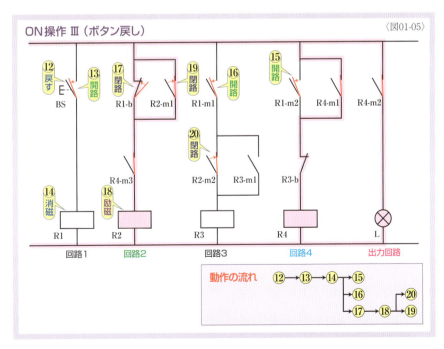

〈図01-05〉

▶オルタネイト回路のOFF操作

　出力がONの状態で**オルタネイト回路**の押しボタンスイッチを操作すると、OFF操作になる。〈図01-06〉のように、①スイッチを押して、②メーク接点BSを閉路にすると、③電磁リレーのコイルR1が励磁され3つの接点が動作する。④ブレーク接点R1-bは開路するが、電磁リレーR2は自己保持しているので回路2の状態に影響を与えることはない。⑤メーク接

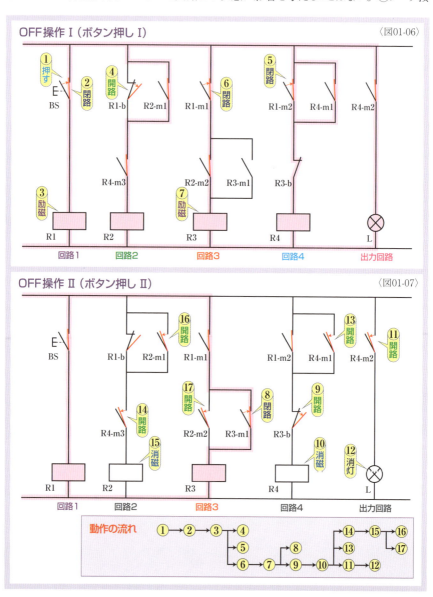

〈図01-06〉 OFF操作Ⅰ（ボタン押しⅠ）

〈図01-07〉 OFF操作Ⅱ（ボタン押しⅡ）

点R1-m2は閉路するが、電磁リレーR4は自己保持しているので回路4の状態に影響を与えることはない。⑥メーク接点R1-m1が閉路すると、⑦電磁リレーのコイルR3が励磁される。

電磁リレーのコイルR3が励磁されると、〈図01-07〉のように2つの接点が動作する。⑧メーク接点R3-m1が閉路することで、電磁リレーR3の自己保持の準備が整う。⑨ブレーク接点R3-bが開路すると、⑩電磁リレーのコイルR4が消磁され、3つの接点が復帰する。

⑪メーク接点R4-m2が復帰すると、⑫表示灯Lが消灯する。つまり、出力がOFFになる。また、⑬メーク接点R4-m1が開路するが、電磁リレーR4はすでに復帰している。また、⑭メーク接点R4-m3が開路することで、⑮電磁リレーのコイルR2が消磁され、2つの接点が復帰する。⑯メーク接点R2-m1が開路するが、電磁リレーR2はすでに復帰している。⑰メーク接点R2-m2が開路するが、自己保持により電磁リレーR3は動作状態が続く。

〈図01-08〉のように、⑱指を離して押しボタンスイッチを戻して、⑲メーク接点BSを開路にすると、⑳電磁リレーのコイルR1が消磁され、3つの接点が復帰する。㉑ブレーク接点R1-bが閉路し、㉒メーク接点R1-m2も開路するが、回路2と回路4の状態に影響を与えることはない。㉓メーク接点R1-m1が開路すると、㉔電磁リレーのコイルR3が消磁され、2つの接点が動作する。㉕メーク接点R3-m1が開路し、㉖ブレーク接点R3-bが閉路するが、回路3と回路4の状態に影響を与えることはない。結果、最初の状態に戻ったことになる。

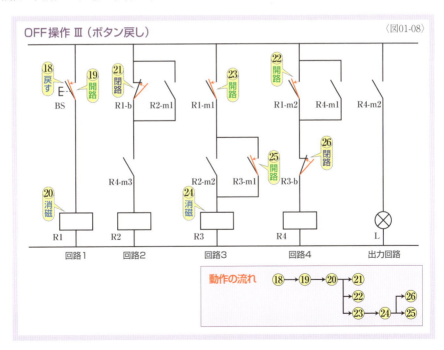
〈図01-08〉

Chapter 09 Section 02
早押しクイズ回答機回路

［最初に押されたボタンが優先される回路］

最初に回答ボタンを押した人のランプが点灯して回答権を得られたことを知らせる早押しクイズの回答機は、いうまでもなく**先入力優先回路**が基本になる。それぞれの押しボタンスイッチの回路に**インタロック**をかければ、どの回答ボタンを押した人が回答権を得たかを明示することができる。しかし、それだけでは面白みに欠ける。電飾やチャイムで演出を加えるためには、**OR回路**や**一定時間動作回路**の応用が必要になる。

▶早押しクイズ回答機回路の構成

回答者が3人の**早押しクイズ回答機回路**の基本形は、〈図02-01〉のようになる。回答ボタンスイッチBSx、BSy、BSzと回答権ランプLx、Ly、Lzはそれぞれの回答者の手元に

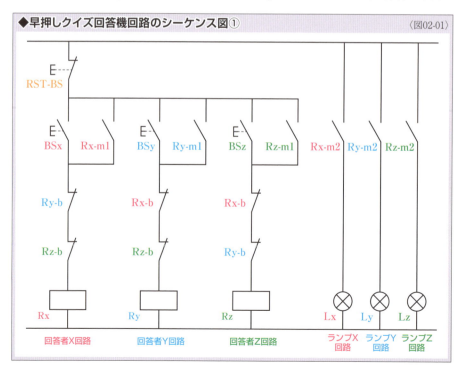

◆早押しクイズ回答機回路のシーケンス図① 〈図02-01〉

配置し、リセットスイッチRST-BSは司会者の手元に配置する。それぞれの電磁リレーRx、Ry、Rzを自己保持回路にしたうえで、**禁止入力接点**によって**インタロック**をかけあっているので、最初に回答ボタンが押された回路のランプだけが点灯する。司会者がリセットスイッチを操作すれば、最初の状態に戻すことができる。

誰かが回答権を得た時点で「ピンポ〜ン」とチャイムを鳴らしたり、場内の電飾Laを点灯させる場合は、〈図02-02〉の回路を〈図02-01〉の回路につなげばよい。チャイムやランプは、どの電磁リレーが動作した際にも動作させる必要があるので、**OR回路**で制御を行う。各電磁リレーのメーク接点を並列にして、電磁リレーRoの入力にしている。

電飾Laは電磁リレーRoのメーク接点Ro-m1で制御しているので、誰かが回答権を得た時点で点灯し、リセットスイッチが操作されるまで点灯し続ける。いっぽう、チャイムは「ピンポ〜ン」と1回だけ鳴れば十分なので、**一定時間動作回路**で制御する。タイマの設定時間は、チャイムが1回鳴るのに必要十分な時間にする。タイマの駆動部TLRは電磁リレーのコイルRoと並列にしてあるので、誰かが回答権を得た時点で付勢される。チャイムは、電磁リレーRoのメーク接点Ro-m2とタイマTLRのブレーク接点TLR-bで制御されているので、誰かが回答権を得た時点でチャイムが1回だけ鳴ることになる。

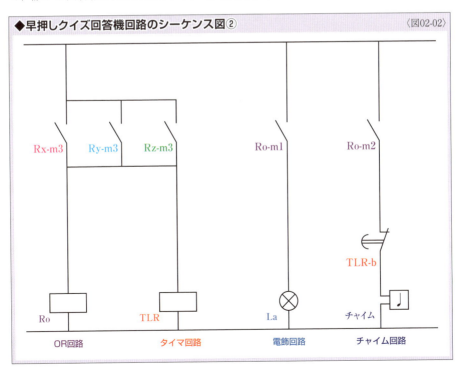

◆早押しクイズ回答機回路のシーケンス図② 〈図02-02〉

Chapter 09 | Section 03
カウンタ回路

[動作の回数を制御する回路]

シーケンス制御では、一連の動作を指定の回数だけ繰り返した後に終了する自動制御が行われることがある。同じステップを何度か繰り返した後に次のステップに進むという制御が行われることもある。こうした際に使用されるのが**プリセットカウンタ**だ。**加算形カウンタ**であれば、入力信号があるたびに数値が1つずつ増加していき、設定値（**プリセット値**）になると**カウンタ**の接点が動作する。この接点を利用して、それまで行われていたステップを終了させたり、次のステップを開始させることができる。

▶繰り返し動作回路の繰り返し回数制御

〈図03-01〉の回路は、**繰り返し動作回路**（P210参照）の「運転」の繰り返し回数を**プリセットカウンタ**で制御している**繰り返し動作回数制御回路**だ。繰り返し動作は、運転/停止の順に繰り返す。たとえば、プリセット値が3なら、始動すると「運転→停止→運転→停止→運転」と動作してから終了する。運転状態が終わるタイミングで繰り返し動作を終了さ

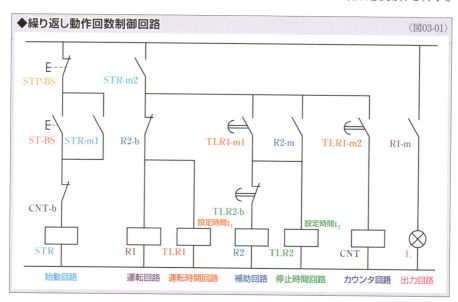

◆繰り返し動作回数制御回路　〈図03-01〉

せるために、運転状態から停止状態への移行の際に動作する運転時間用タイマのメーク接点TLR1-m2を**カウンタの駆動部**CNTへの入力にしている。いっぽう、カウンタのブレーク接点CTN-bを始動用電磁リレーSTRの自己保持を解除できる位置に配してある。**カウンタ回路**への入力信号が3になると、カウンタのブレーク接点CTN-bが開路して自己保持が解除され、回路全体が終了することになる。

　一連の動作の**タイムチャート**を簡略化したものが〈図03-02〉だ（繰り返し動作回路の詳細なタイムチャートはP215参照）。運転時間用タイマTLR1の接点が動作するたびに、カウンタCNTに信号が入力され、プリセット値である3回目の点灯が終了した時点で、カウンタのブレーク接点CNT-bが動作して、繰り返し動作が終了する。

　この回路は、**連続サイクル運転**を設定した回数で終了させる回路だが、次のステップに移行するようにしたいのであれば、カウンタのメーク接点で次のステップを制御すればいい。

　また、繰り返し動作回路の「運転／停止」の繰り返し回数をカウンタで制御したいのであれば、停止状態から運転状態への移行の際に動作する停止時間用タイマTLR2のメーク接点をカウンタCNTの入力にすればいい。プリセット値が3なら、始動すると「運転→停止→運転→停止→運転→停止」と動作してから終了する。

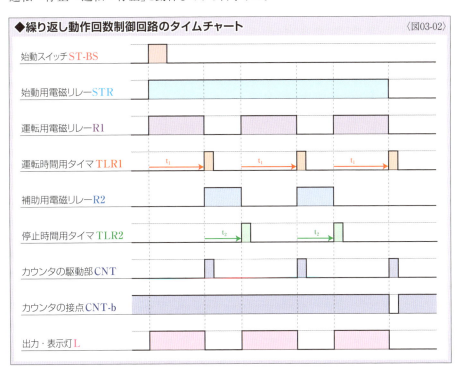

Chapter 09 Section 04
給水制御回路

［タンクの水量を上限と下限の間に保つ制御］

　ビルなどの高い階へは水道本管の水圧で水を送ることができないため、高架タンクによる給水が行われる。いったん受水タンクへ貯水した後、屋上などに備えられた高架タンクに電動ポンプで揚水し、高架タンクから重力によって給水を行う。こうした給水設備の制御にはシーケンス制御が活用されている。タンクの水量の上限と下限を定めておき、下限になると電動ポンプによる揚水を開始し、上限になると揚水を停止することを繰り返す。こうした制御を**給水制御**や**揚水制御**という。また、水槽内の液面（水面）の位置（水位）によって制御の状態が変化するため、**液面制御**や**水面制御**、**水位制御**ともいわれる。

▶給水制御回路の構成

　給水制御回路では、タンクへの注水によって生じる水面の波打ちに対処する必要がある。水面に波打ちがあると、水位を検出する**レベルスイッチ**（P57参照）が短時間で動作/復

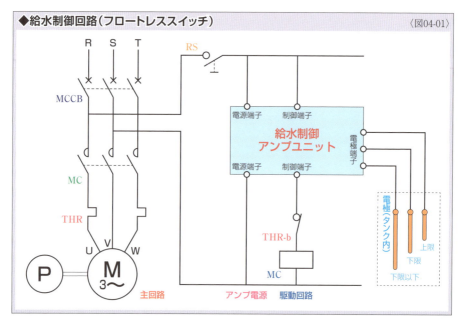

◆給水制御回路（フロートレススイッチ）　〈図04-01〉

帰を繰り返してしまう。この信号をそのまま電動ポンプの制御に使用して、運転/停止を短時間で繰り返させると電動機が故障しやすくなる。そのため、波打ちによってレベルスイッチが動作/停止を繰り返しても、電動機が運転/停止を繰り返さないようにする必要がある。

　水面の波打ちの対処には、**フロートレススイッチ**（**電極式レベルスイッチ**）が使われることが多い（P57参照）。給水制御はよく行われる制御なので、専用のアンプのユニットも市販されている。アンプユニットは制御回路の一部としても機能してくれるので、電源とレベルスイッチの電極を接続すれば、内部のスイッチで電磁接触器を直接制御することができる。ユニットには交流200Vまたは100Vで使用できるものもあり、〈図04-01〉のように接続するだけで、給水制御を行うことができる。水面に波打ちがあっても、不必要に電動機が短時間で運転/停止を繰り返すことはない。

　現実には、こうしたアンプユニットを使用するのが簡単だが、ここでは**自己保持回路**によって波打ちに対処する給水制御回路を説明する。水位の上限と下限の検出には**フロートスイッチ**（**フロート式レベルスイッチ**）を使用する。上限のフロートスイッチLS-Hと下限のフロートスイッチLS-Lはいずれもブレーク接点のものを使用し、検出対象の水位より低いと閉路、高いと開路するように設置する。〈図04-02〉のように2つのフロートスイッチを直列にし、フロートスイッチLS-Lが**自己保持開始接点**になるように自己保持回路を構成すると、波打ちがあっても問題が生じない給水制御回路になる。詳しい動作は次ページ以降で説明する。

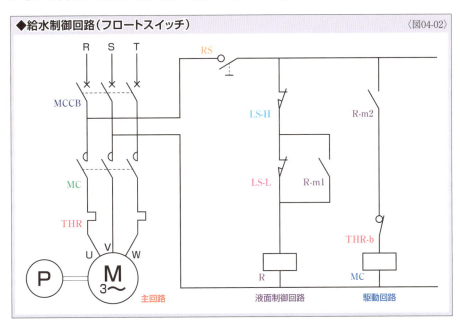

◆給水制御回路（フロートスイッチ）　　〈図04-02〉

▶給水制御回路の動作

　給水制御回路では、同じように水面の位置が下限のフロートスイッチと上限のフロートスイッチの間にあっても、水面が上昇過程にあるのか、下降過程にあるのかによって、電動機の動作状態が異なったものになる。

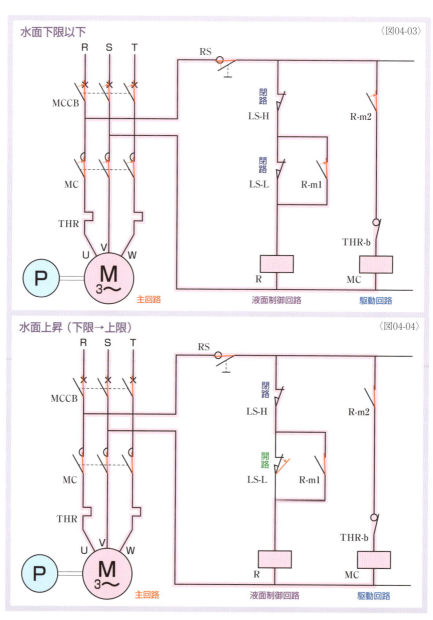

〈図04-03〉 水面下限以下

〈図04-04〉 水面上昇（下限→上限）

▶給水（水面上昇過程）

　タンクに初めて水を入れる時には、フロートスイッチLS-HもLS-Lも閉路の状態にある。〈図04-03〉のように、配線用遮断器の操作ハンドルを操作してMCCBを閉路にしたうえで、始動スイッチを操作してRSを閉路にすると、電磁リレーRが動作する。これによりメーク接点R-m1が閉路して自己保持を行い、メーク接点R-m2が閉路して電磁接触器MCを動作させる。結果、主接点MCが閉路し、電動機が動作してポンプによる給水が開始される。電磁接触器MCは電磁リレーRのメーク接点で制御されているため、サーマルリレーが動作した時以外は、電磁リレーRと電磁接触器MCは完全に連動して動作することになる。

　電動ポンプによる給水でタンクの水量が増えていき水面が下限のフロートスイッチに達すると、〈図04-04〉のようにLS-Lが開路する。しかし、メーク接点R-m1によって自己保持されているので、電磁リレーRは動作状態が保たれる。連動する電磁接触器MCも動作状態が保たれる。水面が下限のフロートスイッチ付近にある時は、水面の波打ちによって〈図04-05〉のようにLS-Lが閉路したり開路したりすることがあるが、電磁リレーRが自己保持されているので、LS-Lの閉路/開路の状態に関係なく、電磁リレーRは動作状態が保たれる。

　以降は、水面が上限のフロートスイッチに達するまで、電動ポンプによる給水が続けられる。給水中にも水が使用され、水面が降下したりすることもありうるが、水面の上昇過程として電動ポンプによる給水が続く。

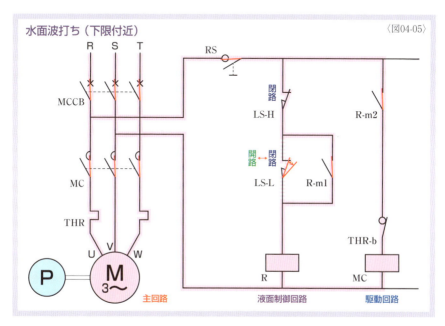

〈図04-05〉

▶給水停止（水面下降過程）

給水によって水面が上限のフロートスイッチに達すると、〈図04-06〉のようにLS-Hが開路し、電磁リレーRが復帰して電動機が停止する。水面が上限のフロートスイッチ付近にある時は、水面の波打ちによって〈図04-07〉のようにLS-Hが閉路と開路を繰り返すことがあるが、

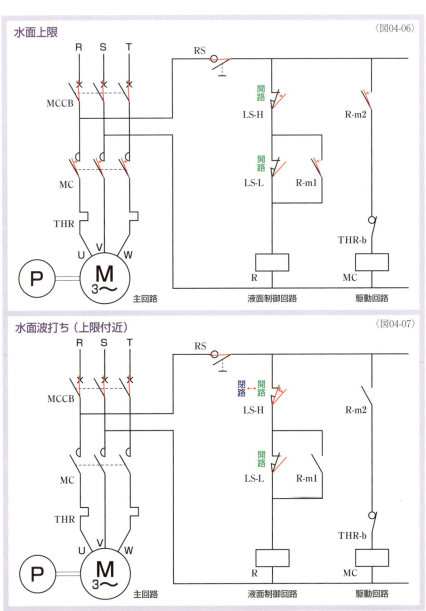

フロートスイッチLS-Lと自己保持接点R-m1が開路しているため、電磁リレーRは動作しない。水が使用されて水面が下降し、〈図04-08〉のようにフロートスイッチLS-Hが閉路で安定するようになっても、やはり電動機は停止状態が保たれる。こうした状態は、水面が下限のフロートスイッチに達して〈図04-09〉のようにLS-Lが閉路し、給水が開始されるまで続く。

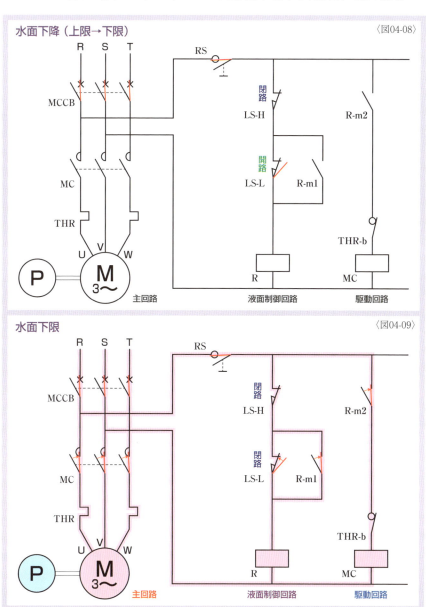

Chapter 09 Section 05
電動機のタイマ交互運転回路

[2台の電動機を一定時間ごとに交互に運転する]

　電動機を長時間使い続けたり大きな負荷をかけたりすると発熱による問題が生じる。絶縁物や潤滑油が熱により劣化して、故障したり寿命が短くなったりする。そのため、長時間にわたって使わなければならない環境では、2台の電動機が用意されることがある。2台あっても、一方だけを使い続ければ、その電動機の寿命が縮むし、待機させたもう一方の電動機には錆などによる問題が生じることがある。そこで、2台の電動機を使用する場合は、一定時間ごとに交互に運転することが多い。こうした際には**タイマ交互運転回路**によるシーケンス制御が行われる。単に**交互運転回路**ともいわれる。

▶電動機のタイマ交互運転回路の構成

　タイマ交互運転回路は、**繰り返し動作回路**(P210参照)を発展させたものだといえる。繰り返し動作回路では、タイマの**限時メーク接点**と**限時ブレーク接点**を利用して、運転/停止を切り換えるが、タイマ交互運転回路では運転する電動機を切り換える。〈図05-01〉のようなタイマ交互運転回路では、電磁接触器とタイマのセットがそれぞれの電動機を担当する。電動機M1を担当する回路と、電動機M2を担当する回路の構造は基本的に同じだ。たとえば、電動機M1を担当するM1運転回路とM1タイマ回路では、電磁接触器のコイルMC1とタイマの駆動部TLR1が並列にされ、電磁接触器MC1の補助メーク接点MC1-mで自己保持できるようにされている。さらに、タイマTLR1の限時ブレー

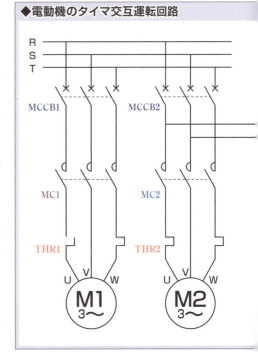

◆電動機のタイマ交互運転回路

ク接点TLR1-bが**自己保持解除接点**、もう一方の電動機M2を担当するタイマTLR2の限時メーク接点TLR2-mが**自己保持開始接点**にされている。

電動機M2を担当するM2運転回路とM2タイマ回路でも、電磁接触器のコイルMC2とタイマの駆動部TLR2が並列にされ、自己保持接点が電磁接触器MC2の補助メーク接点MC2-m、自己保持開始接点がタイマTLR1の限時メーク接点TLR1-m、自己保持解除接点がタイマTLR2の限時ブレーク接点TLR2-bにされている。

この構造により、タイマTLR1に設定された電動機M1の運転時間が経過すると、電磁接触器MC1の自己保持が解除されて電動機M1が停止すると同時に、電磁接触器MC2の自己保持が開始されて電動機M2が運転を開始する。タイマTLR2に設定された電動機M2の運転時間が経過した場合も同じように電動機M2が停止して電動機M1が始動する。

ただし、これだけでは回路全体を始動することができないため、始動スイッチST-BSも電磁接触器MC1の自己保持開始接点にされている。つまり、電磁接触器MC1は、回路全体の始動時には始動スイッチST-BSによって自己保持が開始され、運転する電動機がM2からM1に切り換わる際には限時メーク接点TRL2-mで自己保持が開始されることになる。一連の動作は次ページ以降で説明する。

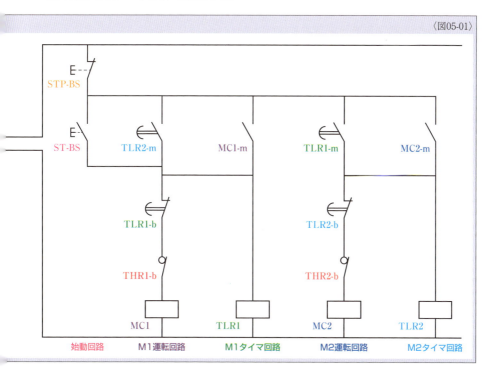

〈図05-01〉

▶電動機のタイマ交互運転回路の動作

タイマ交互運転回路の始動スイッチST-BSを操作すると、電磁接触器MC1が自己保持で動作して電動機M1が運転を開始し、同時に付勢されたタイマTLR1が電動機M1の運転時間の計時を開始する（動作状態はP281〈図05-07〉参照）。

▶電動機M1→M2への移行（TLR1の設定時間経過後）

タイマTLR1に設定された運転時間が経過すると、運転する電動機がM1からM2に移行される。〈図05-02〉のように、①タイマのブレーク接点TLR1-bが開路して、②電磁接触器のコイルMC1が消磁される。同時に、③タイマのメーク接点TLR1-mが閉路して、④電磁接触器のコイルMC2が励磁され、⑤タイマの駆動部TLR2が付勢される。

MC1が消磁されたことで電動機M1が停止し、〈図05-03〉のように、⑥メーク接点MC1-mが開路して、⑦タイマの駆動部TLR1が消勢される。また、MC2が励磁されたことで電動機M2が運転を開始し、⑧メーク接点MC2-mが閉路して自己保持の準備が整う。

TLR1が消勢されたことで、〈図05-04〉のように、⑨メーク接点TLR1-mが開路するが、自己保持されているので、MC2の励磁とTLR2の付勢は続く。また、⑩ブレーク接点TLR1-bが閉路して、次回の電動機M1の運転開始に備えることになる。

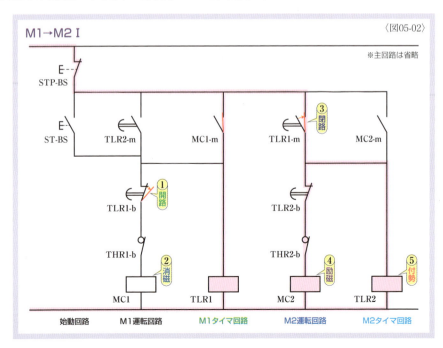

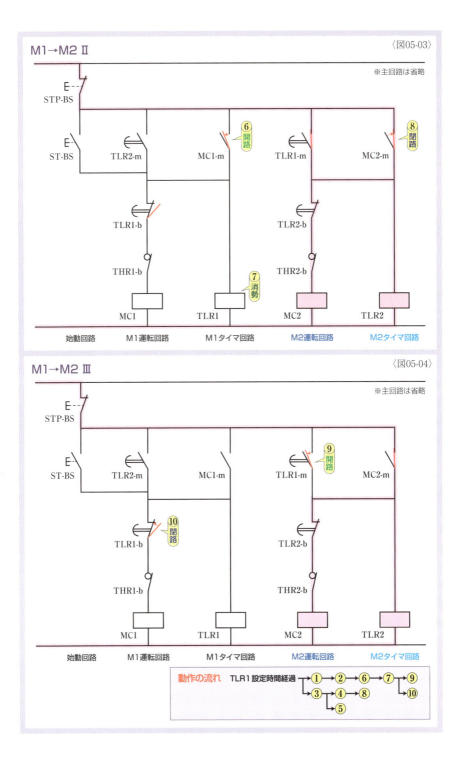

▶電動機M2→M1への移行（TLR2の設定時間経過後）

　タイマTLR2に設定された運転時間が経過すると、運転する電動機がM2からM1に移行される。M1を担当する回路とM2を担当する回路の構造は同じなので、動作もまったく同じだ。〈図05-05〉のように、①タイマのブレーク接点TLR2-bが開路して、②電磁接触器のコイルMC2が消磁される。同時に、③タイマのメーク接点TLR2-mが閉路して、④電磁接触器のコイルMC1が励磁され、⑤タイマの駆動部TLR1が付勢される。

　MC2が消磁されたことで電動機M2が停止し、〈図05-06〉のように、⑥メーク接点MC2-mが開路して、⑦タイマの駆動部TLR2が消勢される。また、MC1が励磁されたことで電動機M1が運転を開始し、⑧メーク接点MC1-mが閉路して自己保持の準備が整う。

　TLR2が消勢されたことで、〈図05-07〉のように、⑨メーク接点TLR2-mが開路するが、自己保持されているので、MC1の励磁とTLR1の付勢は続く。また、⑩ブレーク接点TLR2-bが閉路して、次回の電動機M2の運転開始に備えることになる。

　このように、それぞれのタイマは担当する電動機の運転が開始されると同時に付勢され、設定された運転時間が経過すると、タイマの限時ブレーク接点が自己保持解除接点として担当する電動機の運転を停止し、限時メーク接点が自己保持開始接点としてもう一方の電動機の運転を開始する。この繰り返しで電動機M1とM2の交互運転が続いていく。

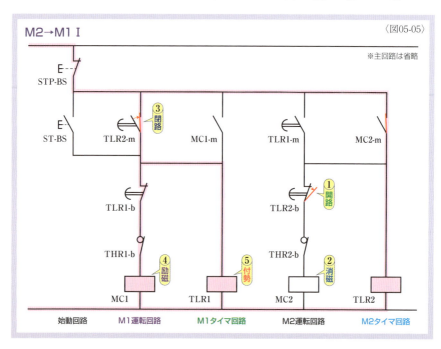

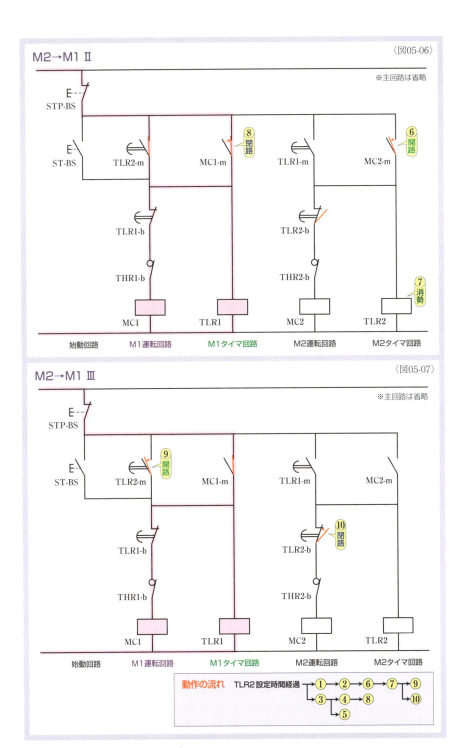

Chapter 09 Section 06
研削盤の制御回路

［電動機の運転中は油圧が高い状態を保つ］

　工作機械には、順序動作が求められる機械や、一定の条件が整ってから次の動作に移らなければならない機械がある。たとえば、砥石を高速で回転させて研削を行う研削盤のように高速回転軸を備える機械では、軸受けに電動ポンプで潤滑油を送って回転軸の摩擦を軽減する必要があるが、こうした機械では回転軸を駆動する電動機の運転を開始する前に、潤滑油ポンプの運転を開始して油圧を高めておく必要がある。機械の運転を終了する際にも、回転軸を駆動する電動機を停止してから、潤滑油ポンプを停止する必要がある。重量物を載せて回転するターンテーブルなどでも、テーブルの滑り面や内部の歯車機構に先に潤滑油を供給するために、潤滑油ポンプの運転を先に開始する必要がある。こうした工作機械の制御にはさまざまな**順序動作回路**や**順序停止回路**が使用されている。

▶研削盤の制御回路の構成

　研削盤では、運転開始時には先に電動ポンプが始動し、油圧が設定値になるという条件が整った段階で砥石を回転させる電動機が動作を開始する必要がある。〈図06-01〉の回路では、電動ポンプの電動機M2を制御する電磁接触器MC2と、砥石の電動機M1を制御する電磁接触器MC1が**順序動作回路**の構成になっている。そのため、電動機M2が動作を開始しなければ、電動機M1は動作を開始することができない。また、Chapter06で説明した**手動順序動作回路**（P182参照）の場合、始動順序が2番目の回路も押しボタンスイッチで始動しているが、**研削盤の制御回路**では**油圧スイッチ**

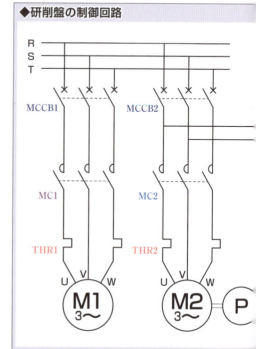

◆研削盤の制御回路

PRS-mで始動するようにされている。そのため、電動機M2が動作して油圧が適正値になり、油圧スイッチPRS-mが閉路しないと、電動機M1は始動しない。

　なお、前述の手動順序動作回路では始動順序が2番目の回路も自己保持回路にされているが、一般的な油圧スイッチは油圧が適正値を超えている間は閉路の状態が保たれるので、研削盤の制御回路では自己保持回路にしていない。こうすることで、油圧配管に問題が生じて油漏れが起こり油圧が低下した場合にも、電動機M1が停止するので安全だ。

　いっぽう、運転を終了する際は、電動機M1へ電流が流れないようにしても慣性によってしばらくは回転軸が回り続けるので、油圧を適正値に保ち続ける必要がある。そのため、電動機M2は**一定時間動作回路**(P204参照)を応用した回路で停止させている。停止スイッチは多くの場合、ブレーク接点のものが用いられるが、研削盤の制御回路では停止操作後も一定時間、電動機M2を動作させる必要があるため、メーク接点のものを用いている。この停止スイッチを操作してSTP-BSを閉路させると、電磁リレーRによって反転されたブレーク接点R-bが開路することで、電動機M1が停止される。同時にタイマが付勢され、一定時間後に電動機M2が停止される。研削盤の制御回路の一連の動作と**タイムチャート**は、次ページ以降で説明する。

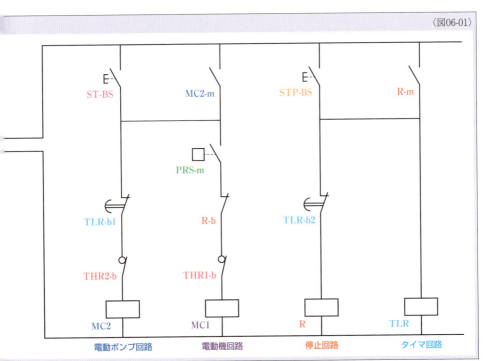

〈図06-01〉

▶研削盤の制御回路の動作

研削盤の制御回路の運転開始時は、順を追って電動機が始動していくだけだ。電動機M1の動作開始は油圧スイッチPRS-mによって行われる。運転終了時はタイマTLRによって設定時間後に電動機M2の動作が停止する。

▶研削盤の運転開始

〈図06-03〉のように、①始動スイッチを押して、②接点ST-BSを閉路にすると、③電磁接触器MC2が励磁され、主接点が閉路して電動機M2が動き始める。同時に④接点MC2-mが閉路するので、⑤始動スイッチを戻して、⑥ST-BSを開路しても、MC2は動作

状態が保たれる。油圧が高まると、〈図06-04〉のように、⑦油圧スイッチPRS-mが閉路して、⑧電磁接触器MC1が励磁され、主接点が閉路して電動機M1が動き始める。

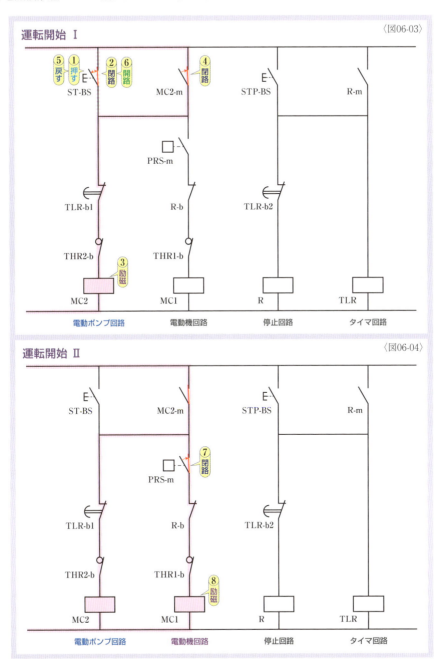

〈図06-03〉

〈図06-04〉

▶研削盤の運転終了

　運転開始に比べると、研削盤の運転終了は制御回路の動作が少し複雑になる。〈図06-05〉のように、①停止スイッチを押して、②接点STP-BSを閉路にすると、③電磁リレーのコイルRが励磁され、④タイマの駆動部TLRが付勢される。これにより、設定時間の計時が開始される。また、電磁リレーのコイルRが励磁されたことにより、⑤メーク接点R-mが閉路して自己保持の準備が整い、⑥ブレーク接点R-bが開路して、⑦電磁接触器のコイルMC1が消磁される。これにより主接点MC1が開路して、電動機M1が停止する。⑧停止スイッチを戻して、⑨接点STP-BSを開路にしても、接点R-mによって自己保持されているので、電磁リレーRは動作状態を保持し、タイマTLRは計時を続ける。

　タイマTLRの設定時間が経過すると、〈図06-06〉のように、2つの限時ブレーク接点が開路する。⑩ブレーク接点TLR-b1が開路すると、⑪電磁接触器のコイルMC2が消磁され、主接点MC2が開路して、電動機M2が停止する。⑫自己保持接点MC2-mも開路する。いっぽう、⑬ブレーク接点TLR-b2が開路すると、⑭電磁リレーのコイルRが消磁され、⑮ブレーク接点R-bが閉路する。また、⑯メーク接点R-mが開路して、⑰タイマの駆動部TLRが消勢される。これにより、〈図06-07〉のように、⑱⑲ブレーク接点TLR-b1とTLR-b2が復帰する。油圧が低下した段階で、⑳油圧スイッチPRS-mが復帰する。

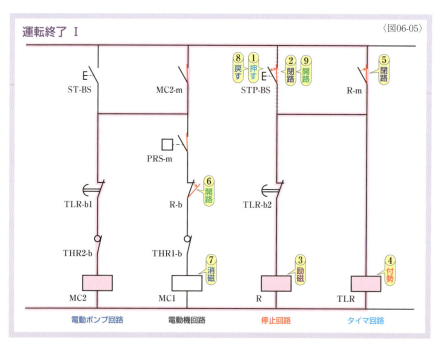

〈図06-05〉 運転終了 Ⅰ

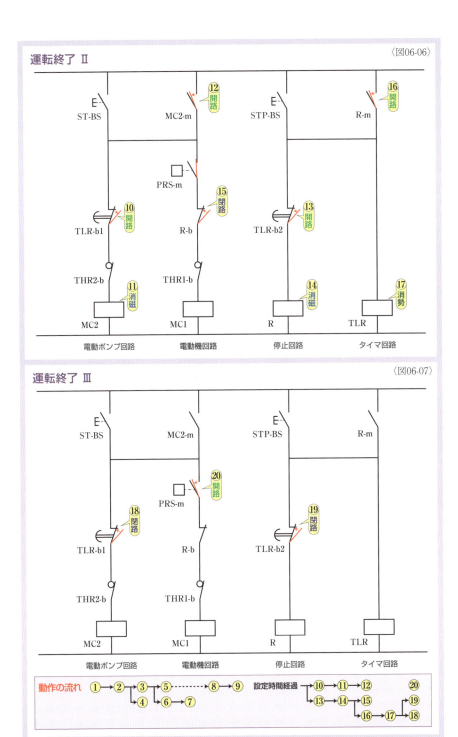

Chapter 09 Section 07
荷役リフトの制御回路

［電動機の正逆転でリフトの動作を制御する］

　倉庫や工場では異なる階への荷物の運搬に荷役リフト（エレベータ）が使われることがある。複数階にまたがる飲食店などでも使われていたりする。こうした**荷役リフトの制御回路**では、**電動機の正逆転制御**によって荷物を載せるかごの上昇／下降を行い、リミットスイッチによってかごの位置を検出して、目的の位置に停止させる位置制御が行われている。こうしたリフトの制御を発展させていくと、エレベータのような複雑な制御が可能になる。人間が乗るエレベータの場合は、ドアの開／閉や、ドアを閉めるまでの時間の制御などに加えて、安全のためにさまざまな制御が行われることになる。

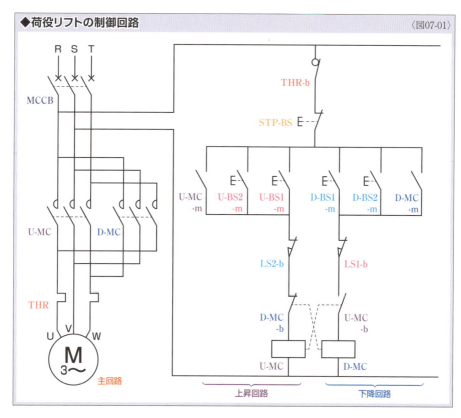

◆荷役リフトの制御回路　〈図07-01〉

▶荷役リフトの制御回路の構成

荷役リフトは使われる場所によってさまざまな制御が行われることがある。〈図07-01〉は、1階と2階の間で荷物の運搬を行うもっともシンプルな**荷役リフトの制御回路**だ。1階には上昇スイッチU-BS1と下降スイッチD-BS1、2階にも上昇スイッチU-BS2と下降スイッチD-BS2が備えられ、かごの位置を検出するリミットスイッチは、1階にLS1、2階にLS2が備えられている。電動機の正転でかごを上昇させる際は電磁接触器U-MCを使用し、逆転で下降させる際は電磁接触器D-MCを使用し、それぞれの自己保持回路には動作時の**インタロック**がかけられている。始動時のインタロックはかけられていないが、始動時にはどちらかの階にかごがあり、その階のリミットスイッチが開路しているので、上昇スイッチと下降スイッチを同時に押したとしても、実際にかごが動ける方向の回路しか動作しない。

いっぽう、〈図07-02〉は、1階で荷物を載せて上昇スイッチを押すと、かごが2階に上昇して一定時間停止した後に、自動的に1階に戻ってくる**荷役リフトの自動反転制御回路**だ。2階での停止中に作業者が荷物を降ろすわけだ。一連の動作は次ページ以降で説明する。

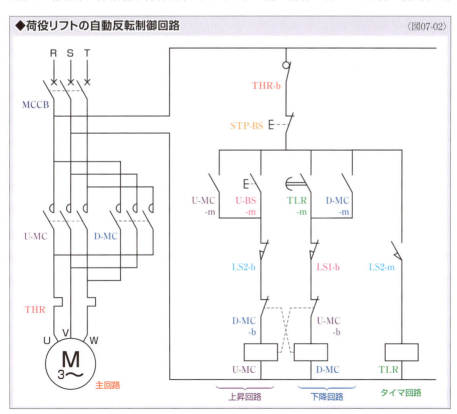

◆荷役リフトの自動反転制御回路 〈図07-02〉

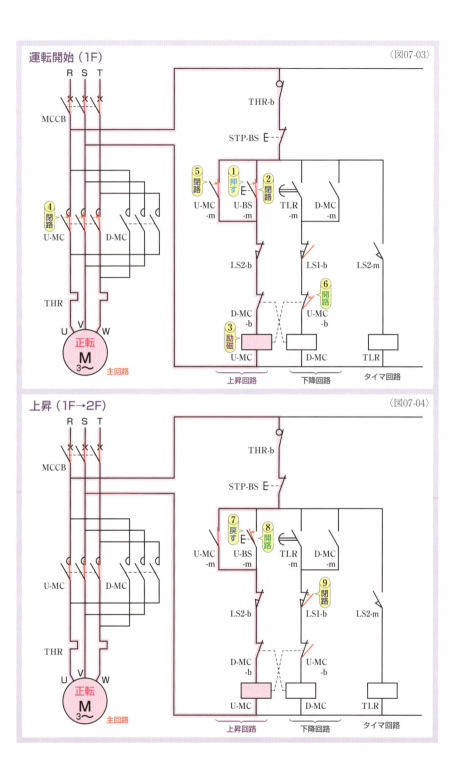

▶荷役リフトの自動反転制御回路の動作

荷役リフトの自動反転制御回路では、リミットスイッチによる位置制御で2階への上昇が行われる。〈図07-03〉のように、当初はかごが1階にあるのでリミットスイッチLS1-bが開路している。①上昇スイッチを押して、②接点U-BS-mを閉路にすると、③電磁接触器のコイルU-MCが励磁され、④主接点が閉路して電動機が正転してかごが上昇する。また、⑤接点U-MC-mが閉路して自己保持が開始され、⑥接点U-MC-bが開路してインタロックがかかる。〈図07-04〉のように、⑦スイッチを戻して、⑧接点U-BS-mを開路にしても、自己保持により電動機の動作が続く。かごが上昇を開始すると、⑨リミットスイッチLS1-bが閉路する。かごが2階に到達すると、〈図07-05〉のように、⑩リミットスイッチの接点LS2-bが開路し、⑪接点LS2-mが閉路する。これにより⑫電磁接触器のコイルU-MCが消磁され、⑬主接点が開路して電動機が停止し、⑭自己保持接点U-MC-mが開路し、⑮禁止入力接点U-MC-bが閉路する。また、⑯タイマの駆動部TLRが付勢され、停止時間の計時が始まる。

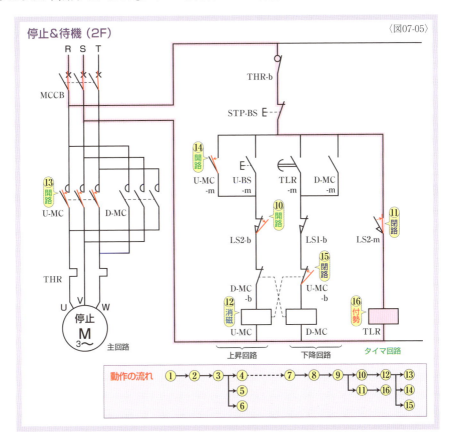

〈図07-05〉

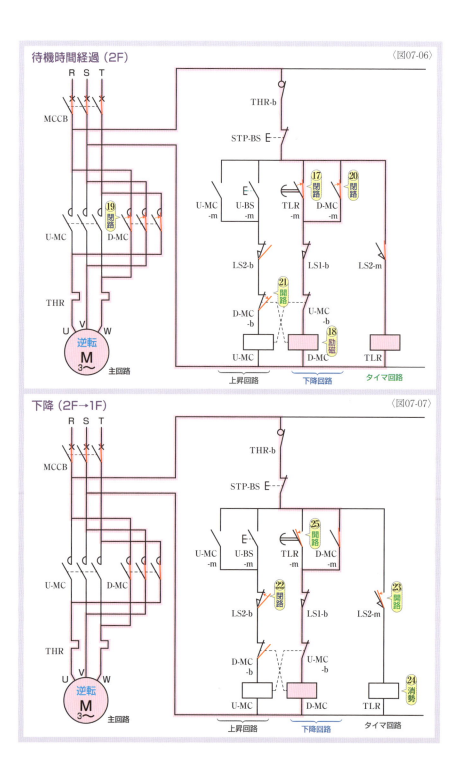

2階にかごが到達すると、タイマを使った一定時間後動作回路による時間制御で2階から1階への下降が行われ、位置制御で1階に停止する。タイマの設定時間が経過すると、〈図07-06〉のように、⑰限時メーク接点TLR-mが閉路し、⑱電磁接触器のコイルD-MCが励磁される。これにより⑲主接点が閉路して、電動機が逆転してかごが下降する。また、⑳接点D-MC-mが閉路して自己保持が開始され、㉑接点D-MC-bが開路してインタロックがかかる。かごが下降を開始すると、〈図07-07〉のように、㉒リミットスイッチの接点LS2-bが閉路し、㉓接点LS2-mが開路する。この開路によって、㉔タイマの駆動部TLRが消勢され、㉕限時メーク接点TLR-mが復帰して開路するが、自己保持により電動機は動作を続ける。かごが1階に到達すると、〈図07-08〉のように、㉖リミットスイッチLS1-bが開路し、㉗電磁接触器のコイルD-MCが消磁され、㉘主接点が開路して電動機が停止する。また、㉙自己保持接点D-MC-mが開路し、㉚禁止入力接点D-MC-bが閉路して、一連の運転が終了して初期状態に戻る。かごが1階にあるので、リミットスイッチLS1-bは開路している。

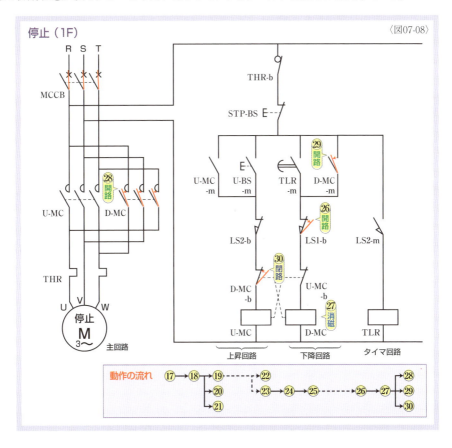

〈図07-08〉

Chapter 09 | Section 08

非常停止回路

［運転を停止することを最優先する回路］

　機械に故障は避けられないものだ。運転中に事故が起こることもある。故障や事故の状況によっては、即座に機械を停止させないと、人命にかかわることもある。こうした時に備えて用意されるのが**非常停止回路**だ。突然に運転を停止すると、機器にダメージを与えてしまう機械もあるが、安全のためには運転の停止を最優先する必要がある。

▶非常停止回路の構成 ・・・・・・・・・・・・・・・・・・・・・・・・

　もっとも一般的な**非常停止回路**は、**自己保持回路**を利用するものだ。〈図08-01〉のように、電源にもっとも近い側に電磁リレー STR の自己保持回路を備え、電源母線上に**非常停止用接点**STR-m2を配置すれば、非常停止回路になる。制御回路はこのChapterで説明した研削盤の制御回路（P282〈図06-01〉参照）を例にしている。この制御回路の場合、通常の停止スイッチSTP-BSを押しても、即座に運転を停止することはない。しかし、非常停止回路を備えておけば、**非常停止スイッチ**E-BSを押すと、電源母線上のメーク接点STR-m2が開路して、即座に運転が停止される。ただし、通常の運転開始時には、始動スイッチST-BSを押す前に、**復帰スイッチ**RST-BSを押す必要がある。

　また、始動スイッチと停止スイッチで直接制御される電磁リレーが単独で自己保持回路を構成していて、電源にもっとも近い側にあり、機械の運転中には自己保持が続く制御回路の場合、その電磁リレーのメーク接点を電源母線上に非常停止用接点として配置すれば、停止スイッチに非常停止スイッチとしての機能をもたせることができる。たとえば、このChapterで説明した**繰り返し動作回数制御回路**（P268〈図03-01〉参照）の場合、電磁リレー STR の接点STR-m2が非常停止接点として機能してくれそうだが、負荷である表示灯Lはこの接点では制御できない。新たに電磁リレー STR の接点STR-m3を電源母線上に配置するか、接点STR-m2を電源母線上に移動すれば、非常停止接点として機能する。

　なお、〈図08-02〉のような回路でも、非常停止回路として機能させることができる。この回路であれば、運転開始時に復帰スイッチなどを操作する必要がないので、〈図08-01〉の回路より扱いが簡単だ。しかし、この非常停止回路は、**フェールセーフ**の観点からは望ましい

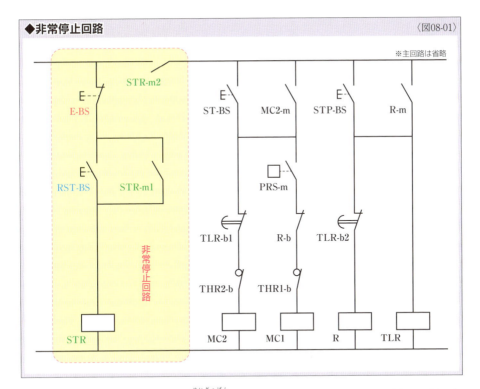

◆非常停止回路　〈図08-01〉

ものではない。非常停止スイッチは制御盤だけに備えられるとは限らない。機械の近くに配置されることもある。製造ラインであれば、何カ所にも備えられることがあり、配線が長く引き回されることになる。この非常停止スイッチの配線が断線した状況を想定してみると、〈図08-01〉のように非常停止スイッチがブレーク接点の場合は、どこかで断線が生じていると、非常停止スイッチが押され続けている状態と同じになる。復帰スイッチを押してから始動スイッチを押しても運転を開始することができないので、非常停止回路(もしくはそれ以外の回路)に異常が発生していることがわかる。いっぽう、〈図08-02〉のように非常停止スイッチがメーク接点の場合、断線が生じていても問題なく運転開始できてしまうが、非常停止スイッチが機能しないので、いざという時にとても危険だ。そのため、フェールセーフの観点からは望ましくない非常停止回路だといえる。

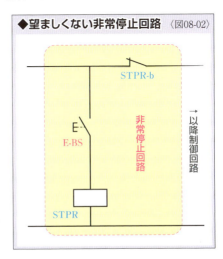

◆望ましくない非常停止回路　〈図08-02〉

索引

表示のページ数はおもに本文を対象とし、頻出する用語については、重要なページのみを抽出。
並び順は、〈記号〉→〈数字〉→〈英字アルファベット〉→〈かな〉の順を採用。ギリシャ文字は記号扱い。

記号

Ω ･････････････････････ 15
△結線 ･･････････････････ 244
人結線 ･･････････････････ 244
Δ結線 ･･････････････････ 244

数字

1極形 ･･････････ 21, 47, 48, 49, 51, 52
1極形スイッチ ･･････････････ 21
1極双投形スイッチ ･･････････ 21
1極単投形スイッチ ･･････････ 21
1サイクル運転 ････････････ 148
1ショット回路 ････････････ 204
1ステップ ･･････････････ 149
1巻線形ラッチングリレー ････ 59
2極形 ････････ 21, 47, 48, 49, 58
2極形スイッチ ･･･････････ 21
2極双投形スイッチ ･･･････ 21
2極単投形スイッチ ･･･････ 21
2進数 ･･････････････ 112
2段カウンタ ･･････････ 65
2値動作 ･･･････ 100, 102, 105, 112
2ノッチ ･････････････ 49, 51
2方向電磁バルブ ･･･････ 75
2方向電磁弁 ･･･････････ 75
2巻線形ラッチングリレー ･･ 59
3極形 ･･･････････････ 21
3極形スイッチ ･･･････････ 21
3投形 ･････････････ 49
3投形トグルスイッチ ･･･････ 49
3ノッチ ･････････････ 49, 51
3方向電磁バルブ ･･･････ 75
3方向電磁弁 ･････････ 75
4極形 ･･････････ 21, 51, 58
4極形スイッチ ･･･････ 21
4ノッチ ･･･････････ 51
4方向電磁バルブ ･･･････ 75
4方向電磁弁 ･･･････ 75
5ノッチ ･･･････････ 51

A・B・C

A（アンペア） ･･････････ 15
AND回路 ･････････ 113, 114, 120
a接点 ･････････････ 21
b接点 ･････････････ 21
CdSセル ･･･････････ 57
c接点 ･････････････ 21

D・E

DOWNカウンタ ･･････････ 65
ENOR回路 ･･･････････ 130
EOR回路 ･･･････････ 126
EX-NOR回路 ･･･････････ 130
EX-OR回路 ･･･････････ 126

L・M・N

LED ･･････････････ 46, 70
MC ･････････････ 60, 90, 230
MCCB ･････････････ 66, 90, 230
MS ･････････････ 61, 90
NAND回路 ･･････････ 113, 120
NC接点 ･･･････････ 21
NOR回路 ･･････････ 113, 122
NOT回路 ･･ 110, 113, 118, 120, 122
NO接点 ･･････････ 21
NPN形 ･････････ 76
NPN形トランジスタ ･･･････ 76

O・P

OFF信号 ･･･････ 24, 26, 35, 37
ON回路 ･･････････ 108, 110
ON信号 ･･･････ 24, 25, 33, 37
OR回路 ･･････ 113, 116, 122
PC ･･･････････ 13
PLC ･･･････････ 13
PNP形 ･･･････････ 76

R・S・T

R相 ･････････ 78, 230, 238
S相 ･････････ 78, 230, 238
T接続 ･･･････････ 82
T相 ･････････ 78, 230, 238

U・V・W

UP/DOWNカウンタ ･･･････ 65
UPカウンタ ･･･････････ 65
U相 ･･････････････ 238
V（ボルト） ･･････････ 15
V相 ･･････････････ 238
W相 ･･････････････ 238

X・Y

XNOR回路 ･･･････････ 113, 130
XOR回路 ･･･････････ 113, 126
Y結線 ･･･････････ 244

あ

アーク ･･･････････ 60
アーク放電 ･･･････････ 60
相手動作禁止回路 ･･･････ 168
アクチュエータ ･･･････ 52, 53
圧電素子 ･･･････････ 57, 71
圧電ブザー ･･･････････ 71
圧力スイッチ ･･･････････ 56, 57
後入力優先回路 ･･･････ 176
後入力優先選択動作回路 ･･････ 176
後優先回路 ･･･････ 176
アナログ式タイマ ･･･････ 62
アルカリ蓄電池 ･･･････ 69
アルカリ電池 ･･･････ 69
アワーメータ ･･･････ 65
アンプ ･･･････ 42, 54, 56

い

一次コイル ･･･････ 69
一次電池 ･･･････ 69
位置スイッチ機能 ･･･････ 44, 52
一致回路 ･･･････ 113, 130, 132
一定時間後動作回路
　　　　　　･･･････ 200, 202, 208, 218
　定時間動作回路
　　　　　　･･･････ 204, 206, 208, 267, 283
一般産業用シーケンス制御用 ･･ 86, 88
一般用リレー ･･･････ 58
インターバル動作 ･･･････ 62
インタロック ･･･ 168, 169, 174, 238, 240
インタロック回路 ･･･ 168, 169, 170, 171
インチング ･･･････ 160

インチング回路 ･･････････････ 160
インバータ ･･････････････････ 68
インヒビット回路 ･･････････ 124

う

運動エネルギー ･･･････････ 14

え

英文字記号････････････････ 86
液面制御･･･････････････････ 270
液面センサ ････････････････ 57
エネルギー ････････････････ 14
エミッタ･･･････････････････ 76

お

オームの法則 ･･･････････ 15
遅れ時間･･････････････････ 103
遅れ時間を考慮に入れたタイムチャート
　　　･･･････････････････ 103
押し操作 ････････････････ 45
押しボタンスイッチ
　　　･･･ 22, 24, 42, 46, 47, 108
押しボタンスイッチの切換接点回路
　　　･･････････････ 27, 108
押しボタンスイッチのブレーク接点回路
　　　･･････････････ 26, 108
押しボタンスイッチのメーク接点回路
　　　･･････････････ 25, 108
オフディレイ形 ･･･････ 62, 196
オフブレーキ ･･･････････ 73
オルタネイト回路 ･･･････ 260, 262, 264
オルタネイト形 ･････ 47, 48, 49, 51, 142
オルタネイト形押しボタンスイッチ
　　　･････････････ 47, 260
オルタネイト形スイッチ ･･･････････ 47
オンオフディレイ形 ･･･････ 62, 196
オンディレイ形 ･･･････ 62, 196
温度スイッチ ･･････････ 56, 61
温度センサ ････････････････ 56
温度リレー ････････････････ 56
オンブレーキ ･･････････････ 73

か

回帰反射形････････････････ 54
回帰反射板････････････････ 55
開始優先形自己保持回路 ･･････ 144
回転形アクチュエータ････････ 75

回転形ソレノイド ･････････････ 74
回転磁界･･････････････ 72, 254
回転速度計･･･････････････ 70
外部リセット形 ･･･････････ 65
開閉機構･･････････････････ 66
開閉接点････････････････ 20
回路････････････････ 14
開路･･････ 15, 20, 22, 25, 26,
　　　27, 28, 32, 34, 36
回路図･･････････････････ 16
回路図記号･･････････････ 16
回路番号･･････････････ 96
回路番号参照方式･･････ 80, 96
カウンタ ･･････････ 64, 268
カウンタ回路 ････････････ 269
カウンタの駆動部 ･･････････ 269
鍵操作形カムスイッチ ･･･････ 51
鍵操作形セレクタスイッチ ･･･ 50
可逆運転制御････････････ 238
可逆運転制御回路･･････････ 238
角形押しボタンスイッチ ･･･ 46
拡散反射形････････････････ 54
加減算形･･････････････････ 65
加減算形カウンタ ･･･････ 65
かご形三相誘導電動機･･･ 72
かご形三相誘導モータ ･･･ 72
加算形･･････････････････ 65
加算形カウンタ ･･･････ 65, 268
可視光線････････････････ 54
過電流･･･････････ 61, 66, 67
過電流遮断器･･････ 66, 67, 230, 255
可動接点･･ 22, 28, 48, 49, 50, 52, 60, 67
可動鉄心･･････････････ 60, 74
可動鉄片････････････････ 28
カバー付ナイフスイッチ
　　　･････････ 66, 67, 230, 255
過負荷･･････････････････ 60
過負荷電流･･････････ 60, 66
カム ･･･････ 50, 51, 53
カムスイッチ･･････････ 48, 51
カム操作 ･･････････････ 45
感圧素子 ････････････････ 57
間隔動作回路･･････････････ 204
完全電磁形････････････････ 66
乾電池･･････････････････ 69
感熱素子 ････････････････ 56

き

キー操作形カムスイッチ ･･････ 51
キー操作形セレクタスイッチ ･･ 50
キープリレー････････････ 59
記憶回路････････････････ 136
機械式圧力スイッチ ･･･ 57
機械式温度スイッチ ･･･ 56
機械式接点･･････････ 13, 15
機器記号････････････････ 88
菊形ハンドル ･･････････ 51
機能記号････････････････ 88
キノコ形押しボタンスイッチ ･･ 46
基本器具番号････････････ 92
基本論理回路･･････････ 113
記名式押しボタンスイッチ ･･ 46
逆転･･････････････････ 238
逆転用電磁接触器･･････ 240, 256
逆方向回転 ･･･････････ 238
吸引力･･････････････････ 19
給水制御･･････････････ 270
給水制御回路･･････ 270, 272
行 ･････････ 98, 134
極 ･･･････ 21, 40
極数 ･････････ 21
切換スイッチ ･･････ 42, 48
切換接点･････ 20, 21, 22, 24,
　　　27, 28, 36, 108
切換接点回路･･････ 27, 36, 108, 110
切換接点の押しボタンスイッチ ･･ 22, 27
切換接点の電磁リレー ･･･ 28, 36
禁止回路･･････ 113, 124, 164
禁止入力･･････ 118, 124, 126, 164
禁止入力接点･･ 164, 169, 171, 172, 174
近接スイッチ ･･････ 54, 55
近接センサ ････････････ 55
近接操作･･････････ 45, 54

く

空圧アクチュエータ･･･ 75
空圧機器･･････････ 72, 75
空圧シリンダ ･･････ 75
空圧モータ ･･･････ 75
空気圧･･････････ 72, 75
くちばし形ハンドル ･･････ 51
駆動装置･･････ 43, 72, 74, 75
駆動部･･････ 196, 197, 198, 199, 269

297

区分・・・・・・・・・・・・・・・・・・・・・　98
区分参照方式・・・・・・・・・　80, 96, 98
クラッチ　・・・・・・・・・・・・・・・・　73
クランク操作　・・・・・・・・・・・・　45
繰り返し運転回路　・・・・・・・・・・　210
繰り返し動作回数制御回路　・・　268, 294
繰り返し動作回路　・・　210, 216, 268, 276

け

計器類・・・・・・・・・・・・・・・・・・・　70
ゲート入力接点　・・・・・・・・・・・・・　63
結線・・・・・・・・・・・・・・・・・・・・　244
研削盤の制御回路・・・・・・・・・　282, 284
減算形・・・・・・・・・・・・・・・・・・・　65
減算形カウンタ　・・・・・・・・・・・・　65
限時回路・・・・・・・・・・・・・・・・・　196
限時継電器・・・・・・・・・・・・・　62, 196
限時順序回路・・・・・・・・・・・・・・　218
限時順序始動回路・・・・・・・・・・・・　218
限時順序動作回路・・・・・・・・・・・・　218
限時接点・・・・・・・・・・・・・・　62, 203
限時動作形・・・・・・・・・・・・・　62, 196
限時動作形タイマ　・・・・・・・・・・・　197
限時動作限時復帰形・・・・・・・　62, 196
限時動作限時復帰形タイマ　・・・・・　199
限時動作瞬時復帰形・・・・　62, 196, 197
限時動作瞬時復帰形タイマ
　　　・・・・・・・・・　197, 200, 204, 246
限時復帰形・・・・・・・・・・・・・　62, 196
限時復帰形タイマ　・・・・・・・・・・・　198
限時ブレーク接点　・・・・・・・・・・・　197
限時メーク接点　・・・・・・・・・・・・　197
検出用スイッチ　・・　12, 20, 42, 52, 54, 56
検出用装置・・・・・・・・・・・　12, 20, 42
限時リレー　・・・・・・・・・・　59, 62, 196
限定図記号・・・・・・・・・・・・・・・・　45
減電圧運転・・・・・・・・・・・・・・・・　252
減電圧始動法・・・・・・・・・・・・・・　244

こ

コイル　・・・・・・・・・・　19, 28, 60, 69
降圧・・・・・・・・・・・・・・・・・・・・　68
交互運転回路・・・・・・・・・・・・・・　276
交差・・・・・・・・・・・・・・・・・・・・　82
高周波発振形・・・・・・・・・・・・・・・　55
光電スイッチ　・・・・・・・・・・・・・・　54
光電センサ　・・・・・・・・・・・・・・・・　54

光電素子・・・・・・・・・・・・・・・・・・　57
交流・・・・・・・・・・・・・・・・・・　17, 68
交流電動機・・・・・・・・・・・・・・・・・　72
交流モータ　・・・・・・・・・・・・・・・・　72
コールド　・・・・・・・・・・・・・・・・・　78
固定接点　・・・・・・　22, 28, 49, 60, 67
固定鉄心・・・・・・・・・・・・・・・・・・　60
コレクタ　・・・・・・・・・・・・・・・・・　76
コレクタ電流　・・・・・・・・・・・・・・　76
コンタクタ　・・・・・・・・・・・・・・・・　60
コンタクトブロック・・・・・・・　22, 50, 51
コンデンサ形単相誘導電動機
　　・・・・・・・・・・・・・・・・・　72, 254
コンデンサ形単相誘導モータ　・・・・　72
コンデンサモータ　・・・・・・・・・　254, 256
コンデンサモータの正逆転制御回路
　　・・・・・・・・・・・・・・・・・・・・　256
コンドルファ始動法　・・・・・・・・・・　252

さ

サーマルリレー　・・・・・・60, 61, 230, 233,
　　　　　　　　　　　　237, 240, 255
サーマルリレーの警報回路・・・・・・・　237
サーミスタ　・・・・・・・・・・・・・・・・　56
サーモスタット　・・・・・・・・・・・・・　56
サイクル　・・・・・・・・・・・・・・・・・　17
最終入力優先回路・・・・・・・・・・・・　176
最終入力優先選択動作回路・・・・・・・　176
最初入力優先回路・・・・・・・・・・・・　168
最初入力優先選択動作回路・・・・・・・　168
サインカーブ　・・・・・・・・・・・・・・・　17
先入力優先回路・・・・・・・・・　168, 266
先入力優先選択動作回路・・・・・・・・　168
先優先回路・・・・・・・・・・・・・・・・　168
鎖錠回路・・・・・・・・・・・・・・・・・　168
三角結線・・・・・・・・・・・・・・・・・　244
産業用蓄電池・・・・・・・・・・・・・・・　69
産業用直流電源装置・・・・・・・・・・・　68
参照表示・・・・・・・・・・・・・・　96, 98
参照方式・・・・・・・・・・・・・・　80, 90
三相交流・・・・・・　17, 68, 72, 230, 238
三相誘導電動機
　　・・・・　72, 230, 232, 238, 244, 252
三相誘導電動機の始動制御回路
　　・・・・・・・・・・・・・　232, 233, 235
三相誘導モータ　・・・・・・・・・・・・・　72
三相用電磁接触器・・・・・・・・・・・・　256

し

シーケンサ　・・・・・・・・・・・・・・・・　13
シーケンス図
　　・・・・・　16, 78, 80, 82, 84, 86, 96
シーケンス制御　・・・・・・・・　10, 12, 14
シーケンス制御記号　・・・・・・・・　86, 88
シーケンスダイヤグラム　・・・・・・・・　78
シーケンス番号　・・・・・・・・・・・・・　92
シーソースイッチ　・・・・・・・・・・・・　48
直入れ始動法・・・・・・・・・・・・・・・　232
磁気形・・・・・・・・・・・・・・・・・・・　55
磁気抵抗素子形・・・・・・・・・・・・・・　55
シグナルランプ　・・・・・・・・・・・・・　70
自己保持開始接点　・・・・・　136, 156, 157
自己保持解除接点　・・・・138, 144, 156, 157
自己保持回路・・136, 138, 142, 144, 148,
　　　　　　　150, 154, 156, 158, 160
自己保持形ソレノイド　・・・・・・・・・　74
自己保持接点・・・・・・・・・・・　136, 144
沈みボタンスイッチ　・・・・・・・・・・　46
実体配線図・・・・・・・・・・・・・・・・・　16
自動サイクル運転　・・・・・・・・　148, 228
始動時のインタロック
　　・・・・・・・　172, 173, 240, 242, 256
始動時のインタロック回路　・・・・・・　172
自動／寸動切換接点　・・・・・・・・・・　161
自動制御　・・・・・・・・・・・　10, 20, 136
始動制御回路・・232, 233, 235, 240, 246,
　　　　　　　248, 250, 252, 255, 256
自動点滅器・・・・・・・・・・・・・　56, 57
始動電流　・・・・・・・・・・・・・　244, 252
自動復帰形　・・・・・・・・　47, 49, 51, 52
自動復帰形スイッチ　・・・・・・・　47, 260
自動復帰機能　・・・・・・・・・・・・・・　44
始動補償器始動法・・・・・・・・・　244, 252
始動用電磁接触器・・・・・・・・・　244, 246
自動リセット形　・・・・・・・・・・・・・　65
遮断機能　・・・・・・・・・・・・・・　11, 66
周期・・・・・・・・・・・・・・・・・・・・　17
十字接続・・・・・・・・・・・・・・・・・・　82
充電池・・・・・・・・・・・・・・・・・・・　69
周波数・・・・・・・・・・・・・・・・・　17, 69
主回路・・・・・・・・・・・・・・　43, 84, 230
主コイル　・・・・・・・・・・・・・・　254, 256
受光部・・・・・・・・・・・・・・・・・・・　54

主接点・・・・・・・・・・・・・・・・・ 61	
出力回路・・・・・・・・・・・・・・ 30, 38, 110	
主電源・・・・・・・・・・・・・・ 43, 68, 84	
主電源スイッチ ・・・・・・ 66, 230, 255	
手動順序回路・・・・・・・・・・・・・ 182	
手動順序始動回路・・・・・・・・・・・ 182	
手動順序停止回路・・・・・・・・・・・ 186	
手動順序動作回路・・・・・・・ 182, 218	
手動制御・・・・・・・・・・・・ 10, 15, 136	
手動操作・・・・・・・・・・・・・・・ 45	
手動操作自動復帰形接点・・・・・ 22, 24	
手動操作手動復帰形接点・・・・・・・ 47	
手動復帰形・・・・・・ 47, 48, 49, 51, 142	
手動復帰形スイッチ ・・・ 47, 48, 142	
瞬時接点・・・・・・・・・・・・・ 62, 203	
瞬時動作限時復帰形・・・・・・・ 62, 196	
瞬時動作限時復帰形タイマ ・・・・・ 198	
瞬時動作瞬時復帰形・・・・・・・ 59, 62	
順序回路・・・・・・・・・・・・・・ 182	
順序始動回路・・・・・・・・・・・・ 182	
順序停止回路・・・・・・・ 186, 187, 282	
順序動作回路・・ 182, 183, 186, 187, 282	
順序動作順序停止回路・・・・・・・ 187	
昇圧・・・・・・・・・・・・・・・・・ 68	
常開接点・・・・・・・・・・・・・・・ 21	
照光式押しボタンスイッチ ・・・・・ 46	
照光式カムスイッチ ・・・・・・・・ 51	
照光式セレクタスイッチ ・・・・・・ 50	
照光式ロッカースイッチ ・・・・・ 48	
消弧装置・・・・・・・・・・・・・ 61, 66	
消磁・・・・・・・・・・・ 19, 28, 33, 35	
消勢・・・・・・・ 196, 197, 198, 199	
常閉接点・・・・・・・・・・・・・・・ 21	
商用電源・・・・・・・・・・・・・ 17, 68	
ショート・・・・・・・・・・・・・・・ 66	
磁力・・・・・・・・・・・・・・・・・ 19	
真偽値・・・・・・・・・・・・・・・ 112	
信号・・・・・・・ 24, 38, 39, 40, 80	
信号オンディレイ形 ・・・・・・・・ 63	
信号数の増幅・・・・・・・・・・・・ 40	
信号の増幅・・・・・・・・・・・・・ 39	
信号の伝達・・・・・・・・・・・ 33, 38	
信号の反転・・・・・・・・・ 35, 40, 118	
信号の分岐・・・・・・・・・・・・・ 40	
信号の変換・・・・・・・・・・・・・ 39	
新入力優先回路・・・・ 176, 177, 178, 180	
新入力優先選択動作回路・・・・・・・ 176	

す

シンボル ・・・・・・・・・・・・ 16, 44	
真理値・・・・・・・・・・・・・・・ 112	
真理値表・・・・・・・・ 105, 112, 134	

す

水位制御・・・・・・・・・・・・・・ 270	
スイッチ ・・・・・・・・・・・・ 12, 15	
スイッチング作用 ・・・・・・・ 13, 76	
水面制御・・・・・・・・・・・・・・ 270	
数字記号・・・・・・・・・・・・・・ 86	
図記号・・・・・・・・・ 16, 44, 45, 78	
スター結線 ・・・・・・・・・・・・ 244	
スター結線運転・・・・・・・・ 245, 246	
スター結線運転用電磁接触器	
・・・・・・・・・・・・ 245, 246	
スターデルタ切換用タイマ ・・・・・ 246	
スターデルタ始動制御回路	
・・・・・・・・・ 246, 248, 250	
スターデルタ始動法 ・・・・・・・ 244	
スタート入力接点 ・・・・・・・・ 63	
ステッキ形ハンドル ・・・・・・・ 51	
ステッピングモータ ・・・・・・・ 72	
ステップ ・・・・・・・・・・・・ 148	
スナップアクション・・・・・・・・ 48	
スナップアクション機構・・・・・ 48, 49, 52	
寸動・・・・・・・・・・・・・・・ 160	
寸動回路・・・・・・・・・・・・・ 160	
寸動スイッチ ・・・・・・・・・・ 162	

せ

正逆転切換回路・・・・・・・・ 238, 256	
正逆転制御・・・・・・・・・・・・ 238	
正逆転制御回路・・・ 238, 240, 242, 256	
制御・・・・・・・・・・・・・・・ 10	
制御回路・・・・・・・・・・・ 84, 230	
制御機器番号・・・・・・・・・・・ 92	
制御器具番号・・・・・・・・・ 86, 92	
制御信号用リレー ・・・・・・・・ 58	
制御対象・・・・・・・・・・ 12, 42, 43	
制御電源・・・・・・・・・・ 43, 68, 84	
制御電源母線・・・・・・・・・・・ 78	
制御盤・・・・・・・・・・・・・・ 43	
制御盤用リレー ・・・・・・・・・ 58	
制御母線・・・・・・・・・・・・・ 78	
制御用装置・・ 12, 13, 15, 20, 28, 42, 43	
制御用リレー ・・・・・・・・・・ 58	
正弦曲線・・・・・・・・・・・・・ 17	

正転・・・・・・・・・・・・・・・ 238	
正転用電磁接触器・・・・・・・ 240, 256	
静電容量形・・・・・・・・・・・・ 55	
静電容量式レベルスイッチ ・・・・・ 57	
正方向回転・・・・・・・・・・・・ 238	
整流・・・・・・・・・・・・・ 68, 230	
整流回路・・・・・・・・・・・・・ 71	
積・・・・・・・・・・・・・・・・ 115	
赤外線・・・・・・・・・・・・・・ 54	
積算時間計・・・・・・・・・・・・ 65	
絶縁・・・・・・・・・・・・・・・ 39	
接合形トランジスタ ・・・・・・・ 76	
接続線・・・・・ 16, 78, 80, 82, 96	
接続点・・・・・・・・・・・・・・ 82	
接続点図記号・・・・・・・・・・・ 82	
接地・・・・・・・・・・・・ 78, 230	
接点・・・・・ 13, 15, 19, 20, 24, 28, 42, 45	
接点回路・・・・・・・・・・・・・ 108	
接点機構部・・・・・・ 22, 28, 50, 51, 60	
接点機能・・・・・・・・・・・・・ 44	
接点機能図記号・・・・・・・・・・ 45	
接点の増設・・・・・・・・・・・・ 154	
セット・・・・・・・・・・・・・・ 138	
セットコイル ・・・・・・・・・・ 59	
セットスイッチ ・・・ 138, 140, 144, 146	
セット優先形自己保持回路・・・・・ 144	
セレクタスイッチ ・・・・・・ 48, 50	
線間電圧・・・・・・・・・・・・・ 244	
先行入力優先回路・・・・・・・・・ 168	
先行優先回路・・・・・・・・・・・ 168	
センサ・・・・・・・・・・・・ 42, 56	
全電圧運転・・・・・・・・・ 244, 252	
全電圧始動法・・ 232, 233, 240, 242, 254	

そ

相・・・・・・・・・・・・・・・・ 238	
双安定リレー ・・・・・・・・・・ 59	
相回転・・・・・・・・・・・・・・ 238	
双極形スイッチ ・・・・・・・・・ 21	
双極双投形スイッチ ・・・・・・・ 21	
双極単投形スイッチ ・・・・・・・ 21	
相互誘導作用・・・・・・・・・・・ 69	
操作機構図記号・・・・・・・・・・ 45	
操作機構部・・・・・・・・・・ 22, 50	
操作盤・・・・・・・・・・・・ 43, 70	
操作ハンドル ・・・・・・・・・・ 66	
相順・・・・・・・・・・・・・・・ 238	

299

相電圧・・・・・・・・・・・・・・・・・・・・・・・ 244
双投形・・・・・・・・ 21, 47, 48, 49, 51, 52
双投形スイッチ ・・・・・・・・・・・・・ 21
双投形トグルスイッチ ・・・・・・・・・・ 49
ソケット・・・・・・・・・・・・・・・・・・・・ 58
ソレノイド ・・・・・・・・・・・・・・・・・・ 74
ソレノイドアクチュエータ ・・・・・・・ 74
ソレノイドコイル ・・・・・・・・・・・・・ 74

た

タイマ ・・・・・・・・ 43, 59, 62, 102, 196
タイマ回路 ・・・・・・・・・・・・・・・・・・・ 196
タイマ交互運転回路 ・・・・・・・ 276, 278
タイマ順序回路 ・・・・・・・・・・・・・・・ 218
タイマ順序始動回路 ・・・・・・・・・・・ 218
タイマ順序動作回路
・・・・・・・・・・・ 218, 220, 222, 223
タイマによるステップのつなぎ回路
・・・・・・・・・・・ 222, 223, 227, 228
タイマの駆動部 ・・・ 196, 197, 198, 199
タイムカウンタ ・・・・・・・・・・・ 65, 70
タイムスイッチ ・・・・・・・・・・・・・・ 63
タイムチャート ・・・・・・・・・・・ 100, 102
多ステップ ・・・ 136, 148, 150, 159, 210
縦書きシーケンス図・・・・・・・・・ 78, 80
卵形ハンドル ・・・・・・・・・・・・・・・ 51
単極形スイッチ ・・・・・・・・・・・・・ 21
単極双投形スイッチ ・・・・・・・・・・ 21
単極単投形スイッチ ・・・・・・・・・・ 21
端子・・・・・・・・・・・・・・・・・・・ 22, 28
端子台・・・・・・・・・・・・・・・・・・・・ 58
端子番号・・・・・・・・・・・・・・・・・・ 59
単線表示・・・・・・・・・・・・・・・・・・ 85
単相交流・・・・・・・・・・・・・ 17, 68, 72
単相誘導電動機・・・・・・・・・・ 72, 254
単相誘導電動機の始動制御回路・・ 255
単相誘導モータ ・・・・・・・・・・・・・ 72
単相用電磁開閉器・・・・・・・・・・・・ 255
単相用電磁接触器・・・・・・・ 255, 256
単投形・・・・・・・・ 21, 47, 48, 49, 51, 52
単動形シリンダ ・・・・・・・・・・・・・ 75
単投形スイッチ ・・・・・・・・・・・・・ 21
単投形トグルスイッチ ・・・・・・・・・ 49
タンブラスイッチ ・・・・・・・・・・・・ 48
短絡・・・・・・・・・・・・・・・・・・ 66, 238
短絡電流・・・・・・・・・・・・・・・・・・ 66

ち

遅延動作一定時間後復帰回路
・・・・・・・・・・・・・・・ 208, 216
遅延動作回路・・・・・・・・・・・・・・・・ 200
遅延動作機能・・・・・・・・・・・・ 44, 196
蓄電池・・・・・・・・・・・・・・・・・・・・ 69
チョイ回し ・・・・・・・・・・・・・・・・ 160
チョイ回し回路 ・・・・・・・・・・・・・ 160
超音波スイッチ ・・・・・・・・・・・・・ 55
超音波センサ ・・・・・・・・・・・・・・・ 55
直動形アクチュエータ・・・・・・・・・ 75
直動形ソレノイド ・・・・・・・・・・・ 74
直流・・・・・・・・・・・・・・・・・・ 17, 68
直流安定化電源装置・・・・・・・・・・ 68
直流電動機・・・・・・・・・・・・・・・・ 72
直流モータ・・・・・・・・・・・・・・・・ 72
直列・・・・・・・・・・・・・・・・・・・・・ 18
直列接続・・・・・・・・・・・・・・・・・・ 18
直列優先回路・・・・・・・・・・・ 182, 192

つ

ツマミ形ハンドル ・・・・・・・・・・・ 51
爪付ヒューズ ・・・・・・・・・・・・・・・ 67

て

定格・・・・・・・・・・・・・・・・・・・・・ 18
抵抗・・・・・・・・・・・・・・・・・・・・・ 15
定時始動定時停止回路・・・・・・・・・ 208
停止優先形自己保持回路・・・・・・・ 138
定電流ダイオード ・・・・・・・・・・・ 71
デジタル式タイマ・・・・・・・・・・・・ 62
鉄心・・・・・・・・・・・・・・ 19, 28, 74
デュアルカウンタ ・・・・・・・・・・・ 65
デルタ結線 ・・・・・・・・・・・・・・・・ 244
デルタ結線運転 ・・・・・・・・・ 245, 246
デルタ結線運転用電磁接触器
・・・・・・・・・・・・・・・ 245, 246
電圧・・・・・・・・・・・・・・・・・・ 15, 68
電圧計・・・・・・・・・・・・・・・・・・・・ 70
展開接続図・・・・・・・・・・・・・・・・ 78
電気・・・・・・・・・・・・・・・・・・・・・ 14
電気エネルギー ・・・・・・・・・・・・・ 14
電気回路・・・・・・・・・・・・・・・・・・ 14
電気回路図・・・・・・・・・・・・・・・・ 16
電気抵抗・・・・・・・・・・・・・ 15, 252
電気用図記号・・・・・・・ 16, 44, 78

電極式レベルスイッチ ・・・・・・・ 57, 271
電源・・・・・・・・・・・・・・・・・・ 14, 68
電源オンディレイ形 ・・・・・・・・・・ 63
電源側優先回路・・・・・・ 192, 193, 194
電源短絡事故・・ 238, 240, 246, 250, 256
電源母線・・・・・・・・・・・・・・・・・・ 78
電源用装置・・・・・・・・・・・ 12, 42, 43
電源リセット形・・・・・・・・・・・・・ 65
電弧・・・・・・・・・・・・・・・・・・・・・ 60
電磁開閉器・・・・・・・・・・ 60, 61, 230
電磁クラッチ ・・・・・・・・・・・・・・ 73
電磁継電器・・・・・・・・・・・・・・・・ 39
電磁効果操作・・・・・・・・・・・・・・・ 45
電子式圧力スイッチ ・・・・・・・・・ 57
電子式温度スイッチ ・・・・・・・・・ 56
電子式カウンタ ・・・・・・・・・・・・・ 64
電磁式カウンタ ・・・・・・・・・・・・・ 64
電子式タイマ ・・・・・・・・・・・・・・ 62
電子式プリセットカウンタ ・・・・・・ 65
電磁石・・・・・・・・・・・・・・ 13, 19, 28
電磁石部・・・・・・・・・・・・・・・ 28, 60
電磁接触器 ・・・・・・・・・ 43, 60, 230
電磁操作自動復帰形・・・ 28, 59, 260
電磁操作自動復帰形接点 ・・・・・・・ 28
電磁ソレノイド ・・・・・・・・・・ 72, 74
電磁動作電磁復帰形 ・・・・・・・・・ 59
電磁バルブ ・・・・・・・・・・・・・ 72, 75
電磁ブザー ・・・・・・・・・・・・・・・ 71
電磁ブレーキ ・・・・・・・・・・・・・・ 73
電磁弁・・・・・・・・・・・・・・・・・・・ 75
電磁リレー ・・・・・・ 13, 20, 28, 30,
　　　　　　　　 38, 43, 58, 60
電磁リレー回路 ・・・・・・・・・・・・・ 110
電磁リレーの切換接点回路 ・・ 36, 110
電磁リレーのブレーク接点回路
・・・・・・・・・・・ 34, 110, 119
電磁リレーのメーク接点回路・・ 32, 110
電池・・・・・・・・・・・・・・・・・・ 68, 69
電動機・・・・・・・・・・・・・・・・ 72, 73
電動機操作・・・・・・・・・・・・・・・・ 45
電動機の可逆運転制御・・・・・・・・・ 238
電動機の正逆運転制御・・・・・・・・・ 238
電流・・・・・・・・・・・・・・・・・ 14, 17
電流計・・・・・・・・・・・・・・・・・・・ 70
電流制限抵抗・・・・・・・・・・・・・・・ 71
電力計・・・・・・・・・・・・・・・・・・・ 70
電力設備用・・・・・・・・・・・・・・ 86, 92

と

投···························· 21
透過形························· 54
投光部························ 54
動作·· 20, 22, 25, 26, 27, 28, 32, 34, 37
動作時のインタロック
　　　···· 171, 173, 240, 242, 246, 256
動作時のインタロック回路 ········ 171
動作表················ 104, 134
動作優先形自己保持回路
　　　············· 144, 146, 160
動力幹線······················ 230
トータルカウンタ ········ 64, 65, 70
トグルスイッチ ··········· 48, 49
突形ボタンスイッチ ·········· 46
ドッグ ····················· 53
トランジスタ ·············· 13, 76
トランス······················· 69
トランスファ接点 ············· 21
トリップ位置 ················· 66
トリップ機構 ················· 66
トリップ動作 ················· 61

な

ナイフスイッチ ············· 67
鉛蓄電池····················· 69
波形スイッチ ··············· 48
ナンド回路 ················· 120

に

二次コイル ················· 69
二次電池····················· 69
二重接続····················· 82
ニッケルカドミウム蓄電池·········· 69
ニッケル水素蓄電池············· 69
荷役リフトの自動反転制御回路
　　　················· 289, 291
荷役リフトの制御回路········ 288, 289
入力回路············· 30, 38, 110

ね

熱継電器操作··················· 45
熱電対······················· 56
熱動形過電流継電器············· 61
熱動形過電流リレー············· 61
熱動形過負荷継電器············· 61

熱動形過負荷リレー ··········· 61
熱動電磁形···················· 66

の

ノア回路 ··················· 122
ノーヒューズブレーカ ·········· 66
ノッチ数 ··············· 49, 51

は

パーム形押しボタンスイッチ ······ 46
配線系統図···················· 78
配線用遮断器········ 66, 230, 255
排他的OR回路 ··············· 126
排他的論理和回路 ············· 126
配置図······················· 78
バイパス回路 ··············· 136
バイポーラトランジスタ·········· 76
バイメタル ·········· 56, 61, 66
パイロットランプ ············· 70
白熱電球·················· 46, 70
早押しクイズ回答機回路 ········· 266
バルブ ····················· 75
パワーサプライユニット ········· 68
反一致回路··················· 126
反射形······················· 54
反転回路··················· 118
半導体素子············· 13, 68, 76
半導体リレー ··············· 13
半導体リレーシーケンス制御 ······ 13
ハンドル操作 ··············· 45
ハンドルロック付カムスイッチ ······ 51
反発力······················· 19

ひ

ピエゾ素子 ················· 57
光エネルギー ··············· 14
引き操作 ··················· 45
引外し機構 ················· 66
非自動復帰機能··········· 44, 48
微小接点間隔··················· 52
非常操作····················· 45
非常停止回路··················· 294
非常停止スイッチ ············· 294
非常停止用接点··················· 294
非常ブレーキ ··············· 73
ピストル形ハンドル ············· 51
非接地····················· 78

否定回路······················· 118
否定排他的OR回路 ··········· 130
否定排他的論理和回路··········· 130
ひねり操作 ·········· 45, 50, 51
ヒューズ ·········· 66, 67, 230
ヒューズエレメント ············· 67
表示・警報用装置 ······ 12, 42, 43, 70
表示灯····················· 43, 70
表示ランプ ················· 70
平ボタンスイッチ ············· 46
ピン押しボタン形 ············· 52
ヒンジアールレバー形 ·········· 52
ヒンジ形電磁リレー ········· 28, 58
ヒンジレバー形 ··············· 52
ヒンジローラレバー形 ·········· 52

ふ

フィードバック制御 ············· 10
不一致回路········· 113, 126, 128
フールプルーフ ··············· 106
フェイルセーフ ··············· 106
フォトダイオード ············· 57
負荷······················· 14
複線表示····················· 85
複動形シリンダ ··············· 75
ブザー ············· 43, 70, 71
付勢············· 196, 197, 198, 199
復帰·· 20, 22, 25, 26, 27, 28, 32, 34, 36
復帰スイッチ ··············· 294
復帰ばね ············ 22, 28, 60
復帰優先形自己保持回路
　　　············· 138, 140, 143, 156
プッシュオン・プッシュオフ形
　　押しボタンスイッチ ········· 47
プッシュ形ソレノイド············· 74
プッシュ・プル形押しボタンスイッチ·· 47
プッシュプル形ソレノイド ········· 74
プッシュロック・鍵リセット形
　　押しボタンスイッチ ········· 47
プッシュロック・ターンリセット形
　　押しボタンスイッチ ········· 47
プラグイン形 ··············· 58
ブラシレスモータ ············· 72
プラス······················· 78
プラス極····················· 14
プランジャ形··················· 53
プランジャ形電磁リレー ·········· 60

301

プリセットカウンタ ・・・・・・・・ 64, 65, 268
プリセット値 ・・・・・・・・・・・・ 65
フリッカ動作・・・・・・・・・・・・ 62
フリップフロップ回路 ・・・・・・・ 260
プル形ソレノイド ・・・・・・・・・ 74
ブルドン管 ・・・・・・・・・・・・ 57
ブレーカ ・・・・・・・・・・・・・ 66
ブレーキ ・・・・・・・・・・・・・ 73
ブレーク接点 ・・・・・・・ 20, 21, 22, 24, 26, 28, 34, 108
ブレーク接点回路 ・・・・・・ 26, 27, 34, 108, 110, 119
ブレーク接点の押しボタンスイッチ
　・・・・・・・・・・・・・・・ 22, 26
ブレーク接点の電磁リレー ・・ 28, 34
フレキシブルロッド形 ・・・・・ 53
フロート式レベルスイッチ・・・・・ 57, 271
フロートスイッチ ・・・・・・・・ 57, 271
フロートレススイッチ・・・・・・・・ 57, 271
プログラマブルコントローラ ・・・ 13
プログラマブルロジックコントローラ ・・ 13
プログラム式 ・・・・・・・・・・ 12
プログラム式シーケンス制御 ・・・・・ 13
分相始動形単相誘導電動機・・ 72, 254
分相始動形単相誘導モータ ・・・ 72

へ

並列・・・・・・・・・・・・・・ 18
並列接続・・・・・・・・・・・・・ 18, 83
並列優先回路・・・・・・・・・・・ 168
閉路・・・・・・・・ 15, 20, 22, 25, 26, 27, 28, 32, 34, 36
ベース ・・・・・・・・・・・・・ 76
ベース電流 ・・・・・・・・・・・ 76
ベル ・・・・・・・・・・・・ 43, 70, 71
ベローズ ・・・・・・・・・・・・ 57
弁・・・・・・・・・・・・・・・ 75
変圧・・・・・・・・・・ 68, 71, 230
変圧器・・・・・・・・・ 69, 71, 230

ほ

包装ヒューズ ・・・・・・・・・・ 67
ホール素子形 ・・・・・・・・・・ 55
保持回路 ・・・・・・・・・・・ 136
保持形押しボタンスイッチ ・・・・・ 47
星形結線・・・・・・・・・・・・ 244
保持形リレー ・・・・・・・・・ 59

保持用接点・・・・・・・・・・・・・ 136
補助記号・・・・・・・・・・・・・ 92
補助コイル ・・・・・・・・・ 254, 256
補助接点・・・・・・・・・・・・ 61
補助番号・・・・・・・・・・・・ 92
ボタン ・・・・・・・・・・・・ 22
ボタン軸 ・・・・・・・・・・ 22, 50
ボタン台 ・・・・・・・・・・・ 22
ホット ・・・・・・・・・・・・ 78

ま

マイクロコンピュータ式シーケンス制御
　・・・・・・・・・・・・・・・・ 13
マイクロスイッチ ・・・・・ 46, 52, 53
マイナス ・・・・・・・・・・・ 78
マイナス極 ・・・・・・・・・・ 14
巻数比・・・・・・・・・・・・・ 69
マグネットスイッチ・・・・・・・ 61
丸形押しボタンスイッチ ・・・・・ 46
マンガン電池 ・・・・・・・・・ 69

み

ミニチュアリレー ・・・・・・・・・ 58

む

無接点式・・・・・・・・・・・・ 12, 76
無接点式カウンタ ・・・・・・・・ 64
無接点式シーケンス制御 ・・・・・ 13
無接点式タイマ ・・・・・・・・ 62
無接点リレー ・・・・・・・・・ 13
無接点リレーシーケンス制御 ・・・・・ 13
無励磁作動形電磁クラッチ ・・・・ 73
無励磁作動形電磁ブレーキ ・・・・ 73

め

命令用スイッチ ・・・・ 12, 20, 42, 46, 48
命令用装置・・・・・・・・・ 12, 20, 22, 42
メーク接点 ・・ 20, 22, 24, 25, 28, 32, 108
メーク接点回路 ・・・ 25, 27, 32, 108, 110
メーク接点の押しボタンスイッチ ・・ 22, 25
メーク接点の電磁リレー ・・・・・・・ 28, 32
メカニカルリレー ・・・・・・・・ 13

も

モータ ・・・・・・・・・・・・ 43, 72
モータ式タイマ ・・・・・・・・ 62
モーメンタリ形スイッチ・・・・・・ 47

文字記号・・・・・・・・ 80, 86, 96, 98

や

矢形ハンドル ・・・・・・・・・ 50

ゆ

油圧・・・・・・・・・・・・・ 72, 75
油圧アクチュエータ・・・・・・・ 75
油圧機器・・・・・・・・・・ 72, 75
油圧シリンダ ・・・・・・・・・ 75
油圧スイッチ ・・・・・・・・・ 282
油圧モータ ・・・・・・・・・・ 75
有接点式・・・・・・・・・・・ 12
有接点式カウンタ ・・・・・・・ 64
有接点式シーケンス制御 ・・ 13, 20, 28
有接点式タイマ ・・・・・・・・ 62
有接点リレー ・・・・・・・・・ 13
有接点リレーシーケンス制御 ・・・・ 13
優先回路・・・・・・ 164, 166, 168, 170
誘導形・・・・・・・・・・・・ 55
誘導性負荷 ・・・・・・・・・・ 60
誘導電動機・・・・・・・・・・ 72
誘導モータ ・・・・・・・・・・ 72
油空圧アクチュエータ ・・・・・・ 75
油空圧機器 ・・・・・・・・・ 43, 75
油空圧シリンダ ・・・・・・・・ 75
油空圧モータ ・・・・・・・・・ 75

よ

揚水制御・・・・・・・・・・・ 270
溶断・・・・・・・・・・・・・ 67
横書きシーケンス図・・・・・・・ 78, 80

ら

ラチェット回路 ・・・・・・・・・ 260
ラチェットリレー ・・・・・・ 59, 260
ラッチングリレー ・・・・・・・ 59

り

リアクトル ・・・・・・・・・・・ 252
リアクトル始動制御回路 ・・・・・・ 252
リアクトル始動法 ・・・・・ 244, 252
リードリレー形 ・・・・・・・・ 55
リーフレバー形 ・・・・・・・・ 52
力率計・・・・・・・・・・・・・ 70
リセット ・・・・・・・・・・・ 138
リセットコイル ・・・・・・・・・ 59

リセットスイッチ ······ 138, 140, 144, 146
リセット入力接点 ················ 63
リセット入力端子 ················ 65
リセットボタン ············ 61, 237
リセット優先形自己保持回路 ······ 138
リチウムイオン蓄電池 ············ 69
リニアモータ ··················· 72
リバーシブルカウンタ ············ 65
リフレクタ ····················· 55
リミットスイッチ ············ 52, 53
リレー ····················· 13, 58
リレー記号 ···················· 92
リレーシーケンス制御 ······ 13, 20, 42

れ

励磁················· 19, 28, 32, 34

励磁作動形電磁クラッチ ········ 73
励磁作動形電磁ブレーキ ········ 73
レーザ光線 ···················· 55
列 ······················ 98, 134
レバー形ハンドル ··············· 50
レベルスイッチ ······· 56, 57, 270
レベルセンサ ··················· 57
連続サイクル運転 ·· 148, 210, 228, 269

ろ

ローラレバー形 ················· 53
ロッカースイッチ ··············· 48
ロック回路 ···················· 174
論理····················· 112
論理演算 ····················· 112
論理回路···················· 112, 113

論理学···················· 112
論理式···················· 112, 113
論理積回路·················· 115, 120
論理積否定回路················ 120
論理代数 ················· 105, 113
論理否定回路················· 118
論理和回路················· 117, 122
論理和否定回路·············· 122

わ

和···························· 117

■**参考文献**（順不同、敬称略）

- ●2色刷・絵とき シーケンス制御読本（入門編）〔大浜庄司 著〕オーム社
- ●絵ときシーケンス制御回路の基礎と実務〔大浜庄司 著〕オーム社
- ●絵ときでわかる シーケンス制御〔山崎靖夫、郷冨夫 共著〕オーム社
- ●じっくり学ぼう! シーケンス制御超入門〔清水洋隆 著〕オーム社
- ●実務に役立つ シーケンス制御入門〔藤瀧和弘 著〕オーム社
- ●図解 シーケンス制御入門〔大浜庄司 著〕オーム社
- ●なるほどナットク! シーケンス制御がわかる本〔大浜庄司 著〕オーム社
- ●やさしいリレーとシーケンサ〔岡本裕生 著〕オーム社
- ●現場の即戦力 使いこなすシーケンス制御〔熊谷英樹 著〕技術評論社
- ●図解・実用シーケンス回路の組立て方〔佐藤一郎 著〕技術評論社
- ●図解 ゼロから学ぶシーケンス制御入門〔望月傳 著〕技術評論社
- ●これだけ! シーケンス制御〔武永行正 著〕秀和システム
- ●図解入門よくわかる 最新シーケンス制御の基本〔藤瀧和弘 著〕秀和システム
- ●イチバンやさしい理工系「シーケンス制御」のキホン〔井出萬盛 著〕ソフトバンク クリエイティブ
- ●基礎マスターシリーズ シーケンス制御の基礎マスター 〔田中伸幸 著、堀桂太郎 監修〕電気書院
- ●図解 シーケンス制御の考え方・読み方〔大浜庄司 著〕東京電機大学出版局
- ●絵とき「シーケンス制御」基礎の基礎〔望月傳 著〕日刊工業新聞社
- ●ゼロからはじめるシーケンス制御〔熊谷英樹 著〕日刊工業新聞社
- ●トコトンやさしい シーケンス制御の本〔熊谷英樹、戸川敏寿 共著〕日刊工業新聞社
- ●例題・解説・実践でシーケンス制御を理解する〔波多江茂樹 著〕日刊工業新聞社
- ●図解でわかる シーケンス制御〔大浜庄司 著〕日本実業出版社
- ●図解 いちばんわかるシーケンス制御〔小峯龍男 著〕ナツメ社

監修者略歴

石橋正基 (いしばし まさき)

1974年生まれ。2002年山口大学大学院理工学研究科博士後期課程単位取得退学。2002年都立工業高等専門学校電気工学科助手。2006年都立産業技術高等専門学校ものづくり工学科講師。2008年都立産業技術高等専門学校ものづくり工学科准教授。2022年都立産業技術高等専門学校ものづくり工学科教授。現在に至る。博士(工学)。おもに電気機器学、パワーエレクトロニクスの授業を担当。社会人向けに電気回路やシーケンス制御などの講座を開講。

編集制作 ： 青山元男、オフィス・ゴゥ、大森隆
編集担当 ： 原 智宏 (ナツメ出版企画)

本書に関するお問い合わせは、書名・発行日・該当ページを明記の上、下記のいずれかの方法にてお送りください。電話でのお問い合わせはお受けしておりません。
・ナツメ社webサイトの問い合わせフォーム
　https://www.natsume.co.jp/contact
・FAX(03-3291-1305)
・郵送(下記、ナツメ出版企画株式会社宛て)
なお、回答までに日にちをいただく場合があります。正誤のお問い合わせ以外の書籍内容に関する解説・個別の相談は行っておりません。あらかじめご了承ください。

ナツメ社Webサイト
https://www.natsume.co.jp
書籍の最新情報(正誤情報を含む)は
ナツメ社Webサイトをご覧ください。

カラー徹底図解 基本からわかるシーケンス制御

2018 年 5 月 1 日初版発行
2025 年 7 月 1 日第18刷発行

監修者	石橋正基	Ishibashi Masaki, 2018
発行者	田村正隆	
発行所	株式会社ナツメ社	
	東京都千代田区神田神保町 1-52 ナツメ社ビル 1F (〒 101-0051)	
	電話　03 (3291) 1257 (代表)　　FAX　03 (3291) 5761	
	振替　00130-1-58661	
制　作	ナツメ出版企画株式会社	
	東京都千代田区神田神保町 1-52 ナツメ社ビル 3F (〒 101-0051)	
	電話　03 (3295) 3921 (代表)	
印刷所	ラン印刷社	

ISBN978-4-8163-6444-0　　　　　　　　　　　　Printed in Japan
＜定価はカバーに表示しています＞
＜落丁・乱丁はお取り替えします＞

本書の一部または全部を著作権法で定められている範囲を超え、ナツメ出版企画株式会社に無断で複写、複製、転載、データファイル化することを禁じます